高等学校建筑类教材

GAODENG XUEXIAO JIANZHULEI JIAOCAI

# 安装工程计量与计价

（第三版）

编　著　吴心伦

参　编　吴远　桂丹　李天秀

重庆大学出版社

# 内容提要

　　本书以清单项目为主线,与相应定额子目融为一体,对建筑电气、给水排水、采暖供热、通风空调、智能建筑及通用设备安装工程的计量与计价方法进行了详细阐述,解决了两种计价模式不能同时学习的难题。每章配有相应的复习思考题,并列举了两个实例,方便读者学习借鉴。另外,本书对工程造价的含义,计价模式,安装工程概算、决算等相关内容也进行了精要叙述。

　　本书可作为本科工程造价专业的教学用书,也可作为自学或岗位培训的参考用书。

**图书在版编目(CIP)数据**

安装工程计量与计价/吴心伦编著.--3 版.--重
庆:重庆大学出版社,2018.1
高等学校建筑类教材
ISBN 978-7-5624-8401-1

Ⅰ.①安… Ⅱ.①吴… Ⅲ.①建筑安装工程—工程造
价—高等学校—教材 Ⅳ.①TU723.3

中国版本图书馆 CIP 数据核字(2018)第 014883 号

高等学校建筑类教材
## 安装工程计量与计价
### (第三版)
吴心伦 编 著
策划编辑:刘颖果
责任编辑:刘颖果　　版式设计:刘颖果
责任校对:邬小梅　　责任印制:赵 晟

\*

重庆大学出版社出版发行
出版人:易树平
社址:重庆市沙坪坝区大学城西路 21 号
邮编:401331
电话:(023) 88617190　88617185(中小学)
传真:(023) 88617186　88617166
网址:http://www.cqup.com.cn
邮箱:fxk@ cqup.com.cn(营销中心)
全国新华书店经销
重庆升光电力印务有限公司印刷

\*

开本:787mm×1092mm　1/16　印张:19.5　字数:462千　插页:8 开 2 页
2018 年 1 月第 3 版　　2018 年 1 月第 9 次印刷
印数:17 501—21 000
ISBN 978-7-5624-8401-1　定价:45.00 元

# 前言

**（第三版）**

在互联网时代的推动下，科技、经济与生产力迅速发展，建筑规范、标准和定额也在不断更新。2015 年，中华人民共和国住房和城乡建设部颁布了《通用安装工程消耗量定额》（TY 02-31—2015）；2016年，《财政部 国家税务总局关于全面推开营业税改征增值税试点的通知》（财税〔2016〕36 号）规定，自 5 月 1 日起，建筑业、房地产业、金融业、生活服务业等全部营业税纳税人，纳入试点范围，由缴纳营业税改为缴纳增值税。特别是新定额的名称、专业、册序和内容都有较大变动和调整。因新材料、新装置、新设备、新技术和新的施工方法的出现，定额体现出新的生产手段。在这一系列新规范、新标准和新定额的颁布之下，编者对本书部分内容进行了重写、改写，重画、改画，使其更恰当、更精练和更完美，以飨读者。

本次改版不改变原书结构体系，而是让其更新、更完整。

本次改版不影响《安装工程造价编制指导》一书的配套使用，配套PPT 可在重庆大学出版社的资源网站（www.cqup.com.cn/edusrc/index.aspx）下载。

编者虽然非常努力，但难免有疏漏，恳请广大读者批评指正！

编 者
2017 年 10 月

## 前言

**（第二版）**

  2013 年,国家颁布实施了多部规范和标准,如《建设工程工程量清单计价规范》(GB 50500—2013)、《通用安装工程工程量计算规范》(GB 50856—2013)、《住房和城乡建设部 财政部关于印发〈建筑安装工程费用项目组成〉的通知》(建标〔2013〕44 号文)等,在此情形下,本书适时改版,以适应读者的需求。修改内容如下:

  (1)教材中涉及的工程量清单项目全部按《建设工程工程量清单计价规范》(GB 50500—2013)、《通用安装工程工程量计算规范》(GB 50856—2013)和建标〔2013〕44 号文规定或要求改写。

  (2)此次改版不改变原书结构体系,但对书中章节进行了调整,并将文字叙述和插图不精细之处进行了重写、改写,重画、改画,使其更恰当、更精练和更完美。

  编者虽然非常努力,但疏漏在所难免,恳请广大读者批评指正!

编 者

2014 年 5 月

# 前言

（第一版）

　　在这潮奔浪涌的时代，人们都在寻找快速掌握知识的诀窍。对于安装工程造价人员而言，安装工程专业跨度大，项目划分比建筑工程难，又涉及众多的材料、元部件以及各种专业设备，工艺复杂，市场价格繁多，这些都增加了造价编制的难度；现今，又要同时掌握清单和定额两种模式。在这种情况下要求安装工程造价人员快速掌握造价知识，难度可想而知。作者经过多次实践，对这些难点有些心得。在大量吸收工程造价的新思想、新理论、新知识，以及相关的新标准、新规范、新技术和新方法后，编著本书供大家共享。

　　①以计价规范的清单项目顺序进行叙述。建筑工程的分部分项划分容易掌握，安装工程较难。本书以专业工程分类，以清单项目为顺序，用相应的定额子目融合进行叙述，可作为造价工作中的参考，避免乱序，不致漏项。

　　②抓住定额和清单"既有联系又有区别"的特点，以清单项目为主线，将相关的定额子目融合在一起进行叙述，解决了两个模式分开学习不易掌握的困扰。不仅掌握了清单项目和定额子目之间的关系、相同与差异，特别是用定额子目组成清单工程内容的关系，起到一目了然的效果；同时，还掌握了清单和定额工程量计算的方法。这种对比的方式，记得牢、理解快。

③让读者认识项目并准确地掌握该项目,用【释名】方式对项目用最新理论、最新观点、最短文字,精述项目的名由、性能、使用场合、安装特点等,让读者尽快掌握该项目,印象深,不至于错用项目。

④安装工程不同于建筑工程,每个专业工程都要进行调整、试验、调试、试运行、运行及联调等,这是安装工程最容易遗漏和错误的地方,编者按各专业施工验收规范、标准和定额要求进行了详细的叙述,帮助读者掌握。

⑤"漏项"是造价的大忌。在容易错漏、混淆等关键处,编者用"注意""相应关系"以及"联想"等方式,提醒读者,避免错漏。

⑥编制了两个实例,帮助读者尽快掌握清单与定额计量与计价的方法,提高其造价编制的能力。

本书中综合布线部分由吴远编写,桂丹和李天秀对部分章节提出了参考意见与资料,并对部分章节进行打字和校对工作。

编者虽然非常努力,但是疏漏在所难免,恳请广大读者批评指正!

编　者

2012 年 4 月

# 目 录

1 建设工程造价 ⋯⋯⋯⋯⋯⋯⋯⋯⋯⋯⋯⋯⋯⋯⋯⋯⋯⋯⋯⋯⋯⋯ 1
  1.1 建设工程造价的含义和组成 ⋯⋯⋯⋯⋯⋯⋯⋯⋯⋯⋯⋯ 1
  1.2 建设工程产品分类 ⋯⋯⋯⋯⋯⋯⋯⋯⋯⋯⋯⋯⋯⋯⋯⋯ 15
  复习思考题 1 ⋯⋯⋯⋯⋯⋯⋯⋯⋯⋯⋯⋯⋯⋯⋯⋯⋯⋯⋯⋯ 16

2 建筑安装工程计价 ⋯⋯⋯⋯⋯⋯⋯⋯⋯⋯⋯⋯⋯⋯⋯⋯⋯⋯⋯ 17
  2.1 定额计价模式 ⋯⋯⋯⋯⋯⋯⋯⋯⋯⋯⋯⋯⋯⋯⋯⋯⋯⋯ 17
  2.2 工程量清单计价模式 ⋯⋯⋯⋯⋯⋯⋯⋯⋯⋯⋯⋯⋯⋯⋯ 21
  2.3 工程造价的价差及其调整 ⋯⋯⋯⋯⋯⋯⋯⋯⋯⋯⋯⋯⋯ 25
  2.4 工程造价书的校核与审查 ⋯⋯⋯⋯⋯⋯⋯⋯⋯⋯⋯⋯⋯ 27
  复习思考题 2 ⋯⋯⋯⋯⋯⋯⋯⋯⋯⋯⋯⋯⋯⋯⋯⋯⋯⋯⋯⋯ 29

3 电气设备安装工程 ⋯⋯⋯⋯⋯⋯⋯⋯⋯⋯⋯⋯⋯⋯⋯⋯⋯⋯⋯ 31
  3.1 变压器安装工程量 ⋯⋯⋯⋯⋯⋯⋯⋯⋯⋯⋯⋯⋯⋯⋯⋯ 31
  3.2 高压配电装置安装工程量 ⋯⋯⋯⋯⋯⋯⋯⋯⋯⋯⋯⋯⋯ 33
  3.3 母线安装工程量 ⋯⋯⋯⋯⋯⋯⋯⋯⋯⋯⋯⋯⋯⋯⋯⋯⋯ 40
  3.4 配电控制装置及低压电器安装工程量 ⋯⋯⋯⋯⋯⋯⋯ 43
  3.5 电机检查接线及调试工程量 ⋯⋯⋯⋯⋯⋯⋯⋯⋯⋯⋯ 50
  3.6 滑触线装置安装工程量 ⋯⋯⋯⋯⋯⋯⋯⋯⋯⋯⋯⋯⋯⋯ 53
  3.7 输电、配电电缆敷设安装工程量 ⋯⋯⋯⋯⋯⋯⋯⋯⋯⋯ 54
  3.8 电气配管和配线工程量 ⋯⋯⋯⋯⋯⋯⋯⋯⋯⋯⋯⋯⋯⋯ 60
  3.9 照明器具安装工程量 ⋯⋯⋯⋯⋯⋯⋯⋯⋯⋯⋯⋯⋯⋯⋯ 66
  3.10 防雷及接地装置安装工程量 ⋯⋯⋯⋯⋯⋯⋯⋯⋯⋯⋯ 70
  3.11 10 kV 及以下架空线路输配电安装工程量 ⋯⋯⋯⋯⋯ 78
  3.12 电气设备调试工程量 ⋯⋯⋯⋯⋯⋯⋯⋯⋯⋯⋯⋯⋯⋯⋯ 86
  3.13 电气设备安装工程与其他册定额的关系 ⋯⋯⋯⋯⋯⋯ 91
  复习思考题 3 ⋯⋯⋯⋯⋯⋯⋯⋯⋯⋯⋯⋯⋯⋯⋯⋯⋯⋯⋯⋯ 92

### 4  智能建筑设备安装工程 ················· 93
4.1  智能建筑 ························· 93
4.2  智能建筑集成系统的组成 ················ 94
4.3  智能建筑设备安装工程量计算综述 ············ 94

### 5  建筑与建筑群综合布线系统工程 ············ 95
5.1  建筑与建筑群综合布线系统 ··············· 95
5.2  建筑与建筑群综合布线系统的组成 ············ 96
5.3  PDS 安装工程量 ···················· 100
5.4  PDS 安装的相关内容 ················· 111
复习思考题 5 ······················ 113

### 6  楼宇、小区自动化控制系统设备安装工程 ········ 114
6.1  智能小区及集成系统组成 ················ 114
6.2  楼宇、小区建筑设备自动化控制系统设备安装工程量 ···· 114
6.3  楼宇、小区安全防范系统设备安装工程量 ········· 122
复习思考题 6 ······················ 128

### 7  有线电视系统及扩声系统工程 ············· 129
7.1  有线电视系统设备安装工程量 ·············· 129
7.2  扩声系统设备安装工程量 ················ 132
复习思考题 7 ······················ 135

### 8  火灾自动报警及消防联动系统工程 ··········· 136
8.1  火灾自动报警及消防联动系统 ·············· 136
8.2  FAS 控制系统设备安装工程量 ·············· 139
8.3  FAS 控制系统装置调试工程量 ·············· 144
8.4  FAS 控制系统安装的相关内容 ············· 145
复习思考题 8 ······················ 146

### 9  消防工程 ····················· 147
9.1  消防工程系统及其分类 ················· 147
9.2  水灭火系统设备安装工程量 ··············· 148
9.3  水泵间设备安装工程量 ················· 155
9.4  气体灭火系统设备安装工程量 ·············· 157
9.5  泡沫灭火系统设备安装工程量 ·············· 161
复习思考题 9 ······················ 164

## 10　给排水、采暖工程 ································ 165

10.1　给水排水系统安装工程量 ······················ 165

10.2　采暖供热系统安装工程量 ······················ 179

10.3　给排水及采暖供热系统安装相关内容 ············ 194

复习思考题 10 ··································· 195

## 11　通风工程与空调工程 ···························· 197

11.1　通风工程与空调工程系统 ······················ 197

11.2　通风与空调工程系统空气输送风管制作安装工程量 ···· 199

11.3　通风与空调工程系统设备安装工程量 ············ 212

11.4　空气调节制冷设备系统安装工程量 ·············· 220

11.5　通风与空调工程系统检测与试验工程量 ·········· 226

11.6　通风与空调工程系统安装的相关内容 ············ 226

复习思考题 11 ··································· 227

## 12　通用机械设备安装工程 ·························· 228

12.1　通用机械设备 ································· 228

12.2　通用机械设备安装工程量 ······················ 231

12.3　通用机械设备安装的相关内容 ·················· 236

复习思考题 12 ··································· 236

## 13　刷油、防腐蚀、绝热工程 ························ 238

13.1　除锈工程量 ··································· 238

13.2　刷油工程量 ··································· 239

13.3　绝热保温工程量 ······························· 242

13.4　通风管道、部件刷油及保温工程量 ·············· 245

13.5　刷油、防腐蚀、绝热工程量计算的注意事项 ······ 246

复习思考题 13 ··································· 246

## 14　建筑安装工程概算 ······························ 247

14.1　建筑安装工程概算的概念 ······················ 247

14.2　安装单位工程概算书的编制方法 ················ 248

14.3　综合概算书的编制方法 ························· 250

14.4　其他工程和费用概算的编制方法 ················ 251

14.5　总概算书的编制方法 ··························· 255

复习思考题 14 ··································· 257

15 工程结算与竣工决算 …………………………………………………………………… 258
15.1 工程竣工(完工)结算 …………………………………………………………… 258
15.2 工程竣工决算…………………………………………………………………… 260
复习思考题 15 …………………………………………………………………………… 261

16 教学楼电气照明工程工程量清单及定额计量与计价编制实例 …………… 262
16.1 教学楼电气照明工程工程量清单及计价……………………………………… 262
16.2 教学楼电气照明工程定额计量及计价………………………………………… 289

17 某厂住宅楼给水排水工程工程量清单与定额计量及计价编制实例 ……… 291
17.1 某厂住宅楼给水排水工程工程量清单及计价………………………………… 291
17.2 某厂住宅楼给水排水工程定额计量与计价…………………………………… 299

参考文献 ……………………………………………………………………………………… 301

# 1 建设工程造价

## 1.1 建设工程造价的含义和组成

### · *1.1.1 建设工程造价的含义* ·

工程造价(Project Cost),其直接含义就是工程的建造价格。工程是泛指一切建设工程,它的范围和内涵有很大的不确定性。所以,建设工程造价的含义在我国有多种解释,其中影响最大的有下面几种:

**1) 第一种解释**

第一种是中国建设工程造价管理协会学术委员会的解释。工程造价是建设工程造价的简称。它有两种不同的含义:其一,工程造价是指建设项目的建设成本,即完成一个建设项目所需费用的总和,包括建筑工程、安装工程、设备及其他相关费用;其二,工程造价是指建设工程承发包价格。

**2) 第二种解释**

第二种是全国造价工程师执业考试培训教材的解释。工程造价有两种含义:其一,工程造价是指建设一项工程预期开支或实际开支的全部固定资产投资费用;其二,工程造价是指工程价格,即为建成一项工程,预计或实际在土地市场、设备市场、技术劳务市场,以及承包市场等交易活动中所形成的建筑安装工程价格和建设工程总价格。这是目前业界比较流行的一种解释。

**3) 第三种解释**

第三种是行政主管部门在"工程造价管理办法"中的解释。工程造价是对投资估算、设计概算、施工图预算、工程标底、投标报价、工程结算、竣工决算等,建设工程全过程价格计算的概括性用语。

### · *1.1.2 建设工程总投资的组成* ·

以全国造价工程师执业考试培训教材中的划分原则为主,将建设工程项目总投资费用划

表 1.1　我国现行建设项目总投资组成

| 投资性质 | 投资费用组成 | | 组成部分 |
|---|---|---|---|
| 固定资产投资 | 建筑、安装工程费 | | 第一部分<br>工程费用 |
| | 设备、工器具及生产用家具购置费 | | |
| | 建设用地费用 | | |
| | 技术咨询费 | | 第二部分<br>工程建设其他费用 |
| | 工程相关费用 | | |
| | 工程建设管理费 | | |
| | 其他费用 | | |
| | 预备费:基本预备费、调价预备费 | | 第三部分　预备费 |
| | 固定资产投资方向调节税(暂停征收) | | 第四部分<br>专用费用 |
| | 建设期贷款利息 | | |
| 流动资产投资 | 铺底流动资金 | | |

分成固定资产投资与流动资产投资两大内容与四大部分,见表 1.1。而世界银行和国际咨询工程师联合会(FIDIC),将建设工程总投资称之为"项目总建设成本",并规定由项目直接建设成本、项目间接建设成本、应急费用、建设成本上升费用 4 大部分组成,与我国建设工程总投资费用的划分有较大差异。我国现行建设项目总投资组成如下:

**1)建筑安装工程费**

建筑安装工程费,见 1.1.3 节表 1.2。

**2)设备及工器具购置费**

设备及工器具购置费是指安装或不需要安装的设备、仪器、仪表等及其必须配备的备品、备件的购置费,为了保证投产初期正常生产必需的仪器仪表、工具模具、工器具及生产用的家具等购置费。

上述两项费用划分为总投资的第一部分费用,也称单项工程费,它由建筑安装工程费,设备购置费,工器具、生产用家具和用具购置费用等组成。这项费用是建设工程项目总投资中占比重较大的一项费用,它可占项目总投资的 70%甚至 80%。因为这项费用比重大,且直接用于工程的建造、设备的购置及安装,所以人们习惯称之为"工程造价"或"工程费用",有时甚至称"工程总造价",这容易与"建设工程项目总投资(造价)"称谓相混。因单项费用占投资的比重较大,我国制定了相关的定额、标准、法律法规来管理这项费用。

**3)工程建设的其他费用**

其他费用,是除单项工程费用外,为了开展工程建设而开支的费用。随着经济体制的改革,此费用有所调整,虽然各地征收该项费用的名称和计算方法差异较大,但按其不同性质和用途,可归纳为以下 5 项:

①建设用地费用,包括:通过土地划拨、征购或土地使用权出让等方式取得土地使用权的费用;建设场地各种障碍物拆迁和处理费;拆迁安置费;建设场地"五通一平"费。

②技术咨询费用,包括:项目论证费、研究试验费、工程勘察设计费、施工图审查费、环境影响评价费、招标代理费、工程造价咨询服务费、工程建设监理费、专利或专有技术使用费、引进技术和引进设备其他费、其他技术咨询费。

③工程相关费用,包括:城市建设配套工程费、供电配套工程费、城区内自来水管道施工费、城区内电话通信施工费、城区内燃气管道施工费、防雷工程设计审核费、有线电视安装费、人防工程易地建设费、人防工程拆除补偿费、城市占道费、绿化补偿费、行道树及绿地变更损失补偿费、绿地保证金、地上天然气供气设施拆除费、上水管网补偿费等。

④工程建设管理费,包括:建设工程筹建费(建设单位管理费、建设管理代理费)、行政事业性收费(建设工程规划综合费、建设工程质量监督费、建设工程综合服务费、消防系统的行政收费、特种设备检验检测费等)。

⑤其他费用,包括:场地准备及临时设施费、工程保险费、生产准备及开办费、联合试车运转费、其他相关费(房地产权属登记费等)。

### 4) 预备费

世界银行和国际咨询工程师联合会称预备费为"应急费"。我国现行规定预备费有两种,即基本预备费和调价预备费。

(1)基本预备费

基本预备费是指在项目建设中,为了应付难以预料的潜在的工程子目以及事先无法预见的事件发生,因而预先准备的一项费用。如:

①在批准的初步设计范围内,技术设计、施工图设计及施工中所增加的费用,如设计变更、地基局部处理等增加的费用;

②一般自然灾害造成的损失和预防自然灾害的措施费用;

③工程质量验收时,为了鉴定质量,对隐蔽工程进行必要的挖掘和修复时所产生的费用。

(2)调价预备费

调价预备费是指由于资源、社会和经济的变化,导致建设工程项目概算的增加,经过预测计算而预留的一项费用。调价预备费主要是考虑人工、设备、材料、施工机械台班单价的价差,建筑安装工程费及工程建设的其他费用的调整,以及利率、汇率等浮动因素增加而产生的费用。此费用属于工程造价动态因素,在总预备费中单独列出。

调价预备费一般根据国家规定的"投资综合价格指数",以估算年份价格水平的投资额为基数,采用复利方法进行计算。

### 5) 专项费用

(1)固定资产投资方向调节税

国家为了引导投资方向,调节投资结构,加强重点建设,对在我国境内进行固定资产投资的单位和个人征收固定资产投资方向调节税。根据1991年4月国务院颁布的《中华人民共和国固定资产投资方向调节税暂行条例》规定的差别税率表纳税。(〔1999〕299号文规定暂停征收)。

(2)建设期贷款利息

建设期贷款利息是指建设工程项目建设期间借贷工程建设资金所产生的全部利息,如向国内银行、其他金融机构贷款,出口信贷,向外国政府贷款,向国际商业银行贷款,以及发行债券等所产生的利息。工程建设贷款一般分年度贷款和储备贷款两种,分别按规定的利率计算其利息。

(3)铺底流动资金

铺底流动资金是指生产经营性项目,按其所需流动资金的30%作为铺底流动资金计入建设项目总概算;是项目建成后,在试运转阶段用于购买原材料、燃料、支付工资及其他经营费用等所需的周转资金。竣工投产后计入生产流动资金,但不构成建设项目总造价。

## · 1.1.3 建筑安装工程造价的组成 ·

建筑安装工程费用(Civil and Erection Cost)项目的组成,根据《住房和城乡建设部 财政部关于印发〈建筑安装工程费用项目组成〉的通知》(建标〔2013〕44号文),费用项目有两种组成形式,即按费用构成要素和按工程造价形成顺序划分组成。2016年5月1日建筑业全面推开营业税改征增值税,住房和城乡建设部(建办标〔2016〕号文)通知调整工程计价依据,对下面两种费用项目的组成形式予以调整,即按工程造价费用构成要素划分组成和按工程造价形成顺序划分组成。

**1)按工程造价费用构成要素划分的组成**

按费用构成要素划分的费用,其组成有人工费、材料费、施工机具使用费、企业管理费(纳入城市维护建设税、教育费附加、地方教育附加)、利润、规费和税金等费用,见表1.2。

(1)人工费

人工费指按工资总额构成的规定,支付给从事建筑安装工程施工的生产工人和附属生产单位工人的各项费用的总额。内容包括:

①计时工资或计件工资:指按计时工资标准和工作时间或对已做工作按计件单价支付给个人的劳动报酬。

②奖金:指对超额劳动和增收节支支付给个人的劳动报酬,如节约奖、劳动竞赛奖等。

③津贴补贴:指为了补偿职工特殊或额外的劳动消耗和因其他特殊原因支付给个人的津贴,以及为了保证职工工资水平不受物价影响支付给个人的物价补贴,如流动施工津贴、特殊地区施工津贴、高温(寒)作业临时津贴、高空津贴等。

④加班加点工资:指按规定支付的在法定节假日工作的加班工资和在法定节假日工作时间外延时工作的加点工资。

⑤特殊情况下支付的工资:指根据国家法律、法规和政策规定,因病、工伤、产假、计划生育假、婚丧假、事假、探亲假、定期休假、停工学习、执行国家或社会义务等原因按计时工资标准或计时工资标准的一定比例支付的工资。

(2)材料费及工程设备

①材料费:指施工过程中耗费的原材料、辅助材料、构配件、零件、半成品或成品、工程设备的费用。内容包括:

● 材料原价:指材料、工程设备的出厂价格或商家供应价格。

● 运杂费:指材料、工程设备自来源地运至工地仓库或指定堆放地点所发生的全部费用。

● 运输损耗费:指材料在运输装卸过程中不可避免的损耗费用。

● 采购及保管费:指为组织采购、供应和保管材料、工程设备的过程中所需要的各项费用,包括采购费、仓储费、工地保管费、仓储损耗。

**表 1.2　建筑安装工程费用项目按费用构成要素划分的组成**

| | | | | |
|---|---|---|---|---|
| 建筑安装工程费 | 人工费 | 1.计时工资或计件工资<br>2.奖金<br>3.津贴、补贴<br>4.加班加点工资<br>5.特殊情况下支付的工资 | | 1.分部分项工程费 |
| | 材料费 | 1.材料原价<br>2.运杂费<br>3.运输损耗费<br>4.采购及保管费 | | 2.措施项目费 |
| | 施工机具使用费 | 1.施工机械使用费 | ①折旧费　②大修理费<br>③经常修理费<br>④安拆费及场外运费<br>⑤人工费　⑥燃料动力费<br>⑦税费 | |
| | | 2.仪器仪表使用费 | | 3.其他项目费 |
| | 企业管理费 | 1.管理人员工资　2.办公费<br>3.差旅交通费　4.固定资产使用费<br>5.工具用具使用费　6.劳动保险和职工福利费<br>7.劳动保护费　8.检验试验费<br>9.工会经费　10.职工教育经费<br>11.财产保险费　12.财务费<br>13.税金　14.其他 | | |
| | | 1.城市维护建设税<br>2.教育费附加<br>3.地方教育附加 | | |
| | 利润 | | | |
| | 规费 | 1.社会保险费 | ①养老保险费　②失业保险费<br>③医疗保险费　④生育保险费<br>⑤工伤保险费 | |
| | | 2.住房公积金<br>3.工程排污费 | | |
| | 税金 | 增值税 | | |

②工程设备:指构成或计划构成永久工程一部分的机电设备、金属结构设备、仪器装置及其他类似的设备和装置。设备费是指在建筑工程建设中,单体设备购置过程中所产生的费用。设备费不包括运杂费、运输保险费以及保管费。

(3)施工机具及仪器仪表使用费

①施工机械使用费:指施工作业所发生的施工机械使用费或其租赁费,由7项费用组成。

● 折旧费:指施工机械在规定的使用年限内,陆续收回其原值的费用。

● 大修理费:指施工机械按规定的大修理间隔台班进行必要的大修理,以恢复其正常功能所需的费用。

● 经常修理费:指施工机械除大修理以外的各级保养和临时故障排除所需的费用,包括为保障机械正常运转所需替换设备与随机配备工具附具的摊销和维护费用,机械运转中日常保养所需润滑与擦拭的材料费用及机械停滞期间的维护和保养费用等。

● 安拆费及场外运费:安拆费是指施工机械(大型机械除外)在现场进行安装与拆卸所需的人工、材料、机械和试运转费用以及机械辅助设施的折旧、搭设、拆除等费用;场外运费是指施工机械整体或分体自停放地点运至施工现场或由一施工地点运至另一施工地点的运输、装卸、辅助材料及架线等费用。

● 人工费:指机上司机(司炉)和其他操作人员的人工费。

● 燃料动力费:指施工机械在运转作业中所消耗的各种燃料及水、电等。

● 税费:指施工机械按照国家规定应缴纳的车船使用税、保险费及年检费等。

②仪器仪表使用费:指工程施工所需使用的仪器仪表的摊销及维修费用。

(4)企业管理费

企业管理费是指建筑安装企业组织施工生产和经营管理所需的费用。内容包括:

①管理人员工资:指按规定支付给管理人员的计时工资、奖金、津贴补贴、加班加点工资及特殊情况下支付的工资等。

②办公费:指企业管理办公用的文具、纸张、账表、印刷、邮电、书报、办公软件、现场监控、会议、水电、烧水和集体取暖降温(包括现场临时宿舍取暖降温)等费用。

③差旅交通费:指职工因公出差、调动工作的差旅费、住勤补助费,市内交通费和误餐补助费,职工探亲路费,劳动力招募费,职工退休、退职一次性路费,工伤人员就医路费,工地转移费以及管理部门使用的交通工具的油料、燃料等费用。

④固定资产使用费:指管理和试验部门及附属生产单位使用的属于固定资产的房屋、设备、仪器等的折旧、大修、维修或租赁费。

⑤工具、用具使用费:指企业施工生产和管理使用的不属于固定资产的工具、器具、家具、交通工具和检验、试验、测绘、消防用具等的购置、维修和摊销费。

⑥劳动保险和职工福利费:指由企业支付的职工退职金、按规定支付给离休干部的经费、集体福利费、夏季防暑降温、冬季取暖补贴、上下班交通补贴等。

⑦劳动保护费:指企业按规定发放的劳动保护用品的支出,如工作服、手套、防暑降温饮料以及在有碍身体健康的环境中施工的保健费用等。

⑧检验试验费:指施工企业按照有关标准规定,对建筑以及材料、构件和建筑安装物进

行一般鉴定、检查所发生的费用,包括自设实验室进行试验所耗用的材料等费用。不包括新结构、新材料的试验费,对构件做破坏性试验及其他特殊要求检验试验的费用和建设单位委托检测机构进行检测的费用,对此类检测发生的费用,由建设单位在工程建设其他费用中列支。但对施工企业提供的具有合格证明的材料进行检测不合格的,该检测费用由施工企业支付。

⑨工会经费:指企业按《中华人民共和国工会法》规定的全部职工工资总额比例计提的工会经费。

⑩职工教育经费:指按职工工资总额的规定比例计提,企业为职工进行专业技术和职业技能培训,专业技术人员继续教育、职工职业技能鉴定、职业资格认定以及根据需要对职工进行各类文化教育所发生的费用。

⑪财产保险费:指施工管理用的财产、车辆等的保险费用。

⑫财务费:指企业为施工生产筹集资金或提供预付款担保、履约担保、职工工资支付担保等所发生的各种费用。

⑬税金:指企业按规定缴纳的房产税、车船使用税、土地使用税、印花税等。

⑭其他:包括技术转让费、技术开发费、投标费、业务招待费、绿化费、广告费、公证费、法律顾问费、审计费、咨询费、保险费等。

⑮纳入:城市维护建设税、教育费附加、地方教育附加,纳入后调整企业管理费率。

(5)利润

利润是指施工企业完成所承包工程获得的盈利。

(6)规费

规费是指按国家法律、法规规定,由省级政府和省级有关权力部门规定必须缴纳或计取的费用。内容包括:

①社会保险费:

● 养老保险费:指企业按照规定标准为职工缴纳的基本养老保险费。

● 失业保险费:指企业按照规定标准为职工缴纳的失业保险费。

● 医疗保险费:指企业按照规定标准为职工缴纳的基本医疗保险费。

● 生育保险费:指企业按照规定标准为职工缴纳的生育保险费。

● 工伤保险费:指企业按照规定标准为职工缴纳的工伤保险费。

②住房公积金:指企业按规定标准为职工缴纳的住房公积金。

③工程排污费:指按规定缴纳的施工现场工程排污费。

其他应列而未列入的规费,按实际发生计取。

(7)税金

建筑业改征增值税。增值税是以商品(含应税劳务)在流转过程中产生的增值额,作为计税依据而征收的一种流转税。纳税对象:销售货物、提供加工、修理修配劳务、进口货物的单位和个人均应缴纳增值税。

**2)按工程造价形成顺序划分的组成**

按工程造价形成顺序划分的费用,其组成有分部分项工程费、措施项目费、其他项目费、规费、税金等费用。分部分项工程费、措施项目费、其他项目费这3项费用又包含人工费、材料费、施工机具使用费、企业管理费和利润等费用，见表1.3。

表 1.3　建筑安装工程费用项目按工程造价顺序划分的组成

| 建筑安装工程费 | 分部分项工程费 | 1.房屋建筑与装饰工程　①土石方工程　②桩基工程　……<br>2.仿古建筑工程<br>3.通用安装工程<br>4.市政工程<br>5.园林绿化工程<br>6.矿山工程<br>7.构筑物工程<br>8.城市轨道交通工程<br>9.爆破工程　…… | | 1.人工费<br><br>2.材料费<br><br>3.施工机械使用费<br><br>4.企业管理费<br><br>5.利润 |
|---|---|---|---|---|
| | 措施项目费 | 1.安全文明施工费<br>2.夜间施工增加费<br>3.二次搬运费<br>4.冬、雨季施工增加费<br>5.已完工程及设备保护费<br>6.工程定位复测费<br>7.特殊地区施工增加费<br>8.大型机械进出场及安拆费<br>9.脚手架工程费　…… | | |
| | 其他项目 | 1.暂列金额<br>2.计日工<br>3.总承包服务费　…… | | |
| | 规费 | 1.社会保险费 | ①养老保险费　②失业保险费<br>③医疗保险费　④生育保险费<br>⑤工伤保险费 | |
| | | 2.住房公积金<br>3.工程排污费 | | |
| | 税金 | 增值税 | | |

（1）分部分项工程费

分部分项工程费是指各专业工程的分部分项工程应予列支的各项费用。

①专业工程：指按现行国家计量规范划分的房屋建筑与装饰工程、仿古建筑工程、通用安装工程、市政工程、园林绿化工程、矿山工程、构筑物工程、城市轨道交通工程、爆破工程等各类工程。

②分部分项工程：指按现行国家计量规范对各专业工程划分的项目，如房屋建筑与装饰

工程划分的土石方工程、地基处理与桩基工程、砌筑工程、钢筋及钢筋混凝土工程等。

各类专业工程的分部分项工程划分见现行国家或行业计量规范。

（2）措施项目费

措施项目费是指为完成建设工程施工，发生于该工程施工前和施工过程中的技术、生活、安全、环境保护等方面的费用。内容包括：

①安全文明施工费：

●环境保护费：指施工现场为达到环保部门要求所需要的各项费用。

●文明施工费：指施工现场文明施工所需要的各项费用。

●安全施工费：指施工现场安全施工所需要的各项费用。

●临时设施费：指施工企业为进行建设工程施工所必须搭设的生活和生产用的临时建筑物、构筑物和其他临时设施费用，包括临时设施的搭设、维修、拆除、清理费或摊销费等。

②夜间施工增加费：指因夜间施工所发生的夜班补助费、夜间施工降效、夜间施工照明设备摊销及照明用电等费用。

③二次搬运费：指因施工场地条件限制而发生的材料、构配件、半成品等一次运输不能到达堆放地点，必须进行二次或多次搬运所发生的费用。

④冬、雨季施工增加费：指在冬季或雨季施工需增加的临时设施、防滑、排除雨雪，人工及施工机械效率降低等费用。

⑤已完工程及设备保护费：指竣工验收前，对已完工程及设备采取的必要保护措施所发生的费用。

⑥工程定位复测费：指工程施工过程中进行全部施工测量放线和复测工作的费用。

⑦特殊地区施工增加费：指工程在沙漠或其边缘地区、高海拔、高寒、原始森林等特殊地区施工增加的费用。

⑧大型机械设备进出场及安拆费：指机械整体或分体自停放场地运至施工现场或由一个施工地点运至另一个施工地点，所发生的机械进出场运输及转移费用及机械在施工现场进行安装、拆卸所需的人工费、材料费、机械费、试运转费和安装所需的辅助设施的费用。

⑨脚手架工程费：指施工需要的各种脚手架搭、拆、运输费用以及脚手架购置费的摊销（或租赁）费用。

措施项目及其包含的内容详见各类专业工程的现行国家或行业计量规范。

（3）其他项目费

①暂列金额：指建设单位在工程量清单中暂定并包括在工程合同价款中的一笔款项，用于施工合同签订时尚未确定或者不可预见的所需材料、工程设备、服务的采购，施工中可能发生的工程变更、合同约定调整因素出现时的工程价款调整以及发生的索赔、现场签证确认等的费用。

②计日工：指在施工过程中，施工企业完成建设单位提出的施工图纸以外的零星项目或工作所需的费用。

③总承包服务费：指总承包人为配合、协调建设单位进行的专业工程发包，对建设单位自行采购的材料、工程设备等进行保管以及施工现场管理、竣工资料汇总整理等服务所需的费用。

（4）规费

见前面的叙述,计算见后。

（5）税金

见前面的叙述,计算见后。

## · *1.1.4  建筑安装工程造价费用的计算方法* ·

【集解】工程费用的计取,涉及参与项目建设各方的实际利益。如何计取,由各方根据自己的情况,除不可竞争的费用外,在符合法律法规的条件下,可按当地主管部门的规定,按自己内部核算情况或按当地定额的规定等,由各方自主确定计取。工程费用的计算公式,住房和城乡建设部与财政部建标〔2013〕44 号文推举如下。

**1）按工程造价费用构成要素划分的费用计算方法**

（1）人工费

①计算公式 1：

$$人工费 = \sum（工日消耗量 × 日工资单价）$$

其中,日工资单价按下式计算：

$$日工资单价 = \frac{生产工人平均日工资（计时、计价）+ 月平均（奖金 + 津贴补贴 + 特殊情况下支付的工资）}{年平均每月法定工作日}$$

公式 1 主要适用于施工企业投标报价时自主确定人工费的计算,也是工程造价管理机构编制计价定额、确定定额人工单价或发布人工成本信息的参考依据。

②计算公式 2：

$$人工费 = \sum（工程工日消耗量 × 日工资单价）$$

公式 2 主要适用于工程造价管理机构编制计价定额时确定定额人工费用,也是施工企业投标报价时的参考依据。

工程造价管理机构在确定日工资单价时,应通过市场调查,并根据工程项目的技术要求,参考实物工程量人工单价进行综合分析确定。最低日工资单价,不得低于工程所在地当时人力资源和社会保障部门所发布的最低工资标准,即普工为其标准的 1.3 倍,一般技工为 2 倍,高级技工为 3 倍。

工程计价定额不可仅列一个综合工日单价,应根据工程项目技术要求和工种差别适当划分多种工日工资单价,确保各分部工程人工费的合理构成。

（2）材料费和工程设备费

①材料费按下式计算：

$$材料费 = \sum（材料消耗量 × 材料单价）$$

其中,材料单价按下式计算：

$$材料单价 = [(材料原价 + 运杂费) \times (1 + 运输损耗率)] \times$$
$$(1 + 采购保管费率)$$

②工程设备费按下式计算：

$$工程设备费 = \sum(工程设备量 \times 工程设备单价)$$

其中,设备单价按下式计算：

$$工程设备单价 = (设备原价 + 运杂费) \times (1 + 采购保管费率)$$

（3）施工机具使用费

①施工机械使用费按下式计算：

$$施工机械使用费 = \sum(施工机械台班消耗量 \times 机械台班单价)$$

其中,机械台班单价按下式计算：

$$机械台班单价 = 台班折旧费 + 台班大修理费 + 台班经常修理费 +$$
$$台班安拆费及场外运费 + 台班人工费 + 台班燃料动力费 +$$
$$台班车船税费$$

工程造价管理机构在确定计价定额中的施工机械使用费时,应根据《建筑施工机械台班费用计算规则》,结合市场调查编制施工机械台班单价。施工企业可以参考工程造价管理机构发布的台班单价,自主确定施工机械使用费的报价,如租赁施工机械,可按下式计算：

$$施工机械使用费 = \sum(施工机械台班消耗量 \times 机械台班租赁单价)$$

②仪器仪表使用费按下式计算：

$$仪器仪表使用费 = 工程使用的仪器仪表摊销费 + 维修费$$

（4）企业管理费费率

①以分部分项工程费为计算基础的计算式,为：

$$企业管理费费率 = \frac{生产工人年平均管理费}{年有效施工天数 \times 人工单价} \times 人工费占分部分项工程费比例(\%)$$

②以人工费和机械费合计为计算基础的计算式,为：

$$企业管理费费率 = \frac{生产工人年平均管理费}{年有效施工天数 \times (人工单价 + 每一工日机械使用费)} \times 100\%$$

③以人工费为计算基础的计算式,为：

$$企业管理费费率 = \frac{生产工人年平均管理费}{年有效施工天数 \times 人工单价} \times 100\%$$

上述公式适用于施工企业投标报价时自主确定管理费的计算,也是工程造价管理机构编制计价定额确定企业管理费的参考依据。

工程造价管理机构在确定计价定额中的企业管理费时,应以定额人工费或（定额人工费+定额机械费）作为计算基数,其费率根据历年工程造价积累的资料辅以调查数据确定,列入分部分项工程和措施项目中。

（5）利润

①施工企业根据企业自身需求，并结合建筑市场实际情况自主确定，列入报价中。

②工程造价管理机构在确定计价定额中的利润时，应以定额人工费或（定额人工费+定额机械费）作为计算基数，其费率根据历年工程造价积累的资料，并结合建筑市场的实际确定。利润在税前建筑安装工程费中的比重，以单位（单项）工程为准进行测算，利润费率不应低于5%且不高于7%。利润应列入分部分项工程和措施项目中。

（6）规费

①社会保险费和住房公积金。社会保险费和住房公积金，应以定额人工费为计算基础，根据工程所在地省、自治区、直辖市或行业建设主管部门规定的费率计算。

$$社会保险费和住房公积金 = \sum（工程定额人工费 \times 社会保险费和住房公积金费率）$$

式中，社会保险费和住房公积金费率可以按每万元发承包价的生产工人人工费和管理人员工资含量，与工程所在地规定的缴纳标准综合分析取定。

②工程排污费。工程排污费及其他应列而未列入的规费，应按工程所在地环境保护等部门规定的标准缴纳，按实计取列入。

（7）税金

按计税原理，增值税是对商品生产、流通、劳务服务中多个环节的新增价值或商品的附加值征收的一种流转税。建筑业增值税税率为11%，其计算式为：

$$工程造价 = 税前工程造价 \times（1 + 建筑业增值税税率11\%）$$

为了便于计算不含税（税前）工程造价，主管部门提出"价税分离"和"营改增"前后各项费用水平不变、计价依据内容一致的调整原则进行调整，并分步实施。

①当前，为了不改变、不调整工程造价的计算方法和计算程序，除人工费外，各地城乡建设主管部门对材料费、机械台班费、企业管理费（纳入城市维护建设税、教育费附加、地方教育附加）、组织措施费、安全文明施工费、总承包服务费等采取措施：一是调整费用组成及费率；二是测算综合扣税系数。即可计算不含税进项税额：

$$进项税额 = 各项费用 \times 相应综合扣税系数$$

规费、利润、清单中的暂列金额、暂估价、计日工、风险费用及按时计算的费用，均按不含进项税额计入，不影响招标价、投标价的计算。

②随后，编制不含税计价定额，随时公布材料、机械等不含税单价和不含税费用。计算软件也随着变动。

③今后，在工程造价计算中或工程结算时凭增值税专用发票抵扣税款。

**2）按工程造价形成顺序划分的费用计算方法**

（1）分部分项工程费

$$分部分项工程费 = \sum（分部分项工程量 \times 综合单价）$$

式中，综合单价包括人工费、材料费、施工机具使用费、企业管理费和利润以及一定范围的风险费用（下同）。

（2）措施项目费

①国家计量规范规定应予计量的措施项目，其计算式为：

措施项目费 $= \sum ($措施项目工程量 $\times$ 综合单价$)$

②国家计量规范规定不宜计量的措施项目计算方法如下:

• 安全文明施工费

安全文明施工费 $=$ 计算基数 $\times$ 安全文明施工费费率

式中,计算基数为定额基价(定额分部分项工程费+定额中可以计量的措施项目费)、定额人工费或(定额人工费+定额机械费)。其费率由工程造价管理机构根据各专业工程的特点综合确定。

• 夜间施工增加费

夜间施工增加费 $=$ 计算基数 $\times$ 夜间施工增加费费率

• 二次搬运费

二次搬运费 $=$ 计算基数 $\times$ 二次搬运费费率

• 冬、雨季施工增加费

冬、雨季施工增加费 $=$ 计算基数 $\times$ 冬雨季施工增加费费率

• 已完工程及设备保护费

已完工程及设备保护费 $=$ 计算基数 $\times$ 已完工程及设备保护费费率

上述夜间施工,二次搬运,冬、雨季施工和已完工程及设备保护4项措施费用的计算基数,应为定额人工费或(定额人工费 + 定额机械费),其费率由工程造价管理机构根据各专业工程特点和调查资料,综合分析后确定。

(3)其他项目费

①暂列金额:由建设单位根据工程特点,按有关计价规定估算,列在合同价款中,由建设单位掌握使用。当施工过程中发生相关事件时,按合同条款的约定扣除或调整,其余额部分归建设单位。

②计日工:由建设单位和施工企业按施工过程中的签证计价。

③总承包服务费:由建设单位在招标控制价中,根据总包服务范围和有关计价规定编制,施工企业投标时自主报价,施工过程中按签约的合同价执行。

(4)规费和税金

建设单位和施工企业均应按照省、自治区、直辖市或行业建设主管部门发布的标准计算规费和税金,不得作为竞争性费用。

规费和税金的计算方法,见前面的叙述。

## · 1.1.5 建筑安装工程造价计价程序 ·

住房和城乡建设部与财政部建标〔2013〕44号文,规定了3个计价程序,见表1.4至表1.6。

表 1.4　建设单位工程招标控制价计价程序

工程名称：　　　　　　　　　　标段：

| 序号 | 内　容 | 计算方法 | 金额/元 |
|---|---|---|---|
| 1 | 分部分项工程费用 | 按计价规定计算 | |
| 1.1 | | | |
| 1.2 | | | |
| 1.3 | . | | |
| ⋮ | | | |
| 2 | 措施项目费 | 按计价规定计算 | |
| 2.1 | 其中:安全文明施工费 | 按规定标准计算 | |
| 3 | 其他项目费 | | |
| 3.1 | 其中:暂列金额 | 按计价规定估算 | |
| 3.2 | 其中:专业工程暂估价 | 按计价规定估算 | |
| 3.3 | 其中:计日工 | 按计价规定估算 | |
| 3.4 | 其中:总承包服务费 | 按计价规定估算 | |
| 4 | 规费 | 按规定标准计算 | |
| 5 | 税金(扣除不应列入计税范围的工程设备金额) | (1+2+3+4)×规定税率 | |
| | 招标控制价合计 = 1+2+3+4+5 | | |

表 1.5　施工企业工程投标报价计价程序

工程名称：　　　　　　　　　　标段：

| 序号 | 内　容 | 计算方法 | 金额/元 |
|---|---|---|---|
| 1 | 分部分项工程费用 | 自主报价 | |
| 1.1 | | | |
| 1.2 | | | |
| 1.3 | | | |
| ⋮ | | | |
| 2 | 措施项目费 | 自主报价 | |
| 2.1 | 其中:安全文明施工费 | 按规定标准计算 | |
| 3 | 其他项目费 | | |
| 3.1 | 其中:暂列金额 | 按招标文件提供金额计列 | |
| 3.2 | 其中:专业工程暂估价 | 按招标文件提供金额计列 | |
| 3.3 | 其中:计日工 | 自主报价 | |
| 3.4 | 其中:总承包服务费 | 自主报价 | |
| 4 | 规费 | 按规定标准计算 | |
| 5 | 税金(扣除不应列入计税范围的工程设备金额) | (1+2+3+4)×规定税率 | |
| | 投标报价合计 = 1+2+3+4+5 | | |

**表 1.6　竣工结算计价程序**

工程名称：　　　　　　　　　　　　标段：

| 序号 | 内　　容 | 计算方法 | 金额/元 |
|---|---|---|---|
| 1 | 分部分项工程费用 | 按合同约定计算 | |
| 1.1 | | | |
| 1.2 | | | |
| 1.3 | | | |
| ⋮ | | | |
| 2 | 措施项目费 | 按合同约定计算 | |
| 2.1 | 其中:安全文明施工费 | 按规定标准计算 | |
| 3 | 其他项目费 | | |
| 3.1 | 其中:专业工程结算价 | 按合同约定计算 | |
| 3.2 | 其中:计日工 | 按计日工签证计算 | |
| 3.3 | 其中:总承包服务费 | 按合同约定计算 | |
| 3.4 | 索赔与现场鉴证 | 按发承包双方确认数额计算 | |
| 4 | 规费 | 按规定标准计算 | |
| 5 | 税金(扣除不应列入计税范围的工程设备金额) | (1+2+3+4)×规定税率 | |
| | 竣工结算总价合计 = 1+2+3+4+5 | | |

# 1.2　建设工程产品分类

**1) 建设工程产品分类的目的**

建设工程是一种特殊的商品,它具有一般商品的性质。但是,建设工程的"论价"是按其类别、级别的特点进行的。对建设工程产品进行分类,不仅仅是"论价"的需要,主要是便于控制投资、决策策划、设计规划、招标投标、任务分工、质量验收、计算价值、成本核算以及维护运行等的需要,而进行分类的。

**2) 建设工程产品分类的方法**

建设工程一般按性质分为土木工程、市政工程、建筑安装工程、工业安装工程等;按工程产生的过程可分为勘察、设计、建造、安装、建筑制品等。一般将建设工程项目划分成单项工程、单位工程、分部工程、分项工程。

(1) 建设工程项目

建设工程项目也称建设项目,一般是指在一个或几个场地上,按照一个总体设计或初步设计建设的全部工程。如一个工厂、一个学校、一所医院、一个住宅小区等,均视为一个建设工程项目。它可以是一个独立的工程,也可以包括几个或更多个单项工程。它在经济上实行统一核算,行政上具有独立的组织形式。

(2) 单项工程

单项工程也称工程项目,是指具有独立的设计文件,竣工后可以独立发挥使用功能和效益的建设工程,它是建设工程项目的组成部分。它是一个综合体,按其构成可划分为建筑工程,设备及安装工程,工具、器具、生产用具购置等。

(3)单位工程

单位工程是单项工程的组成部分,具有单独的设计文件和独立的施工图,并有独立的施工条件,是工程投资、设计、施工管理、工程验收和工程造价计算的基本对象。

①建筑安装工程的单位工程。建筑安装工程,指建筑工程和安装工程。建筑工程有建筑物、构筑物、各种结构工程、装饰工程、节能工程及环境工程等;安装工程有线路管道和设备等。

②工业机电安装的单位工程。它们应具备独立的施工条件,形成独立的使用功能,能形成生产产品的车间、生产线和组合工艺装置以及各类动力站等工程,可划分为单位工程。

(4)分部工程

分部工程是单位工程的组成要素,一般参照各专业预算定额即可划分清楚。

①建筑安装工程的分部工程。根据《建筑工程施工质量验收统一标准》(GB 50300—2013),将较大的建筑工程划分为:地基与基础,主体结构,建筑装饰装修,建筑屋面,建筑给水、排水及采暖,建筑电气,智能建筑,通风与空调,电梯及建筑节能 10 个分部工程。

其中,建筑机电安装的分部工程有:建筑给水、排水及采暖,建筑电气,智能建筑,建筑通风与空调,电梯 5 个分部工程。

②工业机电安装工程的分部工程。此部分可按专业性质设备所属的工艺系统、专业种类、机组或区域划分为若干个分部工程,一般划分为:设备安装、管道安装、电气装置安装、自动化仪表安装、设备与管道防腐及绝热安装、工业炉窑砌筑、非标准钢结构组焊 7 个分部工程。

当分部工程较大或较复杂时,可划分为若干个子分部工程。

(5)分项工程

分项工程是单位工程和分部工程的组成部分,是将安装工程按 WBS 工作结构分解后,得到最基本的构成要素。它通过较为单纯的施工过程就能生产出来,并且能用适当的计算单位进行工程量和价格计算。这些基本构成要素一般称为"分项工程"。所以,分项工程是计算人工、材料、机械台班消耗量,计算建安产品价格的基本单元。

# 复习思考题 1

1.1  试对建标〔2003〕206 号文和建标〔2013〕44 号文规定的建筑安装工程费用组成进行比较,有哪些区别?

1.2  试比较我国现行投资组成与世界银行和国际咨询工程师联合会规定的项目总费用的组成,有哪些差别?

1.3  我国现行工程报价费用组成,与国际上投标报价费用组成有哪些不同?

1.4  投资方、发包方、承包方应怎样计算工程造价最为合理?

1.5  有时说工程造价,有时又称为工程价格,你能解释清楚它们的含义吗?

1.6  为什么说造价人员只会计量与计价,不是一个很好的造价人员?

# 2 建筑安装工程计价

## 2.1 定额计价模式

我国从 20 世纪 50 年代起就开始推行定额计价模式。在计划经济体制下,国家为了控制投资,将消耗量定额和产品单价合并起来,编制出"量价合一"的单价表(预算定额),以此作为工程项目造价计算和控制的标准。用"单价表"计算的工程直接费作为计费基础也称"基价",以此基础按规定的间接费等费率计算工程造价。在定额计价模式下,政府便于控制国家工程项目投资的计算和投资核算,并以此对工程建设活动进行控制和管理。所以,定额计价模式的特点是"量价合一、基价取费、固定费率"。这样计算出来的建设工程造价实质是一个统一的计划价格。

住房和城乡建设部发布的建标〔2015〕34 号文,将原"量价合一"的《全国统一安装工程预算定额》进行修改、调整,并命名为《通用安装工程消耗量定额》(TY02-31—2015)。该定额是按专业工程来分类编制的,不是按建筑安装工程或工业安装工程类别来编制。这样定额的适应性更广,既适应建筑安装工程,也适应工业安装工程。它由 12 个专业定额册组成,依序为:第一册《机械设备安装工程》;第二册《热力设备安装工程》;第三册《静置设备与工艺金属结构制作与安装工程》;第四册《电气设备安装工程》;第五册《建筑智能化工程》;第六册《自动化控制仪表安装工程》;第七册《通风空调工程》;第八册《工业管道工程》;第九册《消防工程》;第十册《给排水、采暖、燃气工程》;第十一册《通信设备及线路工程》;第十二册《刷油、防腐蚀、绝热工程》。(后面的叙述中定额册名称用简称)

为了深化工程造价管理改革,推行建设市场化,2003 年开始实行工程量清单计价模式。但是,定额计价模式在我国已实行了半个多世纪,人们已有丰富的经验和历史习惯,在编制清单计量规范时考虑了这一原因,在确定其计量规则时,采取尽量与定额衔接的原则进行编制。所以,清单工程内容基本上是定额相关的子目,从中不难看出两者之间既有联系又有区别、互为表里的关系。因此,出现两种计价模式并行于建筑市场的状况,定额是工程计价的主要依据,希望大家熟练掌握定额的原理和使用方法。

### · 2.1.1　用定额计价的程序 ·

#### 1)用定额计价的计算步骤

定额计价的计算步骤:熟悉图纸及相关资料→熟悉施工现场及施工组织设计→按定额划分项目或子目→按定额计算规则计算项目(子目)工程量→汇总相同项目(子目)工程量并立项→填写工程造价分析表→套用定额→分析项目(子目)人、材、机数量及其费用→汇总消耗量及费用(人、材、机)→按规定的差率计算价差→按计费程序用规定的费率计算相应费用→计算利润→计算税金→汇总为工程造价。

#### 2)定额工程造价书的组成及编制步骤

(1)定额工程预算(造价)书的组成

工程预算书的组成,依序为:封面、审查意见表、编制说明、建设工程费用计算表、分部分项工程(直接)费用分析表、三材或主材及工程设备仪表汇总表、价差计算表、工程造价(预算)分析表、工程量计算书(备查)。

(2)工程造价书的编制步骤

工程造价书的编制步骤:编制工程量计算表→编制计价分析表→编制分部分项工程(直接)费表→编制"三材"及材料汇总表或设备仪表汇总表→编制价差表→编制工程费用计算表(计费程序表)→编写预算书的编制说明→填写造价书封面→编制单位负责人审核签章→编制单位签章→建设单位或相关单位审查签章。

工程预算书中的建设工程费用计算表,是整个工程造价费用的总表,从表中可以看到各种费用的计算过程和数值,如措施项目费、其他项目费、规费、安全文明施工费以及利润等的计算。我国规定,这些费用,安装工程一般用分部分项工程人工费作为计算基础进行计算,建筑工程用分部分项(直接)工程费作为计算基础进行计算。安装工程费用计算表的计算,详见本书第16章及第17章的实例。

### · 2.1.2　用定额系数进行消耗量及费用的计算方法 ·

用定额计价的最大一个特点就是"定额系数"的计算。《通用安装工程消耗量定额》(以下简称《通用定额》)在编制时,将不便于列入定额册表中作为编码的"公用子目",采用一个系数或者按定额人工费的比率来进行消耗量或费用的计算,这种系数一般称为"子目系数"或"综合系数"。这些系数列在定额册的"册说明"或"章说明"中,容易遗漏,下面进行叙述。

#### 1)子目系数和综合系数

(1)子目系数

子目系数是最基本的系数,具有定额子目的性质,故称为"子目系数"。用它计算的结果构成分部分项工程费,它是综合系数和工程费用的计算基础之一。用子目系数计算的有高层建筑增加费、单层房屋超高增加费、施工作业操作超高增加费等。

（2）综合系数

综合系数的计算基础是定额人工费和子目系数中的人工费,故称为"综合系数"。用这类系数计算的有脚手架搭拆费、安装工程系统调整费等,其计算结果也构成分部分项工程(直接)费。

**2)子目系数与综合系数的关系**

子目系数是综合系数的计算基础。两系数之间的关系用下式表达:

$$综合系数计算的消耗量或费用 = (分部分项人工费 + 全部子目系数费用中的人工费) × 综合系数$$

定额中这两种系数是根据各专业安装工程施工特点制定的,故各篇定额所列的子目系数和综合系数不能混用。

**3)子目系数和综合系数的计算方法**

（1）用子目系数计算的费用及方法

①高层建筑增加费、单层建筑超高增加费的计算:

$$高层建筑增加费 = \sum 分部分项全部人工费 × 高层建筑增加费率$$

②施工操作超高增加费的计算:

$$操作超高增加费 = 操作超高部分全部人工费或各定额册规定的基数× 操作超高增加系数$$

（2）用综合系数计算的费用及方法

①脚手架搭拆费的计算:

$$脚手架搭拆费 = \sum (分部分项全部人工费 + 全部子目系数费中的人工费) × 脚手架搭拆费系数$$

②系统调整费的计算。用综合系数来计算系统调整费用的有3个,即采暖工程系统调整费、空调水系统调整费和通风工程系统调整费,均按下式计算:

$$系统调整费 = \sum (分部分项全部人工费 + 全部子目系数费中的人工费) × 系统调整费系数$$

③当安装施工中发生下列费用时,按定额规定计算,编制方法见表2.1。

- 与主体配合施工的增加费;
- 安装施工与生产同时进行的增加费;
- 在有害环境中施工的增加费;
- 在洞库内安装施工的增加费等。

**4)子目系数和综合系数费用在定额计价表或清单计价分析表中的编制方法**

子目系数和综合系数是定额规定的计算系数。定额计价时,按定额规定进行计算,一般列在工程预算计价分析表中进行编制,方法见表2.1,或参见本书第16章和第17章实例。在清单计价时,高层建筑增加费、操作超高增加费及脚手架搭拆费列入措施项目表中分析,系统调整费按清单项目规定编码立项列入分部分项分析表中编制分析。

表2.1　子目系数和综合系数费用在定额计价表或清单计价分析表中的编制

工程名称：　　　　　　　　　　　　　　　　　　　　　　　　　第　页共　页

| 定额编号或清单项目编码 | 定额子目定额费用名称或清单项目名称 | 单位 | 工程数量 | 单价 | 合价 | 人工费 | 材料费 | 机械费 |
|---|---|---|---|---|---|---|---|---|
| | 分部分项分析完后合计 | | | | $Z_0$ | $R_0$ | $M_0$ | $J_0$ |
| （子目系数） | 高（或单）层建筑增加费：$A = R_0 \times$ 高层增加系数其中人工工资：$R_A = A \times$ 各册规定系数 | | | | $A$ | $R_A$ | | $J_A$ |
| （子目系数） | 施工操作超高增加费：$B =$ 超高部分人工费或定额册规定 $\times$ 操作超高增加系数其中人工工资：$R_B = B$ | | | | $B$ | $R_B$ | | |
| （综合系数） | 脚手架搭拆费：$C = (R_0 + R_A + R_B) \times$ 脚手架搭拆增加系数其中人工工资：$R_C = C \times$ 各册规定系数 | | | | $C$ | $R_C$ | $M_C$ | |
| （综合系数） | 系统调整费：$D = (R_0 + R_A + R_B) \times$ 系统调整费增加系数其中人工工资：$R_D = D \times$ 规定系数 | | | | $D$ | $R_D$ | $M_D$ | |
| （综合系数） | 按综合系数计算的其他增加费用 | | | | | | | |
| 合　计 | | | | | $Z$ | $R$ | $M$ | $J$ |

在子目系数和综合系数计算的费用中,除操作超高增加费(或高层建筑增加费)全部为人工费外,其他系数计算的费用均包括人工工资、材料费、机械使用费,各册专业定额仅规定了人工费所占比例,即 $R_A, R_B, R_C, R_D$ 等,其余部分包括的材料费和机械费,定额未作分配比例的规定。按习惯将高层、单层超高增加费的其余部分归入机械使用费 $J_A$ 中;而脚手架搭拆、系统调整费的其余部分归入材料费 $M_C, M_D$ 中。计算子目系数和综合系数后,各费用之和如下：

单位工程或分部分项工程费　　　　　　$Z = Z_0 + A + B + C + D$

单位工程人工费　　　　　　　　　　　$R = R_0 + R_A + R_B + R_C + R_D$

单位工程材料费　　　　　　　　　　　$M = M_0 + M_C + M_D$

单位工程机械使用费　　　　　　　　　$J = J_0 + J_A$

# 2.2  工程量清单计价模式

2003 年《建设工程工程量清单计价规范》的颁布,标志着我国工程造价管理进入一个新的阶段,工程量清单计价模式为建设市场交易提供了一个平等竞争的平台。建设工程项目用工程量清单进行招标时,其招标控制价、投标报价、合同价款的确定,竣(完)工时的工程结算等,承发包双方均以工程量清单为依据。行政主管部门按计价规范和相关法规管理和规范计价行为。这种以工程量清单为核心的计价管理模式,称为工程量清单(Bill of Quantities,BOQ)计价模式。我国清单计价模式的特点是政府宏观调控,企业自主报价,市场竞争形成价格,社会全面监督。

## · 2.2.1  工程量清单及其组成 ·

### 1)工程量清单(工程量表)

招标人遵照计价规范强制性规定的"五统一"(分部分项名称、项目编码、计量单位、特征描述、工程量计算规则)及其相关的法定技术标准,对拟建工程的实物工程数量进行编制的,以表达对招标目的要求和利益期望的、细密完整的和约束承发包双方计价行为的一套工程实物量明细表,这个明细表称为"工程量清单"。

工程量清单,不仅是招标文件中最主要的部分,也是投标报价书里 3 个文件(商务文件、技术文件和价格文件)中最核心的"价格文件"编制的主要依据。一经中标,工程量清单又成为签订施工承包合同的依据及合同的组成部分。在施工和完工时又是造价控制和结算的依据。所以,无论是招标人或投标人均应慎重对待工程量清单。

### 2)工程量清单的组成

按 2013 版计价规范规定,工程量清单由下列清单组成:封面、分部分项工程量清单、措施项目清单、其他项目清单、规费和税金项目清单等。详见第 16 章和第 17 章实例。

## · 2.2.2  工程量清单的编制 ·

### 1)清单编制人

工程量清单由具有编制能力的招标人或委托给具有相应资质的工程造价咨询人编制,清单的准确性和完整性由招标人负责。

### 2)清单编制的依据

编制的依据是:计价规范,工程量计算规范,国家及主管部门颁发的计价依据或办法,建设工程设计文件,相关的标准、规范、定额及技术资料,招标文件及答疑记录,现场情况及常规施工方案,其他相关资料等。

### 3)工程量清单项目的设置

工程量清单项目的设置,工程量计算规范作了明确规定。

（1）项目名称

原则上以形成的工程实体命名,不能重复,一个项目一个编码,一个对应的综合单价;若有缺项,编制人可以根据相应原则进行补充,同时报当地工程造价部门备案。

（2）项目编码

全国统一编码,用12位阿拉伯数字表示。一到九位为统一编码,其中,一、二位为附录顺序码,三、四位为专业工程顺序码,五、六位为分部工程顺序码,七、八、九位为分项工程项目名称顺序码,十到十二位为清单项目名称顺序码。前九位码不能变动,后三位码,清单编制人根据项目设置的清单项目情况编制。

（3）项目特征

项目特征是用来描述项目实体的,它直接影响实体自身价值。项目特征主要指工程所在的部位、施工工艺、材料品种、规格型号等特征。它是影响造价的因素,也是设置具体清单项目的依据。凡项目特征中未描述到的其他独有特征,若要列出,编制人必须准确地进行描述,否则将影响计价的正确性。

（4）计量单位

计量单位根据清单项目的形体特征和变化规律,以及能确切反映项目的工、料消耗量等要求进行选定。清单项目能用物理计量单位计量的,用 kg,t,m,$m^2$,$m^3$,km 等法定计量单位计量;不能用物理计量单位计量的,根据其形体特征用个、套、台、块、根、条、座、组、项、系统、处等自然计量单位来表示。计价规范中的各个清单项目,均已确定了计量单位,编制清单时应按此执行。

（5）工程内容

工程内容是指完成该清单项目实体所涉及的相关工作或工程内容。计价规范规定的工程内容,清单编制人必须仔细描述,因为它是报价人计算该项工程综合单价的重要依据。

（6）工程量计算规则

工程量计算规范的计算规则,是以工程实体安装就位的净尺寸或加预留量来计算,与国际通用做法（FIDIC）是一致的,规范中每一个工程项目均对应一个相应的工程量计算规则。

### 4)清单的编制及审查

清单编制人严格按计价规范和工程量计算规范的"五统一"进行编制。编制完成后应由编制单位部门负责人审校,或组织专业人员讨论定稿,然后由单位主管审核,最后将清单交于委托单位审查定案。无论谁审核或审查,必须严格按计价规范审查,满足要求后方能作为招标书的内容。

## · 2.2.3 工程量清单计价 ·

### 1)招标投标人的工程量清单计价

（1）招标控制价

为了客观、合理地评审投标报价,避免哄抬标价,造成资产流失,招标人应编制招标控制价。招标控制价应由具有编制能力的招标人或委托具有相应资质的工程造价咨询人编制,清单控制计价书的准确性和完整性由招标人负责。

(2)投标价

投标阶段,投标人根据工程量清单和招标文件的要求、施工现场实际情况、拟订的施工方案或施工规划大纲、国家消耗量定额、企业消耗量定额或企业成本库、市场价格信息和风险,并根据建设行政主管部门的有关规定,按完成工程量清单项目所需要的全部费用进行投标报价(计价)。

(3)工程量变更时的计价

工程量清单漏项或错误,或设计变更引起新的工程量清单项目时,其相应综合单价由承包方以质疑方式提出,经发包人确认后作为结算依据。

由于设计变更引起工程量增减部分,属于合同约定幅度以内的,按合同约定的综合单价执行;属于合同约定幅度以外的,其综合单价由承包人提出,经发包人确认后作为结算依据。因工程量的变更,实际发生了合同规定以外的费用损失,承包人可以提出索赔要求,与发包人协商确认后,由发包人给予补偿。

**2)工程量清单报价书的组成及编制**

(1)工程量清单投标报价书的组成

按 2013 版计价规范规定,工程量清单报价书(计价书)由封面,总说明,投标报价汇总表,分部分项工程量清单表,工程量清单综合单价分析表,措施项目清单表,其他项目清单表,规费、税金项目清单表,工程款支付申请(核准)表等组成。

(2)工程量清单投标报价书的编制

在工程量清单报价书中,最关键的是分部分项工程量清单综合单价分析表和措施项目清单表的编制。在编制这两个表之前,首先要确定计价方法。

根据住房和城乡建设部令第 16 号《建筑工程施工发包与承包计价管理办法》的规定:施工图预算、招标控制价和投标报价,由工程成本加利润、税金组成。其计价方法有两大类:实物法和单价法。其核心是确定单价。

①实物法。实物法也称为"工料单价法",计算工程量,确定分部分项工程的人工、材料、机械台班消耗量,确定工程所在地相应的单价,合计汇总为分部分项工程费。在分部分项工程费或人工费的基础上,取定相应费率,计算企业管理费、措施项目费、其他项目费、规费、利润和税金等费用,合计即为工程造价。

$$人材机实物总量 = \sum 工程量 \times 单位产品人材机消耗量$$

$$工程费 = 人材机总量 \times 人材机相应单价$$

$$各种费用 = 工程费 \times 各种费用相应费率$$

或

$$= 工程人工费 \times 各种费用相应费率$$

$$工程造价 = \sum(分部分项工程费 + 企业管理费 + 利润) +$$

$$措施项目费 + 其他项目费 + 规费 + 税金$$

②单价法。纯单价法也即传统的施工图预算编制方法,按施工图纸计算出分部分项(子目)工程量,并乘以相应的工程单价(人工费+材料费+机械台班费),汇总后得到工程费,取定相应费率,再按规定程序计算相关费用,合计即为工程造价。

$$分部分项工程费 = \sum 工程量 \times 工程单价(基价)$$

$$各种费用 = \sum 分部分项工程费 \times 各种费用相应费率$$

$$或 \qquad = \sum 分部分项工程人工费 \times 各种费用相应费率$$

$$工程造价 = 计算表达式同实物法$$

③综合单价法。综合单价法也是工程量清单的计价方法。求出分部分项清单、措施项目清单、其他项目清单、规费和税金或者带风险金的单位产品价格,将这些费用加起来,即为综合单价。用相应清单工程量乘以相应的综合单价,即为工程造价。

$$分部分项综合单价 = 人工费 + 材料费 + 机械台班费 + 企业管理费 + 利润$$

$$清单工程造价 = \sum (分部分项工程量 \times 相应的清单综合单价) + 措施项目费 +$$
$$其他项目费 + 规费 + 税金 + 风险金$$

④成本报价法。

$$报价 = 成本 + 利润 + 税金$$

(3)分部分项工程量清单综合单价分析表的编制

分部分项工程量清单综合单价分析表是投标报价的基础和依据,是投标文件的重要组成部分之一。因内容繁杂,用造价软件进行分析最为快捷,但要注意下述各项:

①仔细核实清单的综合内容。仔细分析清单工程量、项目特征、工作组成内容、措施项目内容,有无错误遗漏,然后确定报价对策。

②使用消耗量定额。用清单报价竞争实为工程消耗量的竞争。报价人根据自己的管理水平或工程项目情况,选用企业消耗量定额或借用其他定额作为报价依据。还应该考虑在施工中可能发生的工程预留量、超挖(填)量、施工附加量、施工损耗量(操作、运输、体积变化、其他等)、质量检查量、试验工程量等带来的消耗量增加,经过测算才确定报价消耗量。

③确定人工、材料、机械台班的相应单价。单价的确定方法有:企业成本库价、当地造价部门指导价、当地的安装工程"计价定额"、市场价。为了稳妥,用当地市场平均价时,应逐一询价。发包人招标文件中规定的单价也要仔细分析后方可确定。

④注意措施费与定额中子目系数和综合系数的计算。定额中有高层建筑增加费、超高操作增加费、脚手架搭拆费、系统调整调试费、有害健康环境施工费或者施工与生产交叉施工降效费等,这些是否与措施费重复,根据招标书要求、工程情况和企业管理水平,应仔细分析,然后确定计取。

⑤确定管理费率和利润率。根据招标文件规定、工程项目情况、市场竞争情况、当地建设行政主管部门规定、企业管理水平和竞争策略等取定费率。

根据上述的分析和确定,即可编制清单项目的综合单价。

# 2.3 工程造价的价差及其调整

## · 2.3.1 编制施工图预算时考虑的价差 ·

### 1) 编制时间与执行时间的差异

施工图预算一般是先编制后执行。因编制时间与执行时间不同,其时间先后差使工程造价发生变化,编制者在编制施工图预算时可预测一个价格浮动系数,或者在编制总投资时计算一项"调价预备费",来解决因先后时间差异而产生的价差。

### 2) 难以预料的子目出现

在编制施工图预算时,有的子目的出现难以预料,使工程造价发生变化,一般在总投资编制时计算一项"基本预备费"作为解决价差之用。

### 3) 地区价差

工程预算应该用工程所在地的单价,或者用该地区中心城市的单价进行编制。如果用非工程所在地的单价编制预算,必然产生一个地区差,带来预算的不准确性,并增加调整难度。所以,应该用工程所在地的价格进行编制,以免产生地区价差。

## · 2.3.2 工程结算时考虑的价差 ·

承包商在报价时,应充分考虑价差带来的风险。从市场调查预测开始,在投标活动、中标签约、生产准备、施工生产和竣(完)工结算中均应考虑价差。在中标签约时,双方应协商一个调差方式进行工程造价价差的调整。调整的方式方法有很多,可根据工程项目、市场涨幅、工程所在地环境等情况进行选择。无论用什么方式方法调差,均应记录在合同中,供双方信守。

### 1) 价差调整方法

工程造价价差产生的原因一是单价变动,二是数量变动。在施工生产中如发生上述两种变动情况时,经发包人代表或总监理工程师签证认可,即可调差。其调差方法如下:

(1) 人工费的调差

人工费的调差有两个方面,即量差和价差,计算式如下:

人工工日量差 = 实际耗用工日数 − 合同工日数

人工费价差 = 实际耗用工日数 × (实际人工单价 − 合同工日单价)

(2) 材料费的调差

按材料不同逐一调整价差,称为单项调差法。这种方法虽然繁杂,但能反映工程真实造价。另外,也可采用分别调差的方式,即主要材料采用单项调差法,而辅助材料和次要材料采用一个经双方协商的占主要材料费的比例系数来进行调整。这种系数调差法较为简便,但有一定误差。这些方法的计算式分别如下:

$$某项材料量差 = 实际材料用量 - 合同材料用量$$

$$某项材料费价差 = 实际材料用量 × (实际材料单价 - 合同材料单价)$$

或    材料费调整额 = 主材实际用量 × (主材实际单价 - 合同单价) × (1 + 辅助材料调整比例或调整系数)

周转材料价差调整方法与此相同。

(3)机械台班费的调差

施工机械价差调整方法与材料价差调整方法相同,按不同的机械逐一调整。

**2)工程结算价差的调整方式**

工程结算价差一般在工程进度款结算或工程竣(完)工结算时调整。其价差调整方式有下面几种:

(1)按实调整结算价差

双方约定凭发票按实结算时,双方在市场共同询价认可后,所开具的发票作为工程造价价差调整的依据。

(2)按工程造价指数调整

招标方和承包方约定,用施工图预算或工程概算作为承包合同价时,根据合理的工期,并按当地工程造价管理部门公布的当月度或当季度的工程造价指数,对工程承包合同价进行调整。

【例】 某承包商承建某商场照明线路及灯饰工程,合同价款为 1 200 万元,当年 5 月 1 日签订合同并开工,为了国庆开业,按合同要求于次年 8 月 28 日竣工。当年 5 月签约时工程造价指数为 100.10,次年 8 月竣工时工程造价指数为 100.15。完工结算价应为:

$$(100.15 ÷ 100.10) × 1 200 万元 = 1 200.599 4 万元$$

价差调整额为:

$$1 200.599 4 万元 - 1 200 万元 = 0.599 4 万元$$

(3)用指导价调整

用建设工程造价管理部门公布的调差文件进行价差调整,或按造价管理部门定期发布的主要材料指导价进行调整,这是较为传统的调整方法。

(4)用价格指数公式调整

用价格指数公式调整,也称调值公式法,这是国际工程承包中工程合同价调整用的公式,是一种动态调整方法。

对某一项材料调差时,计算式为:

$$某项材料价差额 = 某项材料总数量 × 材料合同价 × 价格指数$$

工程进度款结算调整及工程竣(完)工结算时合同价的调整,用下式计算:

$$P = P_0 \left( a_0 + a \times \frac{A}{B_0} + b \times \frac{B}{B_0} + c + \frac{C}{C_0} + \cdots \right)$$

式中　$P$——调整后工程合同价款或工程进度结算价款；

　　　$P_0$——未调整的工程合同价款或工程准备结算的进度款；

　　　$a_0$——固定因素部分，即合同价款或工程进度款中，造价不能调整部分占合同总价的比(权)重；

　　　$a,b,c,\cdots$——合同价款或工程进度款中，各需要调价部分(如人工费、钢材费、木材费、水泥费、管材费、线材费、机械台班费等)占合同总价的比重系数，其各比重系数之和应为 1，即 $a_0 + a + b + c + \cdots = 1$；

　　　$A_0,B_0,C_0,\cdots$——$a,b,c$ 等比重系数所对应因素的基期(签订合同时)价格指数或价格；

　　　$A,B,C,\cdots$——$a,b,c$ 等比重系数所对应因素报告期(现行、结算时)的价格指数或价格。

应用价格指数公式调整价差时应注意：

①$a_0$ 固定部分应尽可能小，通常取值范围为 0.15~0.35。

②$A_0,B_0,C_0$ 等和 $A,B,C$ 等价格指数或价格，由国家有关部门(如建设工程造价站)公布，或者由承包方提出，经发包方或监理方审核同意。在选择这些费用因素时，一般选择数量大、价格高，且具有价格指数变化综合代表性的费用因素。

③$a,b,c$ 等调价比重系数也是工程成本构成的比例，一般由承包方根据项目特点测算后在投标文件中列出，并在清单价格分析中予以论证。有时也由发包方在招标文件中规定一个范围，由投标人在此范围内选定。在实际施工中，总监理工程师发现不合理时，进行测算后，有权调整和改正这些比重系数。

④各项调整费用因素和比重系数，均在合同中予以规定和记录，供双方履行。在国际工程中，调差幅度一般在超出±5%时才予以调整。如在有的合同中，双方约定当价差应该调整但其金额不超过合同原价的5%时，由承包方承担；在5%~20%时，承包方承担其中的10%，发包方承担90%；超过20%时，双方必须另签订附加条款。

# 2.4　工程造价书的校核与审查

为了提高工程造价的编制质量，核实工程造价，节约与合理使用建设资金；为了正确反映工程价格，便于加强建筑市场管理和利于平等竞争；为了提高工程质量，加快工程进度，发挥投资效益，有利于积累各种经济指标，提高设计水平等，都必须认真做好工程造价书的校核与审查工作。

### · 2.4.1 工程造价书的校核与审查 ·

**1)工程造价预算书的校核**

编制者本人在造价书编制完后应自觉逐一检查有无错漏或重算,这一工作称为自校。自校后交给有关人员(如组长、工程师、项目负责人)进行检查核对,称为校核。再交给本单位业务主管、总经济师、造价工程师等审查核对,称为审核。造价书通过的这"三关",总称为校核。过此三关的目的是通过层层把关,避免疏漏或差错,以提高造价书的编制质量,正确反映工程造价。

校核方法一般采用询问法。校核者应先查阅图纸和造价书底稿,然后结合以往的工作经验,询问疑难点,发现问题即时纠正。

**2)工程造价书的审查**

审查,也称审核。为了核实工程造价,由投资方、发包方或有资质的第三方对工程造价预算书进行审查,是合理使用建设投资的一项有力措施。审查是一项政策性、经济性、技术性都较强的工作,审查者及参与各方均应遵纪守法。审查者不仅要具有相关的职业资质,还应具有高尚的职业道德,才能干好这一工作。

### · 2.4.2 工程造价书的审查内容与形式 ·

工程造价预算书的审查重点:工程量计算是否正确;立项是否正确;单价、费用计取是否正确。

**1)工程造价书的审查依据和审查内容**

(1)审查依据

审查依据:会审后或经总监理工程师签发的施工图纸及设计资料;消耗量定额、费用定额、材料单价和有关文件;工程招标文件、工程量清单、报价书、综合单价分析表;工程量计算规则和定额解释汇编;已审批的施工组织设计或施工方案。

(2)审查内容

审查内容:工程承包的工作范围是否正确;工程量的计算和定额的使用以及定额换算是否正确;设备、材料单价的真实性、可靠性、正确性;各种费用计取的基础、标准、方法是否正确;各种价差调整计算是否合理;国家规定取费之外的费用是否符合国家有关规定或与工程项目是否有关。

**2)工程造价预算书的审查组织形式**

当前,工程造价预算书的审查组织形式有以下3种:

(1)单审

当规模不大的一般工程,由发包方或工程造价咨询单位,或建设(贷款)银行单独审查,承发包双方协商修正、调整后,定案即可。

（2）联审

大中型工程项目或重点工程,由发包方及其上级主管部门会同设计、建设(贷款)银行、审计、承包方、监理、造价咨询单位等联合会审。联合会审质量高,涉及单位多,要指定专人组织与协调,才能搞好会审定案工作。

（3）专职机构审

委托诸如投资评估公司、工程咨询公司、工程造价咨询公司、工程监理公司、审计事务所等专职机构审查。

## · *2.4.3  工程造价书的审查方法* ·

工程造价书的审查方法很多,根据实际情况可以将多种方法相互结合起来灵活应用。

### 1) 全面审查法

全面审查法就是根据施工图纸、合同、工程量清单和消耗量定额及有关规定,对工程预算造价书内容一项不漏地逐一审查的方法,亦称逐项审查法。这是审查中普遍采用的方法。这种方法全面、细致,能纠正错误,审查质量高,缺点是工作量大。

### 2) 重点审查法

重点审查法就是抓住预算书中的重点部分进行审查的方法。所谓重点,一是工程内容复杂、工程量计算繁杂、定额缺项多、换算多等,对整个造价有明显影响者;二是工程数量大、单价高,占造价比重大者;三是编制造价书一般易犯错误处、易弄虚作假处等。此法优点是重点突出,审查时间短。为防止漏审,在审查中可结合对比审查法等,以及审查者的经验进行审查。

### 3) 标准预算审查法

标准预算审查法就是对于用标准图纸或通用图纸施工的工程,先集中力量编制标准预算,或借鉴相同工程已有的预算书,进行对照核查的审查方法。此法优点是时间短、效果好、定案快。

### 4) 对比审查法

对比审查法也称为类似工程审查法。用一个与拟建工程相似并已建成的工程预算造价书,进行对比审查。审查时注意筛选,相似部分可借用,不同部分谨慎借用或不用,要注意现场条件以及建筑和结构的不同对工程预算的影响。

另外,利用构件、配件、标准图集整理成的各种预算手册进行审查,可简化工程造价预算书的编制和审查工作量。

# 复习思考题 2

2.1  人们在生产活动中为什么要编制定额? 在计划经济和市场经济体制下都编制了定

额,它们各自的意义是什么?

2.2 分别阐述人工工日单价,材料单价,机械台班单价,建筑安装工程单位产品单价,产品的人工费、材料费、机械台班使用费的含义与区别。

2.3 请你将《通用定额》第一册到第十二册内的"超层""超高""脚手架搭拆"等系数的计算,依序列表归纳,分析它们的特点,你得到了什么启示?

2.4 试比较《房屋建筑与装饰工程消耗量定额》《通用定额》《市政工程消耗量定额》的相同点与不同点。

2.5 试比较工程量清单计价模式与传统计价模式的异同。

2.6 简述分部分项工程量清单综合单价的分析步骤。

2.7 什么是工程造价计算基础?安装工程、房建工程、市政建设工程、园林工程等工程造价费用的计算基础是一样的吗?安装工程中用了几种计算基础来计算工程造价费用?

2.8 从业主方、承包方角度,用清单计价模式与定额计价模式编制工程造价时的要求相同吗?试列举相同点与不同点。

2.9 工程造价产生价差的原因是什么?哪一种价差调整方式最好?

2.10 为什么要对工程造价书进行审查?怎样审查?

2.11 什么是工程造价书的"审查"?什么是经济监督的"审计"?两者为什么不同?能混用吗?

# 3 电气设备安装工程

## 3.1 变压器安装工程量

【集解】变电与配电系统及设施。电力系统由发电→输电→供(配)电3个环节组成,如图3.26所示。其中,供配电环节是合理输送、分配和使用电能的一个系统,其系统由中心设备配电变压器和配电装置等组成。变配电系统的设施按容量和功能不同,可设置变配电站、变配电室、变配电所(开闭所)来实现变配电功能。最常见的变配电设施由高压配电室、低压配电室、变压器室、电容器室及值班室等组成,如图3.1所示。

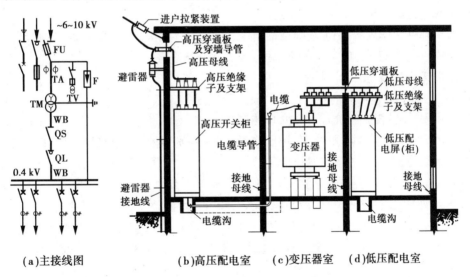

(a)主接线图    (b)高压配电室    (c)变压器室    (d)低压配电室

图3.1 10 kV及以下架空进线变配电系统组成

### · 3.1.1 变压器 ·

变压器(Transformer,TM)是利用电磁感应原理,用某一数值的交流电压(电流)变成频率相同的另一种或几种数值不同的电压(电流)的一种静置电气设备。其功能有电压、电流、阻抗的变换,高低压隔离,稳压(磁饱和变压器)等。故变压器分为变压器与调压器、电力变压器与配电变压器。在一般变配电系统中,常用6~10 kV配电变压器,35 kV以上变压器由电力部门安装。

## 3.1.2 变压器安装工程量·

**变压器 油浸式、干式、地埋式**

| 项目编码 | 项目名称 | 项目特征 | 计量单位 | 工程量计算规则 |
|---------|---------|---------|---------|---------------|
| 030401001 | 油浸式电力变压器 | 名称;型号;容量(kV·A);电压(kV);油过滤要求;干燥要求;基础型钢形式、规格;网门、保护门材质、规格;温控箱型号、规格 | 台 | 按设计图示数量计算 |
| 030401002 | 干式电力变压器 | | | |

【释名】电力变压器(Power Transformer):电力变压器容量用 kV·A 或 MV·A 表示,是变配电系统的中心设备,可用于升压或降压。电力变压器的类型很多,按用途不同分为电力变压器、特种变压器;按冷却方式不同分为油浸式、干式(自冷)式;按防潮方式不同分为开放式、灌封式与密封式;按相数不同分为单相、三相与多相式;按线圈材质不同分为铜线圈与铝线圈;按铁芯硅钢片不同分为热轧与冷轧等。安装形式有室内(所、室)、箱内(箱式)、室外露天台座上(地变),以及电杆上(杆变)等。在建筑供配电系统中,常用 SL 系列三相油浸自冷式或干式冷轧硅钢片铝线圈降压变压器。

▌**清单项目工作内容**▌ ①基础型钢制作、安装;②本体安装;③油过滤;④干燥;⑤接地;⑥网门及铁件制作、安装;⑦刷(喷)油漆。

▌**定额工程量**▌ 按"台"计量。

(1)变压器安装包括的内容

①本体安装:油浸式补充油,接地,单体调试等。

②单体调试:直流电阻测量、变压比测量、接线组别试验、线圈绝缘电阻和吸收比测量。油浸式另做油柱试验,注油后密封试验等。

(2)变压器安装不包括的内容

①基础型钢轨道及垫铁止轮器制作、安装,按"m"计量。

基础型钢工程量 = 设计图示或标准图图示长度

基础型钢报价工程量 = 设计图示或标准图图示长度 × 定额消耗量

②变压器油过滤,需要过滤时,按变压器铭牌标注的油量以"t"计算,如下式:

变压器油过滤量报价工程量 $Q$ = 变压器铭牌油量 × (1 + 1.8%)

油类损耗率可取 1.8%。

当需要做变压器油样耐压试验、混合化验及色谱分析时,无论是施工单位自验,或委托电力试验研究部门代验,按实计算或按电力试验部门的规定计算。每次以油杯盛变压器油进行击穿电压试验,所以按"(元·只)/次"计量,每检验一次必计算一次。

③变压器干燥,因条件限制,施工现场一般不进行该操作。根据技术规范要求,经监理、业主驻现场代表签证后进行。干燥方法有热油、热风、铁损及真空法,定额按涡流(铁损)干燥法考虑的,发生时按实结算。充氮运输的变压器,不考虑干燥。需要干燥棚或滤油棚时,搭拆

按《房屋建筑与装饰工程消耗量定额》(TY 01-31—2015,以下简称《房建定额》)计算或按实计算。

④变压器安全网门、保护门及铁件制作安装,按设计图示尺寸以"kg"或"t"计算。

⑤铁件刷(喷)油漆、除锈、刷油,用刷油定额,铁件镀锌另计算。

⑥变压器温控箱(端子箱、汇控箱)安装,见3.4.2节的叙述。

⑦变压器的保护与监控设备或综合自动化设备的安装,用电气工程定额相应子目。

⑧变压器基础,挖土、填土或浇筑、砌筑,定额用《房建定额》或《市政工程消耗量定额》(ZYA-31—2015,以下简称《市政定额》)计算。

⑨变压器系统调试,当变压器与断路器等控制开关以及保护装置和二次回路等组成系统时,其调试见3.12节的叙述。

# 3.2　高压配电装置安装工程量

## · 3.2.1　配电装置 ·

10 kV及以下配电装置,是指在配电系统中由结构复杂,并具有某种独立功能的相应物件所组成的,能够控制、接受和分配高压或低压电能的一个组合体。它设置在发电厂、工矿或企业内部接受和分配电能的用电场所。配电装置由母线、控制开关设备、保护电器、测量仪表和其他附属设备等组成。安装形式有户外式和户内式;组装形式有装配式和成套式,成套式被广泛应用。成套式按设计线路方案,组合成系列高压或低压型成套室、柜、箱等配电装置,安装便捷、安全可靠,故被广泛应用。本节以高压配电装置为主,3.4节以低压配电装置为主进行叙述。

## · 3.2.2　高压配电控制电器安装工程量 ·

### 1)断路器、接触器安装

**高压配电装置　　断路器、接触器**

| 项目编码 | 项目名称 | 项目特征 | 计量单位 | 工程量计算规则 |
|---|---|---|---|---|
| 030402001 | 油断路器 | 名称;型号;容量(A);电压(kV);安装条件;操作机构名称、型号;基础型钢规格;接线材质、规格;安装部位;油过滤要求 | 台 | 按设计图示数量计算 |
| 030402002 | 真空断路器 | | | |
| 030402003 | SF6断路器 | | | |
| 030402004 | 空气断路器 | | | |
| 030402005 | 真空接触器 | | | |

**【释名】**①高压断路器(Circuit Breaker):用于断开或接通正常负荷电路电流或异常电路电流的开关装置。它配以附件可自动跳闸保护和控制电路中的电器设备。断路器分高压和低压。高压断路器有:户外型与户内型、多油与少油、电磁式、六氟化硫(SF6)、压空与真空断路器等,油断路器使用较多,如图3.2(a)所示。低压断路器又称"自动开关"或"空气开关"。

②高压接触器(Contactor):一般用于工业高压三相异步电机远距离接通、切断、逆转的控制。高压接触器按灭弧装置不同分为磁吹灭弧、高压真空密封灭弧两类,如图3.2(b)所示。低压接触器分交流、直流,如CJ10、CJ12型等交流接触器。

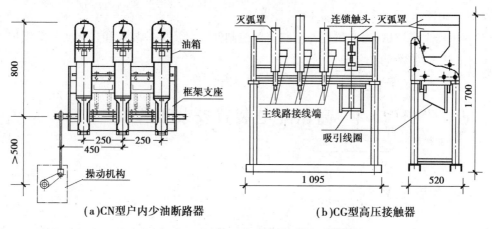

(a)CN型户内少油断路器　　　　(b)CG型高压接触器

图3.2　户内式高压少油断路器、高压接触器

**▌清单项目工作内容▌**①本体安装、调试;②基础型钢制作、安装;③油过滤;④补刷(喷)油漆;⑤接地。

**▌定额工程量▌**按"台"计量。

(1)高压断路器和接触器安装包括的内容

高压断路器、接触器安装包括:本体及操作机构安装、调整(触头、重合闸、操作机构)、接地、单体调试。

(2)高压断路器和接触器安装不包括的内容

①油断路器的油过滤及耐压试验,计算方法与变压器安装相同。

②支架制作、安装或基础型钢安装、除锈、刷油或镀锌等,计算方法见前。

**2)高压隔离开关、负荷开关安装**

**高压配电装置　　隔离开关、负荷开关**

| 项目编码 | 项目名称 | 项目特征 | 计量单位 | 工程量计算规则 |
|---|---|---|---|---|
| 030402006 | 隔离开关 | 名称;型号;容量(A);电压等级(kV);安装条件;操作机构名称及型号;接线材质、规格;安装部位 | 组 | 按设计图示数量计算 |
| 030402007 | 负荷开关 | | | |

【释名】①高压隔离开关(Disconnector):在无负载而有电压下将高压电气设备与电源进行电气隔离或连接的机械开关装置,起安全保护作用。高压隔离开关分户内(GN)、户外(GW)型,如图3.3(a)所示。低压隔离开关如HD,HS及HR系列开关,用于低压线路中。

②高压负荷开关(Load Switch):介于断路器与隔离开关之间的一种设备,比隔离开关多一套灭弧装置和快速分断机构,可与熔断器配合使用,借此来保护线路,所以用于分合额定电流及规定的过载电流。高压负荷开关分户内(FN)、户外(FW)型,如图3.3(b)所示;六氟化硫(SF$_6$)、油浸、压空与真空式。低压负荷开关又称开关熔断器组,如胶盖和铁壳开关。

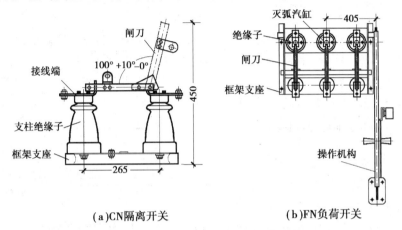

(a)CN隔离开关　　　　(b)FN负荷开关

图3.3　户内式高压隔离开关、高压负荷开关

■ 清单项目工作内容 ■ ①本体安装、调试;②接地;③补刷(喷)油漆。

■ 定额工程量 ■ 按"组"计量。

①高压隔离开关、负荷开关安装及调试:开关本体(带或不带熔断器)及操动机构安装,单体调试,调整触头,分合闸调整,操动机构连锁和信号装置检查调整、接地。

②高压隔离开关和负荷开关安装不包括:支架制作、安装、除锈、刷油或镀锌等,见前述内容。

3)高压互感器安装

高压配电装置　　互感器

| 项目编码 | 项目名称 | 项目特征 | 计量单位 | 工程量计算规则 |
|---|---|---|---|---|
| 030402008 | 互感器 | 名称;型号;规格;类型;油过滤要求 | 台 | 按设计图示数量计算 |

【释名】互感器(Instrument Transformer):它是一种特殊变压器,其功能是将高电压或大电流按比例变换成标准电压或标准小电流,便于测量电压、电流、电能,便于自动控制和保护设备的标准化、小型化设备。互感器有两大类,即电压与电流互感器,如图3.4所示。互感器按用途不同分为测量用、继电保护用;按绝缘方式不同分为干式、浇注式、油浸式和气体绝缘;按变换原理不同分为电磁式、电容式和光电式;按安装条件不同分为户外式和户内式;按安装方式不同分为贯穿式、支柱式、套管式和母线式。

■ 清单项目工作内容 ■ ①本体安装、调试;②干燥;③油过滤;④接地。

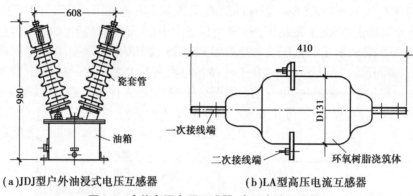

(a)JDJ型户外油浸式电压互感器　　　　(b)LA型高压电流互感器

图3.4　户外高压电压互感器、高压电流互感器

■ **定额工程量** ■ 按"台"计量。

①互感器安装及调试:单体调试(如测量线圈绝缘电阻及变比、线圈对外壳的交流耐压试验、绝缘油耐压试验、接地电阻等)、接地。

②互感器安装不包括:

a.油浸式互感器发生抽芯检查时,按实以"次/台"计量;油过滤,见变压器安装。

b.干燥,互感器受潮绝缘电阻不符合规范要求时,计算方法同变压器安装。

**4)高压熔断器安装**

| 高压配电装置 | 高压熔断器(三相为1组) | | | |
|---|---|---|---|---|
| 项目编码 | 项目名称 | 项目特征 | 计量单位 | 工程量计算规则 |
| 030402009 | 高压熔断器 | 名称;型号;规格;安装部位 | 组 | 按设计图示数量计算 |

【释名】高压熔断器(Fuse):它用于高压输电线路、电力变压器、电流互感器、电力电容器等,因过载或短路,产生的热量将熔断器熔断而断开电路得到保护的一种保护电器。它由熔丝管、接触导电部分、支持绝缘子和底座组成,可分为瓷管式、户外跌落式和自动重合式等类型,如图3.5所示。

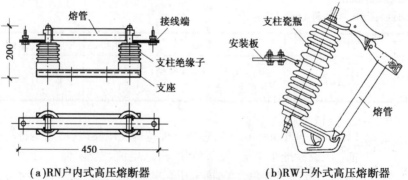

(a)RN户内式高压熔断器　　　　(b)RW户外式高压熔断器

图3.5　户内式、户外式高压熔断器

■ **清单项目工作内容** ■ ①本体安装、调试;②接地。

■ **定额工程量** ■ 按"组"计量。

①熔断器安装及调试:无论户内型(RN)、户外型(RW),检查间隙、接地,测试绝缘电阻及

电压等。

②熔断器安装不包括:支架制作、安装、除锈、刷油或镀锌等,见前述内容。

### 5)高压避雷器安装

**高压配电装置　避雷器(三相为 1 组)**

| 项目编码 | 项目名称 | 项目特征 | 计量单位 | 工程量计算规则 |
|---|---|---|---|---|
| 030402010 | 避雷器 | 名称;型号;规格;电压等级;安装部位 | 组 | 按设计图示数量计算 |

【释名】避雷器(Surge Arrester):又称"过电压限制器",主要用于交、直流系统中,保护变压器和电器设备的绝缘,免受雷电或操作瞬时过电压击穿并截断续流,又能迅速恢复原状,保证系统正常供电,不致引起系统接地短路的一种电器设备。避雷器分高压和低压,一般有管式(线路型、配电型)和阀式两大类;按阀芯不同,有磁吹式、金属氧化物式(图 3.6)。低压避雷器(电涌保护器 SPD),如间隙类、放电管类、压敏电阻类、抑制二极管类、碳化硅类等。

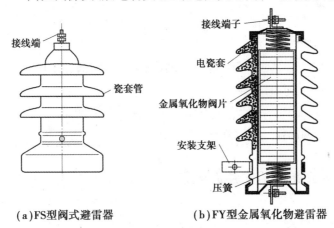

接线端　　瓷套管
接线端子
电瓷套
金属氧化物阀片
安装支架
压簧

(a)FS型阀式避雷器　　(b)FY型金属氧化物避雷器

图 3.6　高压避雷器

■ **清单项目工作内容** ■ ①本体安装;②接地。

■ **定额工程量** ■ 按"组"计量。

①避雷器安装包括:接地,测试绝缘电阻、电压和工频放电测试。

②避雷器安装不包括:

a.电子避雷器、电涌保护器(SPD)安装,清单按规范附录 L.2 立项,定额用建筑智能相应子目。

b.支架制作、安装、除锈、刷油或镀锌等,见前述内容。

### 6)电力电容器安装

**高压配电装置　电力电容器**

| 项目编码 | 项目名称 | 项目特征 | 计量单位 | 工程量计算规则 |
|---|---|---|---|---|
| 030402013 | 移相及串联电容器 | 名称;型号;规格;质量;安装部位 | 个 | 按设计图示数量计算 |
| 030402014 | 集合式并联电容器 | | | |

【释名】电力电容器(Condenser):串联或并联在电力线路中,改善工频交流电力系统的功率因数,减少电压和电流谐振,提高电力系统稳定性的器件,如图3.7所示。电容器由芯子和油箱组成,芯子用绝缘纸作为电介质,以铝箔或其他金属箔卷制成电极,装上瓷套管接线端,浸入钢板制作的油箱中而成。集合式电容器,是将电容器单元集装于一个容器或油箱中的一种电容器。

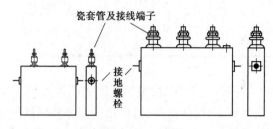

图 3.7 电力电容器

▌清单项目工作内容▌ ①本体安装;②接地。

▌定额工程量▌ 按"个"计量。

(1)电力电容器安装内容

本体安装:检查、接地。

调试:密封性检查,正负对外壳绝缘电阻测试、电容值测试、接地电阻值测试。

(2)电容器安装不包括的内容

①电容器的交流(工频)耐压试验、冲击合闸电流差值等测试。

②电力电容器支架制作、安装、除锈、刷油或镀锌等,见前述内容。

### · 3.2.3 高压成套配电柜安装工程量 ·

**1)高压成套配电柜安装**

**高压配电装置　高压成套配电柜**

| 项目编码 | 项目名称 | 项目特征 | 计量单位 | 工程量计算规则 |
|---|---|---|---|---|
| 030402017 | 高压成套配电柜 | 名称;型号;规格;母线配置方式;种类;基础型钢形式、规格 | 台 | 按设计图示数量计算 |

【释名】高压配电柜(High Votage Switch Gear):按设计的一次与二次线路方案,将断路器、隔离开关、互感器、熔断器、避雷器、电容器、操作机构以及控制、测量仪表等电器,用母线连接起来,布置在钢制的柜内,形成成套系列产品,用于电力系统发电、输电、配电、电能转换和消耗中起通断、控制或保护等作用。目前国内生产的高压配电柜有固定式及活动式(手车式)、户内式及户外式、开启式和封闭式。

▌清单项目工作内容▌ ①本体安装;②基础型钢制作、安装;③补刷(喷)油漆;④接地。

▌**定额工程量**▌按"台"计量。

（1）成套配电柜安装及调试

成套配电柜又称成套配套装置，如断路器柜、互感器柜、电容器柜、计量柜、母线桥或环网柜等成套单元柜。其安装工作：放油、注油，调整导电接触面，接地，测试绝缘电阻、电压等。

图3.8　基础型钢

（2）成套配电柜安装不包括的内容

①基础型钢，制作、安装按"m"计量。一般用型钢10#制作，长度以安装后的柜底周长计算，如图3.8所示。

$$基础型钢长度 L = 2A + 2B$$

②成套柜除自身进行单体调试外，当组合到变压器系统、输配电装置系统中时，应进行系统调试，计算见变压器安装。

③进柜母线配置安装，一般有3种方式：柜顶架空进线、柜侧架空进线及柜后架空进线。其支持绝缘子、母线、支架制作及安装等见母线安装。

**2）组合型成套箱式变电站安装**

**高压配电装置　　组合型成套箱式变电站**

| 项目编码 | 项目名称 | 项目特征 | 计量单位 | 工程量计算规则 |
|---|---|---|---|---|
| 030402018 | 组合型成套箱式变电站 | 名称；型号；容量（kV·A）；电压（kV）；组合形式；基础规格、浇筑材质 | 台 | 按设计图示数量计算 |

【**释名**】组合型成套箱式变电站（Substation）：按接线方案，将变压器、高压受电、变压器降压、低压配电等功能有机地组合在一起，装入全封闭、可移动的钢结构箱体内，实行机电一体化，全封闭运行，作为室内或室外配电系统的受电和配电之用，故称为箱式变电站，普遍采用地沟电缆进出线。欧美等国使用率占90%，近年来我国也开始大量使用。组合型成套箱式变电站广泛用于高层住宅、豪华别墅、广场公园、居民小区、公共设施、中小型工厂、矿山、油田，以及临时施工用电等场所。

▌**清单项目工作内容**▌①基础浇筑；②本体安装；③进箱母线安装；④补刷（喷）油漆；⑤接地。

▌**定额工程量**▌按"座"计量。

（1）箱式变电站安装及检查

连锁装置及导体接触面检查、接线、接地。

（2）箱式变电站安装不包括的内容

①变电站基础土石方及基础浇筑或砌筑按"m³"计量，清单按《房屋建筑与装饰工程工程量计算规范》（以下简称《房建规范》）或《市政工程工程量计算规范》（以下简称《市政规范》）立项，用对应定额计算。

②箱体螺孔灌浆和底座二次灌浆按"m³"计量,清单和定额使用同①或机械设备定额。

③进箱母线安装见3.3节的叙述,设备自带不计此项。

④铁件制作、安装、除锈、刷漆,计算见前述内容。

⑤进、出线电缆敷设,电缆沟土石方及地沟浇筑或砌筑等工程量,另立项计算,见3.7节的叙述。

(3)组合型成套箱式变电站系统调试

20世纪70年代我国才兴起此类变电站,清单规范附录未列目,故放在此目之下。

系统调试包括箱内配电装置所有回路设备的单体及分系统调试工作。按变压器容量分挡,以"座"计算,用定额相应子目。

# 3.3　母线安装工程量

## · 3.3.1　母线工程 ·

10 kV及以下母线(Busbar),在高、低压配电装置中或车间动力大负荷配电干线中,作为汇集和分配电流的载体,集肤效应小,它能承受因巨大电能通过或短路产生的发热和电动力效应,故称为母线,也称为汇流排。母线类型很多,按刚性不同分为硬母线、软母线;按材质不同分为铜、铝、钢母线;按断面形状不同分为带(矩)形、槽形、管形、组合形;按安装方式不同分为矩形单片、叠合或组合;按冷却方式不同分为水冷、强风冷等。除矩形母线外,目前广泛应用封闭式母线和插接式母线槽。

## · 3.3.2　母线安装工程量 ·

### 1)带形母线安装

**母线　带形母线**

| 项目编码 | 项目名称 | 项目特征 | 计量单位 | 工程量计算规则 |
| --- | --- | --- | --- | --- |
| 030403003 | 带形母线 | 名称;型号;规格;材质;绝缘子类型、规格;穿墙导管材质、规格;穿通板材质、规格;母线桥材质、规格;引下线材质、规格;伸缩节、过渡板材质、规格;分相油漆 | m | 按设计图示尺寸以单相长度计算(含预留长度) |

【释名】带(矩)形母线:因其散热条件好,集肤效应较小,在容许发热温度下通过的允许

工作电流大,故常用于建筑变配电线路中。常用铜硬母线(铜排 TMY)、铝硬母线(铝排 LMY),钢硬母线通常用于零母线和接地母线。变配电母线安装,如图 3.1 所示。

■ **清单项目工作内容** ■ ①母线安装;②穿通板制作、安装;③支持绝缘子、穿墙套管的耐压试验、安装;④引下线安装;⑤伸缩节安装;⑥过渡板安装;⑦刷分相漆。

■ **定额工程量** ■ 母线按"m/单相",绝缘子按"个"计量。

(1)变配电装置带形母线安装

①变配电装置带形母线安装包括:

● 高压侧、低压侧母线安装,按"m/单相"计量,其计算式为:

母线计算工程量 $L = \sum$ (母线各单相按图计算长度 + 预留长度 + 挠度及连接增加的长度)

母线报价工程量 $L = \sum$ (母线计算工程量 + 母线预留长度)× 定额消耗量

式中,预留长度见规范附录表 D.15.7-2 及定额规定,或表 3.1 所示。

表 3.1　硬母线配制安装预留长度　　　　　　　单位:m/根

| 序号 | 项　　目 | 预留长度 | 说　　明 |
|---|---|---|---|
| 1 | 带形、槽形、管形母线终端 | 0.3 | 从最后一个支持点算起 |
| 2 | 带形、槽形、管形母线与分支线连接 | 0.5 | 分支线预留 |
| 3 | 带形、槽形母线与设备连接 | 0.5 | 从设备端子接口算起 |
| 4 | 多片重型母线与设备连接 | 1.0 | 从设备端子接口算起 |

● 母线引下线安装,计算方法相同,另立项计算。

● 母线安装包括刷色相漆。

②变配电装置带形母线安装不包括:

● 母线绝缘子安装,高压侧支持绝缘子、低压侧低压绝缘子(WX-01)均按"个"计量,如图 3.9 所示。

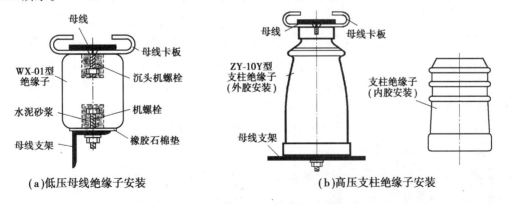

(a)低压母线绝缘子安装　　　　　　(b)高压支柱绝缘子安装

图 3.9　低压和高压支柱绝缘子安装

- 穿墙套管安装,按"个"计量,如图 3.1 或图 3.32 所示。
- 母线绝缘子及穿墙套管耐压试验,按"次"计量。
- 母线支架、桥架制作、安装、除锈、刷油或镀锌等,见前述内容。
- 母线穿通板制作、安装,高压侧为了支持穿墙套管用钢质穿通板;低压母线穿通板用电木板、环氧树脂板、塑料板、石棉水泥板等制作。均以"块"计量,如图 3.1 或图 3.22 所示。
- 伸缩节(伸缩接头),铜质或铝质接头,作为温度补偿,每相按一"个"计量。
- 过渡板(铜铝过渡排 PTL)安装,防止铜与铝压接产生不等电位腐蚀,每相按一"块"计量。
- 母线系统调试见 3.12 节叙述。

(2)车间低压带形母线安装

①车间低压母线安装。作为车间电流输送主干线,计算方法同高压母线,定额属配线工程。车间母线可沿屋架、梁、柱、墙部位或跨屋架、梁、柱部位安装,因"沿""跨"路径所需的支架量不同,所以分别立项按"10 m"计算。定额包括:支架、绝缘子(WX-01)安装;金属夹具及木夹板制作、安装;母线刷分相色漆。

②车间带形母线安装不包括:

- 母线支架、桥架制作、除锈、刷油、镀锌,见前述内容。
- 母线伸缩器(节)制作、安装。母线伸缩器在建筑物伸缩缝处作温度补偿用,计算见前述内容。
- 母线"跨"部位,其拉紧装置制作、安装按"套"计算。

2)低压封闭式插接母线槽安装

**母线 低压封闭式插接母线槽**

| 项目编码 | 项目名称 | 项目特征 | 计量单位 | 工程量计算规则 |
|---|---|---|---|---|
| 030403006 | 低压封闭式插接母线槽 | 名称;型号;规格;容量(A);线制;安装部位 | m | 按设计图示尺寸以中心线长度计算 |

【释名】封闭式插接母线槽或插接式母线(Bus Duct):为系列插接式节段产品,具有容量大、体积小、安全可靠等特点,广泛用于大电流输送的发电、变电、工业、高层建筑和公共设施等的三相四线制或三相五线制供配电线路中。规格型号多,按绝缘方式不同分为密集型和空气型绝缘。保护壳体用优质冷轧钢板、铝或铝合金,载流导体用标准电工铜,绝缘用不燃塑料制成。体系由节段单元组成:如始端母线、直通母线、弯曲型母线、终端接线箱、插接箱、附件及紧固装置等单元组成,如图 3.10 所示。

■ **清单项目工作内容** ■ ①母线安装;②补刷(喷)油漆。

■ **定额工程量** ■ 按"m"计量。

①低压封闭式插接母线槽安装及测试包括:

a.安装,按设计图纸计算各节段数量及其长度,不取损耗。工作:插接头清洗、绝缘测试、

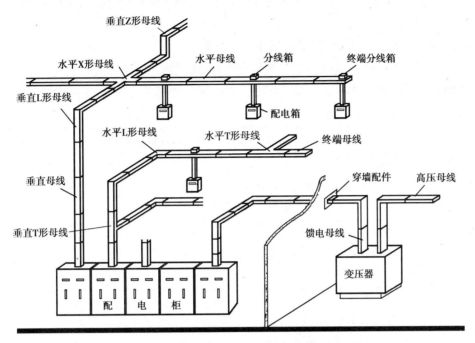

**图 3.10  封闭式插接母线槽组成**

就位固定、接地。

b.出线、进线箱(盒)安装,以电流量不同,按"台"计算,一般装在母线段的中或端"窗口"上,也称始端箱或分线箱。安装包括绝缘测试及接地。

始端箱及分线箱安装,清单按规范附录 D.3 所列编码 030403008 项目计算。

②插接母线槽安装不包括:母线托架、吊架现场制作、安装、除锈、油漆、镀锌时,另立项计算。

③母线槽穿墙、穿楼板的防火处理,按设计要求计算,见 3.7.7 节的叙述,如图 3.10、图 5.7、图 5.8 所示。

# 3.4  配电控制装置及低压电器安装工程量

## • 3.4.1  配电控制装置及低压电器 •

配电控制设备一般称为低压配电装置,用于发电厂、变电所和电力用户中,接受或分配电能,以及遥控电气设备或电力系统。它一般以支架和面板为基本结构,做成柜、箱、屏、台等形式,集中装有控制开关、熔断器、测量仪器、信号和监督装置等的低压成套系列设备。

低压电器与高压电器名称相对,但额定电压不同。它有刀开关、自动开关、控制器、接触器、启动器、继电器、熔断器等电器。

## 3.4.2 低压成套配电控制箱柜安装工程量

### 1) 配电控制屏、柜安装

**配电控制设备　屏　柜**

| 项目编码 | 项目名称 | 项目特征 | 计量单位 | 工程量计算规则 |
|---|---|---|---|---|
| 030404001 | 控制屏 | 名称;型号;规格;种类;基础型钢形式、规格;接线端子材质、规格;端子板外部接线材质、规格;小母线材材质、规格;屏边规格 | 台 | 按设计图示数量计算 |
| 030404002 | 继电、信号屏 | | | |
| 030404003 | 模拟屏 | | | |
| 030404004 | 低压开关柜(屏) | | | |
| 030404013 | 直流馈电屏 | | | |
| 030404014 | 事故照明切换屏 | | | |

【释名】①控制屏(Control Panel):集中装有测量仪器、信号和监督装置及控制开关,遥控和显示电气设备或电力系统运行的成套设备。

②继电、信号屏:具有灯光、音响报警功能。

③模拟屏:利用可控制的电路来代替实体,了解实体本质及其变化规律的设备。可用于电力、环保、交通、矿业及化工等系统,作为调度、控制、显示工艺流程,以及防止误操作等之用。

④低压成套开关柜(屏):用途广,作为输电、配电及电能转换。低压开关柜类型很多,有固定式、抽屉式。

⑤直流馈电屏:通称"智能免维护直流电源屏",简称"直流屏",常用 GZDW 型。直流屏具有电源及信号显示报警功能,与中央信号屏综合在一起,为高、低压配电系统的自动或电动操作提供电源。

⑥事故照明切换屏:故障或火灾等事故时,切换正常电源用事故电源继续照明的设备。

**■ 清单项目工作内容 ■** ①本体安装;②基础型钢制作、安装;③端子板安装;④焊、压接线端子;⑤盘柜配线、端子接线;⑥小母线安装;⑦屏边安装;⑧补刷(喷)油漆;⑨接地。

**■ 定额工程量 ■** 按"台"计量。

(1)屏、柜本体安装及试验

屏、柜本体安装及试验包括:电器表计及继电器等附件拆装、送电交接试验、盘内整理及一次校线与接线。

(2)屏、柜本体安装不包括的内容

①地脚螺栓加工,螺栓孔灌浆和底座灌浆,见前面箱式变电站的叙述。

②基础型钢及支架制作、安装、除锈、刷油、镀锌,见前述内容。

③端子板安装,端子板安装按"组",端子板外接线按"个"。

④焊、压接线端子,进、出屏柜及设备的单芯线、多芯线的端头,焊、压铜 DT、铝 DL 或铜铝过渡端子 DTL,按系统图数量计数,以"个"计量,如图 3.11 所示。进、出屏柜的控制电缆、电力电缆头包括端子安装,不要重算。

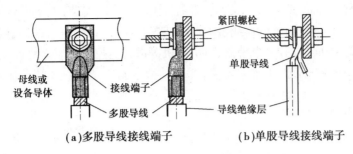

**图 3.11　多股、单股导线接线端子**

⑤盘、柜配线。屏、盘、柜、箱、板的内部仪表、开关等用导线相互连接,称为盘、柜配线。其导线必须用绝缘铜芯线,长度按下式计算:

盘、柜配线计算工程量 ＝ 盘、柜半周长 × 出线回路数

盘、柜配线报价工程量 ＝ 配线计算工程量 × 定额消耗量

⑥小母线安装,屏、柜之间用小母线连接时,按下式计算:

屏、柜小母线工程量 $L = n \sum B$

屏、柜小母线报价工程量 $L = n \sum B + nl$

式中　$L$—— 小母线总长度;

　　　$B$—— 台、柜、盘宽度;

　　　$n$ —— 小母线根数;

　　　$l$—— 小母线预留长度,见前面母线安装。

〔注意〕

本处所指的屏、盘、柜的安装,用电气工程定额,不应与下列项目相混:如规范附录 F"自动化控制仪表安装工程"中"仪表盘、箱、柜"的安装;规范附录 L"通信设备及线路工程"中"交、直流电屏、柜"等的安装,分别应用定额《自动化控制仪表安装工程》及定额《通信设备及线路工程》。

### 2)控制台安装

**配电控制设备　控制台**

| 项目编码 | 项目名称 | 项目特征 | 计量单位 | 工程量计算规则 |
|---|---|---|---|---|
| 030404015 | 控制台 | 名称;型号;规格;基础型钢形式、规格;接线端子材质、规格;端子板外部接线材质、规格;小母线材质、规格;屏边规格 | 台 | 按设计图示数量计算 |

【释名】控制台（Control Desk）：又称为监控工作台，落地安装，人坐于台前进行操作。台内装有电源开关、保险装置、继电器或接触器等装置，对指定设备进行控制；或者装有显示器、计算机主机、键盘、画面分割器、报警盒、对讲主机等进行监控。

▌清单项目工作内容▌①本体安装；②基础型钢制作、安装；③端子板安装；④焊、压接线端子；⑤盘柜配线、端子接线；⑥小母线安装；⑦补刷（喷）油漆；⑧接地。

▌定额工程量▌按"台"计量。

①控制台安装包括：电器表计及继电器等附件拆装、送电交接试验、箱内整理、校线接线。

②控制台安装不包括：基础型钢，端子板，焊、压接线端子，盘柜配线，见前述内容。

### 3）成套配电箱安装

**配电控制设备　　成套配电箱**

| 项目编码 | 项目名称 | 项目特征 | 计量单位 | 工程量计算规则 |
|---|---|---|---|---|
| 030404017 | 配电箱 | 名称；型号；规格；基础形式、材质、规格；接线端子材质、规格；端子板外部接线材质、规格；安装方式 | 台 | 按设计图示数量计算 |

【释名】成套低压配电箱，专为供电用，按新标准规定分为电力配电箱和照明配电箱两种。安装方式有悬挂、嵌入式，如图 3.12 所示。

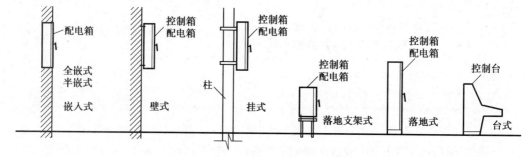

**图 3.12　控制箱及配电箱的安装方式**

▌清单项目工作内容▌①本体安装；②基础型钢制作、安装；③焊、压接线端子；④补刷（喷）油漆；⑤接地。

▌定额工程量▌按箱体半周长分挡，以"台"计量。

①成套配电箱安装，无论悬挂、嵌入式安装，均做调整开关机构、校线接线、接地。

②成套配电箱安装不包括：基础型钢及支架；端子板；焊、压接线端子；盘柜配线。上述各项计算见前述内容。

### 4）端子箱安装

**配电控制设备　　端子箱**

| 项目编码 | 项目名称 | 项目特征 | 计量单位 | 工程量计算规则 |
|---|---|---|---|---|
| 030404032 | 端子箱 | 名称；型号；规格；安装部位 | 台 | 按设计图示数量计算 |

【**释名**】端子箱（Terminal Box）：在箱内装有相应的接线端子板，作为主线路与多条分线路传输电流，而进行交接的接口设备，故称端子箱，也称线路分配箱或接线箱。端子箱应用非常广泛，可用于工业与民用，如动力、照明、通信、IT 等。用喷塑、喷漆钢板或不锈钢板制作箱体，根据需要在箱内安装不同类型的接线端子板。箱体可安装在室内、室外。室内可明装、暗装，明装有壁挂、支架、落地等式。

〔**注意**〕

本端子箱，不与规范附录 D.3 的始端箱以及规范附录 D.9 的等电位端子箱相混。

▌ **清单项目工作内容** ▌ ①本体安装；②焊、压接线端子；③接线。

▌ **定额工程量** ▌ 按"台"计量。

（1）端子箱安装

安装只分户内、户外式，均需接线、校线、压焊接线端子、送交试验。

（2）端子箱安装不包括的内容

①端子板安装，以"组"计算。清单可按规范附录 D.4 小电器立项计算，用电气工程定额。

②端子及端子板外接线，按"个"计算，见前面控制屏、柜的叙述内容。

③端子箱接地。

④挂式、落地式端子箱的支架、基础型钢制作、安装、除锈、刷漆或镀锌，见前述内容。

· **3.4.3　低压电器设备安装工程量** ·

1) 刀型开关安装

**低压电器　　刀型开关**

| 项目编码 | 项目名称 | 项目特征 | 计量单位 | 工程量计算规则 |
|---|---|---|---|---|
| 030404019 | 控制开关 | 名称；型号；规格；接线端子材质、规格；额定电流（A） | 个 | 按设计图示数量计算 |

【**释名**】控制开关（Control Switch）一般称刀型开关，指用于隔离电源或通断电路，或对改变电路连接方式的一种低压控制电器的统称，如刀型开关 HD、铁壳开关 HH、胶盖闸刀 HK 等。

▌ **清单项目工作内容** ▌ ①本体安装；②焊、压接线端子；③接线。

▌ **定额工程量** ▌ 按"个"计量。

①刀型开关安装包括：接线、接地。

②刀型开关安装不包括：焊、压接线端子。

2）低压熔断器安装

**低压电器　　低压熔断器**

| 项目编码 | 项目名称 | 项目特征 | 计量单位 | 工程量计算规则 |
|---|---|---|---|---|
| 030404020 | 低压熔断器 | 名称；型号；规格；接线端子材质、规格 | 台 | 按设计图示数量计算 |

**【释名】**低压熔断器：分为插入式 RC、螺旋式 RL、管式 R1、防爆式及快速熔断器等。

■ **清单项目工作内容** ■ ①本体安装；②焊、压接线端子；③接线。

■ **定额工程量** ■ 按"个"计量。

①低压熔断器安装包括：接线、接地。

②低压熔断器安装不包括：焊、压接线端子。

3）低压用电控制装置安装

**低压电器　　控制器、接触器、磁力启动器**

| 项目编码 | 项目名称 | 项目特征 | 计量单位 | 工程量计算规则 |
|---|---|---|---|---|
| 030404022 | 控制器 | 名称；型号；规格；接线端子材质、规格 | 台 | 按设计图示数量计算 |
| 030404023 | 接触器 | | | |
| 030404024 | 磁力启动器 | | | |
| 030404025 | Y-△自耦减压启动器 | | | |

**【释名】**①控制器（Controller）：具有多位置切换线路的功能，能轻易改变电动机绕组的接法或改变外加电阻，以直接控制电动机的启动、调速、反转和停止的一种电器，一般有凸轮式和 LS 主令控制器等。注意不要与第 6 章 BAS 系统或第 8 章 FAS 的控制器相混淆。

②接触器（Contactor）：分为交流与直流。接触器是利用线圈通电产生磁场，使主电路的触头能频繁的接通或断开，以达到控制负载的一种电器，主要用于电力拖动系统中。

③磁力启动器（Starter）：具有欠压和过载保护作用，用于直接启动电动机的一种电器，如磁力启动器（磁力控制器）、Y-△自耦减压启动器等。常用磁力启动器由交流接触器和热继电器组成，其主件接触器靠电磁力来工作，故得名。

④Y-△自耦减压启动器：由自耦变压器、热继电器等组成。作为功率较大的交流电动机启动，限制启动电流的电器。

■ **清单项目工作内容** ■ ①本体安装；②焊、压接线端子；③接线。

■ **定额工程量** ■ 按"台"计量。

①安装包括：触头调整，注油，接线，接地。

②安装不包括：焊、压接线端子。

4）快速自动空气开关安装

**低压电器　快速自动空气开关**

| 项目编码 | 项目名称 | 项目特征 | 计量单位 | 工程量计算规则 |
|---|---|---|---|---|
| 030404027 | 快速自动空气开关 | 名称；型号；规格；接线端子材质、规格 | 台 | 按设计图示数量计算 |

【释名】快速自动空气开关：带有分项隔离消弧罩，可以快速切断大电流的电器，一般有保护配电线路、保护电动机、保护照明线路和漏电保护的自动空气开关等，如 DW 万能、电动、手动式等自动空气开关，或 DZ 自动空气断路器等。

▋**清单项目工作内容** ▋①本体安装；②焊、压接线端子；③接线。

▋**定额工程量** ▋按"个"计量。

①快速自动空气开关安装包括：接线，接地。

②安装不包括：焊、压接线端子。

## · 3.4.4　低压小电器安装工程量 ·

【集解】《通用安装工程工程量计算规范》（GB 50856—2013）附录 D.4 控制设备及低压电器安装，将不便立项编码计量的低压电器归入同一项目"小电器"（编码 030404031）中进行计量。小电器包括：按钮、水位电气信号装置、测量表计、继电器、民用电器（电笛、电铃、电磁锁、风扇、排气扇、浴霸及小型安全变压器）等电器。

**低压电器　小电器**

| 项目编码 | 项目名称 | 项目特征 | 计量单位 | 工程量计算规则 |
|---|---|---|---|---|
| 030404031 | 小电器 | 名称；型号；规格；接线端子材质、规格 | 个（套、台） | 按设计图示数量计算 |

▋**清单项目工作内容** ▋①本体安装；②焊、压接线端子；③接线。

▋**定额工程量** ▋小电器，定额将它们分别立有子目。焊、压接线端子另计，见前述内容。

（1）按钮安装

【释名】按钮：在电气工程中规格型号繁多，主要分为控制按钮和弱电按钮。控制按钮，额定电压交流 380 V 或 220 V，作为磁力启动器、接触器、继电器及其他电气线路遥控之用；弱电按钮（交流 100 V、直流 60 V），用于电力系统的二次回路中。

▋**清单** ▋按钮底盒用规范附录 D.11 立项，消防按钮按规范附录 J.4 立项。

▋**定额** ▋按钮及底盒安装，分别用定额电气工程、消防工程相应子目。

（2）测量表计安装

【释名】电气安装工程中单独安装的电工测量表计，如电能表（kW·h）、电流表（A）、电压表(V)、功率及频率表,或电接点温度计、电接点压力表等。

**▌清单▌** 单独安装的电工测量表计,归入小电器;电气安装工程以外的自动控制装置及仪表,按规范附录E、附录F或附录L立项计算。

**▌定额▌** 单独安装的表计及底(箱)盒,分别用定额电气工程。电气安装工程以外的其他仪表,用建筑智能、自动化仪表或通信设备工程定额。

(3)继电器安装

**【释名】**继电器:当某些参数(如电压、电流、温度、压力等)达到预定值时,继电器接通或断开被控制的电路,达到保护电器装置、自动控制系统以及通信设备的一种电器。其应用广,种类多,如电流、电压、漏电、光电、接地、信号、中间、延时、时间、温度等继电器。电子产品使用后,大量替代了继电器,但它仍被广泛使用。

**▌清单▌** 用小电器项目计量。

**▌定额▌** 用电气工程定额,分别立项计算。

(4)电磁锁、盘管风机三速开关安装

**【释名】**电磁锁:一是装在户内高压开关柜前后门处,防止对高压开关误操作的电控机构连锁装置;二是楼宇小区等进出口安全防范的锁门装置,本项指此。

**▌清单▌** 用小电器项目计量。

**▌定额▌** 用定额如下:

①电磁锁安装,如一般门磁开关、电控锁、电磁吸力锁等安装,用电气工程定额;消防及安全防范系统的电磁锁,用建筑智能定额。

②盘管风机三速开关安装,空调系统中的盘管风机三速调节开关,用电气工程定额。

# 3.5 电机检查接线及调试工程量

## · 3.5.1 电机检查接线及系统调试 ·

电机(Motor),系指发电机与电动机。在安装电机过程中,必须先检查、接线,然后通电试运行及调试。

①电机检查接线:包括检查定子、转子,吹扫清理,研磨电刷(碳刷)及滑环,测量轴承绝缘,测量空气间隙,盘车检查转动情况,配合密封试验,接地,按图纸要求作Y形或 △形接线,并通电空载试运转。

②电机调试:为了正常地启动、控制和保护电机必须进行调试。因发电机或电动机组成的系统不同,引起启动方式、控制和保护方式也不同,为了保证系统的安全及正常运行,而带来的调试或调整也不同,注意下面的叙述。

## 3.5.2 发电机及电动机检查接线及调试工程量

### 1)发电机检查接线及系统调试

电机检查接线及调试  发电机

| 项目编码 | 项目名称 | 项目特征 | 计量单位 | 工程量计算规则 |
|---|---|---|---|---|
| 030406001 | 发电机 | 名称;型号;容量(kW);接线端子材质、规格;干燥要求 | 台 | 按设计图示数量计算 |

【释名】发电机(Generator):分为直流和交流发电机两大类,常用交流发电机。发电机用汽轮机、水轮机、内燃机或风力等作为驱动力,并组成发电机组。内燃发电机组使用最方便,它由原动机、同步发电机、控制屏(箱)和机组附属设备等组成。机组用汽油机与柴油机驱动,汽油机组启动迅速、应用灵活,适用于野外作业的临时性电源;柴油机组,多用于厂矿及民用建筑的急备电源。它们安装时都必须进行电机检查接线及调试。

▌清单项目工作内容▌ ①检查接线;②接地;③干燥;④调试。

▌定额工程量▌ 以"台"计量。

(1)发电机检查接线

①检查接线包括:

● 检查盘车转动、定子及转子、电刷(碳刷)和滑环,测量绝缘,测量空气间隙。

● 接线,作Y形或 △形安装接线。配置金属软管1.25 m、专用活接头或管口防水弯头各1个,如图3.13所示。其规格、数量可进行增减,但计算其材料价差,其余不变。

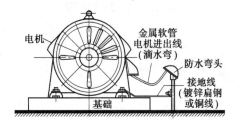

图3.13 电机进出线要求

● 发电机接地,用镀锌扁钢25×4制作、安装,若用铜线时计算材料价差,其余不变。

● 发电机干燥,按现场条件,可用铜损法或铁损法、外部加热法(烘干法、吹热风)。干燥只包括一次干燥的人工、材料、机械消耗量,再次干燥时再次计算。

②检查接线不包括:

● 发电机本体安装。清单按规范附录 A 立项,定额用机械设备。

● 发电机一般不作抽芯检查,若要检查须取得业主批准,应按实计算。

(2)发电机系统调试

以发电机为主,由隔离开关,断路器,保护装置及一、二次回路组成的发电机系统,其调整试验以发电机容量不同,用电气工程定额相应子目计算。

2) 电动机检查接线及负载调试

电机检查接线及调试　　低压交流电动机

| 项目编码 | 项目名称 | 项目特征 | 计量单位 | 工程量计算规则 |
|---|---|---|---|---|
| 030406005 | 普通交流同步电动机 | 名称;型号;容量(kW);启动方式;电压等级(kV);接线端子材质、规格;干燥要求 | 台 | 按设计图示数量计算 |
| 030406006 | 低压交流异步电动机 | 名称;型号;容量(kW);控制保护方式;接线端子材质、规格;干燥要求 | | |

【释名】电动机(Motor):分为直流和交流电动机两大类。直流电动机启动转矩大,且转速可调节,因此多用于电力拖动的起重、轧钢、机床、工具等机械中;交流分同步、异步等电动机,特别是异步鼠笼式电动机,结构简单、造价低廉、维护方便、直接启动,所以应用最广。单相电动机多用于生活用具、农业机械,两相电动机多用于自动控制,三相电动机多用于动力设备中。

▌清单项目工作内容▌ ①检查接线;②接地;③干燥;④调试。

▌定额工程量▌ 按"台"计量。

(1)电动机检查接线及调试

①检查定子、转子,测量空气间隙,调整电刷,测量绝缘,接地。

②接线及调试,按配电设计图及电机产品说明书,作Y形或 △形安装接线,通电空载试运转。

③电动机检查接线不包括:本体安装,抽芯检查及干燥。220 V 以下民用电器的电机,不作电机检查接线及调试计算。

(2)电动机负载调试

电动机负载调试另计算。电动机负载调试以电动机为主,有控制开关、保护装置、电缆及一、二次回路等组成。目的:检验电动机相关功能参数,测取电动机的工作特性曲线,作为今后电动机负载运行的依据。如交流低压异步电动机负载调试,按刀开关、磁力启动器、过流保护等控制方式的不同,以电动机容量(kW)分挡,用"台"计算,如图 3.14 所示。

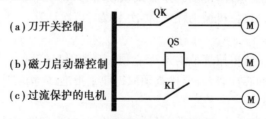

图 3.14　交流异步电动机控制

# 3.6 滑触线装置安装工程量

**滑触线装置　　型钢滑触线**

| 项目编码 | 项目名称 | 项目特征 | 计量单位 | 工程量计算规则 |
|---|---|---|---|---|
| 030407001 | 滑触线 | 名称;型号;规格;材质;支架形式、材质;移动软电缆材质、规格及安装部位;拉紧装置类型;伸缩接头材质、规格 | m | 按设计图示尺寸以单相长度计算(含预留长度) |

【释名】滑触线(Trolley Wire):是移动起重机械的电源干线,有型钢型(角钢、扁钢、圆钢等)、铜质轻型、安全节能型以及移动软电缆等类型,工厂多用型钢型,如图 3.15 所示。

■ **清单项目工作内容** ■ ①滑触线安装;②滑触线支架制作、安装;③拉紧装置及挂式支持器制作、安装;④移动软电缆安装;⑤伸缩接头制作、安装。

■ **定额工程量** ■ 按"m/单相"计量。

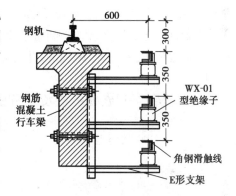

图 3.15　角钢滑触线安装

(1)型钢类滑触线制作、安装

滑触线及支架的下料、除锈、刷油、安装、连接伸缩器、装拉紧装置。工程量计算按下式:

$$滑触线工程量 = 图示单相长度 × 相数$$

$$滑触线报价工程量 = (图示单相长度 × 相数 + 预留长度) × 定额消耗量$$

式中,滑触线预留长度,清单按规范附录表 D.15.7-4 计取;定额按电气工程的规定计取。

(2)型钢类滑触线制作、安装不包括的内容

①支架安装,按横架式、轻轨支架式分别以"副"计算。

②滑触线低压绝缘子安装(WX-01),以"个"计量。

③滑触线拉紧装置及挂式滑触线支持器制作、安装,以"套"计量。

④滑触线电源指示灯安装,以"套"计量。

〔注意〕

滑触线安装超高增加费、脚手架搭拆费,按定额电气工程的说明计算。

# 3.7 输电、配电电缆敷设安装工程量

## · 3.7.1 输电、配电电缆工程 ·

电缆(Electric Cable):一根或多根相互绝缘的导线,置于密闭绝缘护套中,外加保护覆盖层而成的导线。电缆可敷设于地下、空中、江湖或海底中。

电缆用途:电力电缆,用以分配和传输电能;控制电缆,用以控制和操纵各种电气设备;通信电缆,用于通信连接线路。

电缆分类:按缆芯材质不同分为铜芯与铝芯、光纤缆;按电缆芯数不同分为单芯与多芯;按绝缘不同分为塑料、橡胶、纸绝缘;按保护层不同分为钢带、钢丝铠装等电缆。另外,还有阻燃、耐火、低烟无卤电缆等。

电缆附件:有终端接线盒、中间接线盒、连接管、接线端子、钢板接线槽以及电缆桥架等。

电缆敷设方式:有直埋、电缆沟、井道、线(隧)道、穿管、悬挂、支架、托架、桥架及槽盒等。

## · 3.7.2 输电、配电电缆敷设工程量 ·

[注意]

《通用安装工程工程量计算规范》(GB 50856—2013,以下简称计量规范)附录 D.8 的电缆敷设及定额电气工程的电缆敷设,主要适应 10 kV 及以下输电、配电电缆和控制电缆的敷设工程,不适应下列电缆的敷设:

①35~220 kV 或更高电压电力电缆,参考国家能源局专用定额。

②自动化控制仪表安装工程的电力电缆和控制电缆安装,清单仍用此项目立项计算;仪表专用电缆按规范附录 F 立项计算。定额均用仪表工程。

③通信电缆,清单按规范附录 L"通信设备及线路工程"立项,定额用通信设备工程。

④建筑智能化工程中的电力电缆安装,清单按此项目立项计算,定额用电气工程;综合布线中的光纤、双绞线、同轴电缆等安装,按规范附录 E 立项,定额用建筑智能工程。

**输电、配电电缆敷设 电力电缆、控制电缆**

| 项目编码 | 项目名称 | 项目特征 | 计量单位 | 工程量计算规则 |
|---|---|---|---|---|
| 030408001 | 电力电缆 | 名称;型号;规格;材质;敷设方式、部位;电压等级(kV);地形 | m | 按设计图示尺寸以长度计算(含预留长度及附加长度) |
| 030408002 | 控制电缆 | | | |

**【释名】**电力电缆(Power Cable):在输配电线路中用以分配和传输电能;控制电缆(Control Cable):用于配电装置中仪表、电气控制电路的连接,或作为信号的传输线路。

▎**清单项目工作内容** ▎①电缆敷设;②揭(盖)盖板。

▎**定额工程量** ▎按"10 m"计量。

**1)电缆长度计算要领**

每根电缆长度计算,从总箱、柜或设备起,沿电缆敷设线路的不同方式,按图示尺寸算至另一端为止。综合表达如下:

电缆计算长度 = 端头长 + 引上引下长 + 直埋地长 + 电缆沟长 + 保护管长 +
钢索长 + 沿墙长 + 井道长 + 桥架槽盒长 + 线道长等

电缆报价工程量 = [(电缆计算长度 + 电缆预留量)×(1 + 2.5%)] × 定额消耗量

电缆曲折弯余、弛度等系数取 2.5%;电缆预留量按设计要求计取,或按规范附录表D.15.7-5以及按定额规定计取,或见表 3.2 所示。用图 3.16 示例电缆从杆上引下埋地进户的长度计算,其长度有水平长度、垂直长度和斜向等长度,计算式如下:

$$L = (l_1 + l_2 + l_3 + l_4 + l_5 + l_6 + l_7) \times (1 + 2.5\%)$$

表 3.2 电缆预留长度

| 序 号 | 项 目 | 预留长度(附加) | 说 明 |
|---|---|---|---|
| 1 | 电缆敷设弛度、波形弯度、交叉 | 2.5% | 按电缆全长度计算 |
| 2 | 电缆进入建筑物 | 2.0 m | 规范规定最小值 |
| 3 | 电缆进入沟内或上吊架时引上(下)预留 | 1.5 m | 规范规定最小值 |
| 4 | 变电所进线与出线 | 1.5 m | 规范规定最小值 |
| 5 | 电力电缆终端头 | 1.5 m | 检修余量最小值 |
| 6 | 电缆中间接头盒 | 两端各 2.0 m | 检修余量最小值 |
| 7 | 电缆进入控制柜、保护屏及模拟盘等 | 高+宽 | 按柜、屏面尺寸 |
| 8 | 高压开关柜、低压动力盘、箱 | 2.0 m | 柜、盘下进出线 |
| 9 | 电缆进入电动机 | 0.5 m | 从电机接线盒算起 |
| 10 | 厂用变压器 | 3.0 m | 从地坪算起 |
| 11 | 电缆绕梁柱等增加长度 | 按实计算 | 按被绕物断面计算 |
| 12 | 电梯电缆与电缆架固定点 | 每处 0.5 m | 范围最小值 |

**2)电缆敷设包括的内容**

①在室外或室内敷设工作,主要有测试绝缘电阻、敷设、锯断、封头、挂牌、配合试验等。

②报价时注意,电缆芯数越多,或在竖直井道中施工,或在复杂场地施工,应增加施工难度系数或地形难度系数,以及超出区域等增加的系数,请仔细阅读定额说明。

**3)电缆敷设不包括的内容**

①电缆头制作、安装,见下述内容。

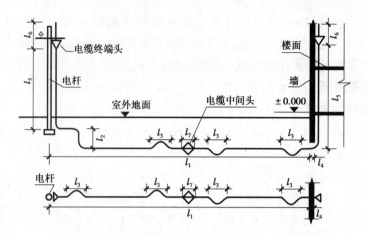

**图 3.16 电缆从杆上引下埋地入户长度计算示意**

②电缆防护:电缆敷设在腐蚀、潮湿环境,或设计要求灌防腐料(如沥青)、缠石棉绳、刷防腐漆等,按防护处理的长度"m"或面积"m²"计算,定额用刷油工程。

③电缆试验:电缆敷设完后,用泄漏试验仪对电缆作绝缘直流耐压试验及泄漏电流等试验,定额包含在"输配电装置系统调试"中。当单独计算时,清单按规范附录 D.14 编码立项,以"次、根、点"计量;定额未立项,按实计算。

④电缆保护管安装、顶管施工,见下述内容。

⑤电缆铺砂、盖保护板(砖)、埋设标志桩,见下述内容。

⑥揭或盖电缆沟盖板,以沟长度"m"计算。沟盖板或揭或盖或移,定额均按各一次考虑,如果多次揭、盖、移时,则按各自的次数计算,用相应子目;在电气设计图上的钢筋混凝土或其他材质的沟盖板,其制作、运输另计。

⑦电缆槽盒、桥架、支架安装,见下述内容。

⑧电缆沟内埋设接地母线、接地极,见 3.10 节的叙述。

⑨电缆防火措施,见下述内容。

⑩电缆手孔、人孔、沟道(槽道)、隧道、井道及土石方工程等,见下述内容。

⑪室外架空电缆,电杆组立、钢索架设,见 3.11 节的叙述。

⑫电缆及器材在区域外的运输费,见 3.11.2 节的叙述。

### • *3.7.3 电缆头制作、安装工程量* •

**输电、配电电缆敷设　　电力电缆头　　控制电缆头**

| 项目编码 | 项目名称 | 项目特征 | | 计量单位 | 工程量计算规则 |
|---|---|---|---|---|---|
| 030408006 | 电力电缆头 | 名称;型号;规格;材质、类型 | 电压等级(kV) | 个 | 按设计图示数量计算 |
| 030408007 | 控制电缆头 | | 安装方式 | | |

**【释名】**电缆头:线缆与设备连接,或因线缆制造、运输、设计和施工等原因,电缆需要进行连接或分支,必须处理或制作电缆端头和中间头。特别是电力电缆头,要求具有良好的电气性能和机械性能,以及长期的耐候性能。电缆头按电压等级分 1 kV,10 kV;按使用条件不同分户内式和户外式;按芯数不同分单芯、两芯、三芯、四芯及五芯;按制作方式不同分冷缩、热缩、干包式;按用途不同分电力或控制电缆头。电力电缆头制作完毕后,必须通过绝缘电阻检验和耐压试验才能验收。

**▌清单项目工作内容▌** ①电力电缆头制作;②电力电缆头安装;③接地。

**▌定额工程量▌** 按"个"计量。

(1)电缆终端头、中间头和分支头制作与安装

①电缆终端头、中间头安装,无论铜芯、铝芯电缆,以电压等级、导线截面大小分挡,以热(冷)缩等施工方法分类,以电力、控制电缆头为别,按"个"计量。

主要工作:处理内屏蔽层、焊压接线端子、装保护盒、套热缩管、焊接地线,如图 3.17 所示。

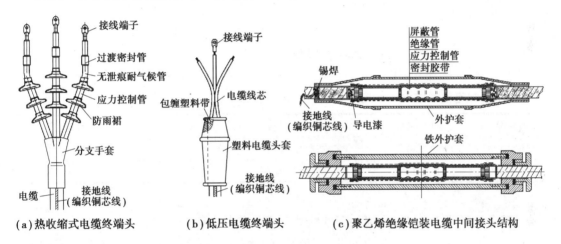

(a)热收缩式电缆终端头　　(b)低压电缆终端头　　(c)聚乙烯绝缘铠装电缆中间接头结构

**图 3.17　电缆端头及中间头组成**

②电缆分支头安装,电力电缆分支最为困难,从 T 形接头发展到预制分支电缆头,到穿刺线夹,到电缆分支箱,再到电缆分支器。穿刺线夹规范附录和定额均未立项,但规范附录 D.8 规定用相应终端头编码立项计算。现今广用"预制分支电缆",有相应定额子目。

(2)电缆终端头、中间头和分支头制作与安装不包括的内容

①电缆头检验和试验,见前面电缆安装的叙述。

②电缆头支架的制作、安装、除锈、刷防腐漆或镀锌,见前述内容。

## • *3.7.4　电缆保护管敷设工程量* •

**输电、配电电缆敷设　　电缆保护管**

| 项目编码 | 项目名称 | 项目特征 | 计量单位 | 工程量计算规则 |
|---|---|---|---|---|
| 030408003 | 电缆保护管 | 名称;材质;规格;敷设方式 | m | 按设计图示尺寸以长度计算 |

【**释名**】电缆保护管(Protective Tube):电缆在穿墙入户或出户,或从电杆及墙壁引上、引下,或穿过道路、沟道,或受到外界压力及碰撞的场所,或在腐蚀、潮湿的环境,都要穿保护管。保护管可用铸铁管、钢管、混凝土管、UPVC 管、塑料波纹管等制作安装,但管内径不得小于电缆外径的 1.5 倍。

▌ **清单项目工作内容** ▌ 保护管敷设。

▌ **定额工程量** ▌ 按"10 m"计量。

①保护管敷设:测位、锯管、敷设、打喇叭口(钢管)、堵管口等。计算式如下:

电缆保护管工程量 = 设计图示尺寸长度

电缆保护管报价工程量 = 计算工程量 × 定额消耗量

②保护管敷设不包括:保护管沟土石方挖填,防火、防水及防腐措施,见下述内容;交通要道不能开挖路面时,有条件用顶管方法施工时,顶管管径 ≤300 mm 用电气工程定额,大于 300 mm 时按《市政定额》立项计算。

## · 3.7.5　电缆桥架、槽盒安装工程量 ·

**输电、配电电缆敷设　　电缆槽盒　　电缆桥架**

| 项目编码 | 项目名称 | 项目特征 | 计量单位 | 工程量计算规则 |
|---|---|---|---|---|
| 030408004 | 电缆槽盒 | 名称;材质;规格;型号 | m | 按设计图示尺寸以长度计算 |
| 030411003 | 电缆桥架 | 类型;接地方式 | | |

【**释名**】桥架(Cable Tray,CT):是线缆敷设的支持体与保护体,广泛用于工矿、企业、公共建筑、高层建筑,或其他建筑物的电力电缆、控制电缆、通信电缆、双绞电缆、光纤缆及同轴电缆等的敷设。桥架按结构分为槽式(槽盒)、梯式、托盘式及组合式等,可在室内或者室外架空或埋地敷设。桥架一般由直线段、弯通、附件和支吊架 4 部分组成,它是标准化、通用化的电缆附件。按材质不同分为钢质、不锈钢、铝合金、玻璃钢、塑料质等。常用钢质桥架,由冷轧或热轧钢板或型钢经过热镀锌、喷塑或喷漆等工艺处理制成,具有电磁屏蔽功能。

▌ **清单项目工作内容** ▌ ①本体安装;②接地。

▌ **定额工程量** ▌ 均按"10 m"计量。

①桥架、槽盒安装包括:组对、螺栓固定及附件等安装;金属质桥架每节段之间用 BVR-6 mm² 铜导线及铜接线端子作电气连通(跨接)。工程量按下式计算:

桥架安装计算工程量 = 设计图示尺寸长度

桥架报价工程量 = 计算工程量 × 定额消耗量

②桥架安装不包括:金属桥架接地,长距离桥架每隔 30~50 m 必须接地一次,计算方法见 3.10 节的叙述;若桥架、支架、吊架和托架需在现场加工时,制作、除锈、刷油或镀锌等,见前述内容。

## · *3.7.6* 电缆铺砂、盖保护板工程量 ·

输电、配电电缆敷设　　铺砂　盖保护板(砖)

| 项目编码 | 项目名称 | 项目特征 | 计量单位 | 工程量计算规则 |
|---|---|---|---|---|
| 030408005 | 电缆铺砂、盖保护板(砖) | 种类;规格 | m | 按设计图示尺寸以长度计算 |

【释名】为了保护直接埋地敷设的电缆,沟底必须先铺砂 100 mm 厚再敷设电缆,然后铺砂与电缆顶平后再铺砂 100 mm 厚,接着盖砖或盖钢筋混凝土保护板、埋电缆识别标志桩,最后回填土,如图 3.18 所示。

▌**清单项目工作内容** ▌①铺砂;②盖板(砖)。

▌**定额工程量** ▌以电缆沟长按"10 m"计量。

①电缆铺砂、盖保护板(砖)包括:整理电缆间距,铺砂,盖保护板或盖砖,埋标志桩。根据电缆根数不同分别使用定额。

②电缆铺砂、盖保护板(砖)不包括:钢筋混凝土保护板、标志桩在现场加工制作,以"m³"计量,定额用《房建定额》或《市政定额》;场外加工制作及运输时,见 3.7.2 节。

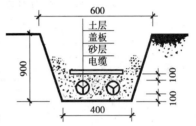

图 3.18　直埋电缆沟尺寸

## · *3.7.7* 电缆防火措施工程量 ·

输电、配电电缆敷设　　电缆防火措施

| 项目编码 | 项目名称 | 项目特征 | 计量单位 | 工程量计算规则 |
|---|---|---|---|---|
| 030408008 | 防火堵洞 | 名称;材质;方式;部位 | 处 | 按设计图示数量计算 |
| 030408009 | 防火隔板 | | m² | 按设计图示尺寸以面积计算 |
| 030408010 | 防火涂料 | | kg | 按设计图示尺寸以质量计算 |

【释名】电缆防火措施:是防止电缆线路由于外部失火或内部故障,产生燃烧,引燃电缆蔓延成火灾,为了保障人身、电缆及设备的安全而采取的防火措施。电缆防火措施常从 4 个方面着手:

①用阻燃材料制作电缆绝缘层或保护层,如耐火电缆、阻燃电缆。

②采取隔断火苗的措施,如设置防火隔板、防火槽盒、涂防火涂料。

③限制火灾范围,防止火焰扩大,如防火墙、封堵耐火泥。

④采取报警和灭火装置及时扑灭火灾,如火灾报警系统、自动消防设施等。

▌**清单项目工作内容** ▌安装。

▌**定额工程量** ▌电缆防火措施,计算方法如下,用定额电气工程相应子目。

①电缆隧道口、沟道口、保护管口等处,用耐火泥、石棉绳、防火填料等堵口填筑,以"t"或"kg"计算。

②防火门、盘柜下,用防火涂料涂抹,以"t"或"kg"计算。

③电缆桥架、槽盒穿楼层竖井或穿墙时,安装防火枕(隔板)、防火带、防火墙等以"m""m²"计算,见图5.7及图5.8所示。

### • 3.7.8 电缆手孔、人孔、沟道、隧道、井道及土石方等工程量 •

【释名】电缆在地下敷设,必须保护,如铺砂盖保护板(砖)、穿保护管、放入沟道、进入隧道等,为了维护、检查和施工,还要设置手孔、人孔、井道等。这些设置涉及土石方工程、砌筑和浇筑等工程。内容很多,不要遗漏。

■ 清单项目工作内容 ■ 按规范附录 D.13 和 D.15 的要求,按《房建规范》《市政规范》等专业规范计算。

■ 定额工程量 ■ 见下面各项的叙述计算。

(1)电缆沟道土石方挖、填工程量

①直埋电缆沟,沟断面按设计图示尺寸计算,无设计图时两根电缆沟按下述方法计算,3根以上者按比例增加,如图3.18所示。

$$V = Sl$$

式中 $S$——地沟断面积,敷设两根电缆时:

$S = (0.6 + 0.4) \times 0.9 \ \text{m}^2 \div 2 = 0.45 \ \text{m}^2$

$l$——地沟长,按设计图示尺寸计算。

②直埋电缆沟、保护管沟,电缆手孔、人孔、井道、沟道、隧道等土石方,按设计断面图示尺寸计算。工程在定额规定区域内时,用本册定额子目计算挖填;工程在区域外时,定额的使用见下面(2)的叙述。

(2)电缆手孔、人孔、井道、沟道、隧道砌筑等工程量

这些工程的垫层、基础、道体的浇筑或砌筑,沟底、沟壁的抹灰或防水,在区域内(含厂区、站区、生活区)施工,执行《房建定额》;在区域外且城市内施工(含市区、郊区、开发区),执行《市政定额》;在区域外且城市外,执行《房建定额》子目且乘以系数1.05。

(3)电缆沟内支架制作、安装

沟内电缆金属支架制作、安装、除锈、刷防腐漆或镀锌,见前述内容。钢筋混凝土电缆支架制作、安装、运输同钢筋混凝土盖板。

(4)电缆沟内接地母线及接地极安装

电缆沟内接地母线及接地极安装见3.10节的叙述,清单按规范附录D.9立项,用电气工程定额相应子目。

# 3.8 电气配管和配线工程量

【集解】电气装置与设备,用导线或穿以线管的导线,将它们连接起来形成电气系统,保证

通电与安全使用。但是在工程计量时,电气装置和设备的工程量容易计算,最难的是线管和线缆的计量。因为影响计算的因素比较多,如对线路的走向、敷设方法、敷设部位等的理解,对施工技术和施工现场的熟悉程度,以及线缆施工实际的布放等,都会影响到计算的正确性。所以,必须熟悉施工图纸、施工技术、施工现场,遵照计算规则的要求,用相应的计算方法进行计算。

### · 3.8.1 配管、配线工程量计算要领和方法 ·

#### 1)配管工程量计算要领

线(导)管工程量的计算,以配电箱或配电柜为起点,以电路系统图为准,按线路平面图所示的电路回路,依次逐一计算至末尾;或按建筑物自然层,或按建筑物平面形状等特点分片划块计算,然后分别将同管材、同规格型号、相同敷设方式的线管汇总,即得配管数量。

#### 2)配管工程量的计算方法

配管量是配线量计算的主要依据,其正确与否直接影响导线计算的正确性。计算方法如下:

(1)水平方向线管长度的计算

①沿墙、柱轴线敷设时:沿墙暗敷(WC)的管,借用墙中心线、柱轴线计算;沿墙明敷(WE)的管,按墙、柱之间净长度计算。

②水平斜向敷设时:如埋入地面以下或者埋入现浇混凝土楼板内的水平斜向线管,当图纸标注有尺寸时,按图示尺寸计算;没有标注尺寸,当线路走向合理,并且图纸比例正确时,可用比例尺从中心至中心仔细进行量算,如图 3.19 所示。

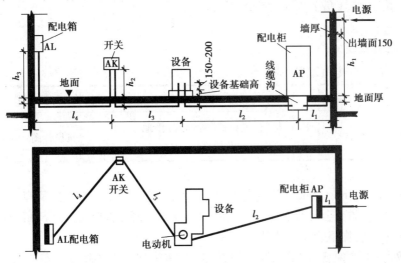

图 3.19 埋地线管及穿出地面长度计算示意

〔注意〕

　　埋入现浇混凝土楼板内的线管,最大外径不得超过《混凝土结构工程施工质量验收规范》(GB 50204—2015)的相关规定,否则不能埋设。

　　(2)垂直方向线管长度计算

　　①埋地线管穿地面及伸出地面的长度,按图 3.19 示例计算,图中穿出地面有 6 处,$h_1$,$h_2$,$h_3$ 以及设备伸出地面 150~200 mm 两处等线管的长度。

　　②沿墙柱垂直方向线管长度,线管无论明敷、暗敷,与箱、柜、盘、板、开关及用电设备安装高度,以及楼层高度有关,其安装高度按设计图示尺寸计取;图纸没有标注时,按施工验收规范规定高度计算。其方法如图 3.20 所示。

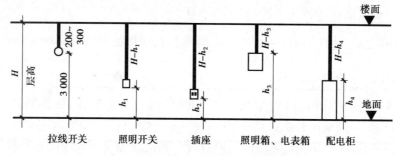

图 3.20　垂直方向线管长度计算示意

## 3.8.2　配管及线槽安装工程量

### 1)电气配管安装

**配管、配线　电气配管**

| 项目编码 | 项目名称 | 项目特征 | 计量单位 | 工程量计算规则 |
|---|---|---|---|---|
| 030411001 | 配管 | 名称;材质;规格;配置形式;接地要求;钢索材质及规格 | m | 按设计图示尺寸以长度计算 |

　　【释名】配管(Wiring Conduit):在电气系统中按规范要求,配置保护及穿引导线的管,称为线管或导管。材质有金属或非金属,规格、型号多样。配管方式有明敷、暗敷,钢索,支、吊架等方式,可沿建筑物相关部位敷设。

　　■ **清单项目工作内容** ■ ①电线管路敷设;②钢索架设(拉紧装置安装);③预留沟槽;④接地。

　　■ **定额工程量** ■ 按"10 m"计算。

　　(1)线管敷设

　　按材质分类,在不同结构上敷设,用管径分挡,以"10 m"计算。计算式如下:

线管计算工程量 = 按图计算的水平长度 + 垂直长度

线管报价工程量 = 线管计算工程量 × 定额消耗量

（2）线管敷设不包括的内容

①刨沟、凿槽及凿洞，线管应与墙体、地面专业相互配合施工，定额不考虑这些工作，若发生时，按合同规定或签证计算。

②钢索配管，除计算配管量外，还应计算下述内容：

- 钢索（钢丝绳、圆钢）架设，按跨越物之间距离不扣除拉紧装置所占长度以"10 m"计量。
- 钢索拉紧装置制作、安装，以"套"计量。其除锈、刷油或镀锌，见前述内容。

③支架、吊架制作、安装、除锈、刷油或镀锌，见前述内容。

④金属线管防腐，定额按镀锌钢管制定的，其他管材或设计要求刷防火涂料、防锈漆，或做防腐保护时，用定额刷油工程。

⑤金属线管接地，定额包括：用接地卡子，或者在金属线管接头处、金属线管与金属箱（盒）体交接处，用 $\phi 6$ 圆钢焊连成电气通路（不称接地跨接）。金属线管与等电位接地端子板连接时，见 3.10 节的叙述。

**2）电气线槽安装**

**配管、配线　　线槽**

| 项目编码 | 项目名称 | 项目特征 | 计量单位 | 工程量计算规则 |
|---|---|---|---|---|
| 030411002 | 线槽 | 名称;材质;规格 | m | 按设计图示尺寸以长度计算 |

【释名】线槽（Raceway）:线管容纳导线量有限，而且导线在管中不便检查与维修，相反线槽和桥架就具备这些优点。线槽的类型、规格很多，是一种标准化、通用化的产品。有一般的线槽，也有大容量的母线槽。其材质有金属线槽（MR），如钢线槽（GXC）;非金属线槽，如塑料线槽（PR）、难燃塑料线槽（VXC）等。用支架或膨胀螺栓直接明装于墙上、楼层顶板、吊顶内或线缆井道内，如图 3.21 所示。

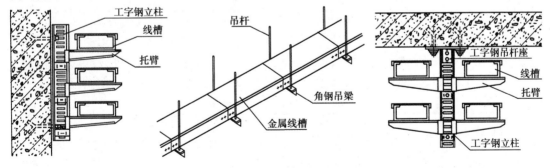

图 3.21　金属线槽安装方式

▐ 清单项目工作内容 ▐ ①本体安装;②补刷（喷）油漆。

▐ 定额工程量 ▐ 以"10 m"计量。

①线槽安装包括:安支架、槽体及配件，金属线槽接地、接地跨接。其长度的计算，方法同配管或桥架，可按定额计算损耗。

②线槽安装不包括:槽体、支架现场制作、除锈、刷油漆或镀锌时,计算见前述内容。

## · 3.8.3 配线工程量 ·

**配管配线　电气配线**

| 项目编码 | 项目名称 | 项目特征 | 计量单位 | 工程量计算规则 |
|---|---|---|---|---|
| 030411004 | 配线 | 名称;配线形式;型号规格;材质;配线部位;配线线制;钢索材质规格 | m | 按设计图示尺寸以单线长度计算(含预留长度) |

【释名】配线(Wiring):按规范和设计要求配设相应的导线输送和分配电能或传输信息。无论用什么方式配设导线,必须稳固,其方式用支持体,或穿线管,或置于线槽中。

■ **清单项目工作内容** ■ ①配线;②钢索架设(拉紧装置安装);③支持体(绝缘子、线槽)安装。

■ **定额工程量** ■ 按导线的型号、规格、敷设方式、支持体类型以及在建筑物上敷设的部位不同,分别以"10 m"计量。

(1)导线支持体安装及配线

配线的支持体不同,计量要求也不同。导线长度的计算方法与线管计算相同。

①瓷绝缘子配线(K):分鼓形(瓷柱、瓷珠)、针式与蝶式绝缘子配线,以导线截面不同,按"沿"屋架、墙、柱敷设和"跨"屋架、柱等不同部位,分别按单根长度计算,包括支架安装,不包括支架制作。

②线槽配线:计算方法同管内穿线。

(2)管内穿线

管内穿线,在线管长度计算的基础上,加上导线预留长度,按动力与照明、铝芯与铜芯、单芯与多芯等不同分别计算,表达式如下:

$$管内穿线计算工程量 = 配管长度 \times 同规格、同型号、同材质导线根数$$
$$管内穿线报价工程量 = (计算工程量 + 导线预留长度) \times 定额消耗量$$

式中,绝缘导线损耗率可按定额计取,报价人也可自行确定。导线预留长度,清单按规范附录表 D.15.7-3 计取或按定额规定计取或见表 3.3 所示,另见示意图 3.22 所示。

表 3.3　导线端头预留长度
单位:m/根

| 序号 | 导线预留项目名称 | 预留长度 | 说　明 |
|---|---|---|---|
| 1 | 各种开关箱、柜、盘、板 | 宽+高 | 盘、板面尺寸 |
| 2 | 单独安装的铁壳开关、闸刀开关、启动器、母线槽进出盒 | 0.3 | 从安装对象中心算起 |
| 3 | 由地面管子出口引至动力接线箱 | 1.0 | 从管口起计算 |
| 4 | 电源与管内导线连接(管内穿线与软、硬母线接头) | 1.5 | 从管口起计算 |
| 5 | 出户线 | 1.5 | 从管口起计算 |

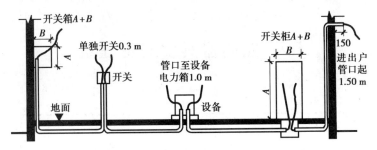

图 3.22　导线预留长度示意图

（3）进或出箱、柜的导线

进或出箱、柜的导线需焊、压接线端子，见前述内容。

## · 3.8.4　接线箱、接线盒安装工程量 ·

配管配线　　接线箱　　接线盒

| 项目编码 | 项目名称 | 项目特征 | 计量单位 | 工程量计算规则 |
|---|---|---|---|---|
| 030411005 | 接线箱 | 名称；材质；规格；安装形式 | 个 | 按设计图示数量计算 |
| 030411006 | 接线盒 | | | |

【释名】①接线箱：当多路导线汇集，或因线路转角，或线路较长，或建筑物沉降缝、伸缩缝等处，为了便于接线、分路、穿线、导线预留量的存储，以及方便维修和检查，而设置的一种箱体。它一般用钢板喷塑、喷漆或全塑料制成，规格、型号多样。照明、动力、通信、视频、音频等线路均设置接线箱，可明装、暗装或半暗装。

②接线盒：连接导线较少的接线箱就是接线盒。它与开关和插座等面板相配，就是开关盒、插座盒、灯头盒。接线盒一般为 86 型，分明装或暗装、防水或防爆等。

③接线箱（盒）设置的规定。接线箱（盒）也称为拉线箱（盒）。为了方便施工穿线与接线，《电气装置安装工程 1 kV 及以下配线工程施工及验收规范》（GB 50258—96）规定，水平线管超过相应长度时，可增加接线箱（盒）的计算，见规范附录 D.11 说明。

〔注意〕

接线箱、接线盒，人们有时也称为分线箱、分线盒，但不要与规范附录 D.3 的母线分线箱、规范附录 L.3 的分线箱（盒）相混。

■ **清单项目工作内容** ■ 本体安装。

■ **定额工程量** ■ 按"个"计算。

①接线箱安装：以箱体半周长分挡，按"个"计算；安箱体需墙体开孔、开槽时，另计。

②接线盒、开关盒、插座盒安装：以明装、暗装，普通、防水、防尘、防爆，钢索上安装等为别，按"个"计算。

# 3.9 照明器具安装工程量

## · 3.9.1 照明器 ·

照明器(Illuminating Apparattus)是固定光源、控制照明光线和连接电源的一个组合体,是照明灯具(Lamps)的通称。灯具起着照明和装饰作用,是现代装饰工程"光、声、色、湿度、温度"要求中很重要的一个组成部分。灯具主要由灯架、灯罩(或控照器)、光源、灯座及附件等组成。光源一般用电光源,其分为热辐射、气体放电和电致发光光源三大类。用半导体芯片发光原理的 LED 白光灯,用于太阳能和智能照明系统时,就进入了绿色、节能、环保、低碳的电光源照明时代。

## · 3.9.2 通用灯具安装工程量的计算方法 ·

各类灯具工程量与灯具单价均按下面的方法进行计算。

### 1)灯具安装工程量及单价的计算

①各式灯具按安装方式计算工程量,如表 3.4 所示,其表达式如下:

灯具安装计算工程量 = 设计图示安装方式分类型数量

灯具安装报价工程量 = 计算工程量 × 定额消耗量

**表 3.4 灯具安装方式**

| | 安装方式 | 符号 | | 安装方式 | 符号 | | 安装方式 | 符号 |
|---|---|---|---|---|---|---|---|---|
| 吊式 | 线吊式 | SW | 吸顶式 | 一般吸顶式 | C | 壁装式 | 一般壁装式 | W |
| | 链吊式 | CS | | 嵌入吸顶式 | R | | 嵌入壁装式 | WR |
| | 管吊式 | DS | | | | | | |

②各式灯具的价值按下式计算:

灯具每套价值 = 灯具价值 + 灯管(泡)价值

其中

灯具价值 = 灯具单价 × 定额消耗量

灯管(泡)价值 = 灯管(泡)单价 × 数量 × (1 + 损耗率)

灯管(泡)损耗率可取 1.5% ~ 3.0%,由报价人自行确定。

### 2)灯具安装的相关内容

①灯具种类和结构形式繁多,其规格、型号及其标志,各厂家不统一也不规范,造成计量及计价困难。特别是装饰灯具,请注意定额分类和特征划分,阅读后面 3.9.3 节对装饰灯具计

算的叙述。

②灯头盒实为接线盒,因连接灯具故名,见 3.8.4 节的叙述。

③灯具支架现场加工,灯具自带支架者不计算此项。一般支架制作、安装、除锈、刷油或镀锌,见前述内容。当支架带装饰性时,清单按《房建规范》立项,用对应定额。

④灯具安装高度,路灯、水塔指示等灯,定额已考虑了超高因素外,其他灯具超过 5 m 时,计算超高作业费,按定额规定计取。

⑤照明系统安装,包括灯具本体安装、测量绝缘电阻及试亮等工作,不包括亮度等要求的调试和调光设备的安装。照明灯具系统按《建筑电气工程施工质量验收规范》(GB 50303—2011)要求,公用照明试亮连续24 h、住宅照明试亮连续 8 h,无异常即可验收。

**3)灯具安装特殊调试的计算**

通用灯具安装不包括照明系统有调光要求或特殊调试的要求,如大型剧场、礼堂、会议厅、电视演播厅、摄影棚等,要求通断切光、亮暗控制、色彩转换,或要求单控、集控和总控变换,以及要求特殊照明的场所。其涉及的设备、装置及设备支架的制作、安装和调试,必须另立项计算。清单参照规范附录 D、附录 E 等相关项目立项,定额用电气工程及建筑智能工程,或按实计算。

智能照明系统灯具安装,按本节方法计算;因智能照明系统属于 BAS 系统,其控制元件或设备装置及线路安装以及系统调试,见 6.2.3 节的叙述。

## · *3.9.3 常用灯具安装工程量* ·

**照明器具　　常用灯具**

| 项目编码 | 项目名称 | 项目特征 | 计量单位 | 工程量计算规则 |
|---|---|---|---|---|
| 030412001 | 普通灯具 | 名称;型号;规格;类型 | 套 | 按设计图示数量计算 |
| 030412002 | 工厂灯 | 名称;型号;规格;安装形式 | | |
| 030412004 | 装饰灯 | | | |
| 030412005 | 荧光灯 | | | |

【释名】灯具是用于生产、工作和生活及服务场所或个别物体照亮的器具。灯具种类繁多,安装方式一般有 3 种类型,如表 3.4 所示。

▌**清单项目工作内容**▌本体安装。

▌**定额工程量**▌以"套"计算。

(1)普通灯具及其他灯具

普通吸顶灯有圆球形、半球形及方形等;软线吊灯(吊灯头)组成最简单,各厂家不生产成套灯具,在市场采购相应元件组装而成,故每套价值按下式计算:

$$软线吊灯每套价值 = 吊线盒价 + 灯头价 + 灯泡价 + 灯伞价 + 灯线价$$

（2）工厂灯

①工厂灯灯具较重、较大，一般均要支架，制作、除锈与刷油或镀锌另计。

②工厂灯一般安装在屋架上，高度较高，要注意超高系数的计算。

③防爆灯需接 PE 保护线时，其配线的计算不要遗漏。

（3）装饰灯

装饰灯具的种类、规格、型号及形状繁多。如艺术类：吊式、吸顶式、荧光、几何形组合、水下、点光源等；标志、诱导、歌舞以及景观等照明灯具。计算方法见 3.9.2 节的叙述，必须注意特征描述，一定要清楚详细，如：

①装饰灯具及景观照明灯具，标明安装方式、灯具的直径、垂吊长度、形状（方形、圆形或其他几何形状）及容量等特征，一般按"套"计算。

②荧光艺术装饰灯是装饰灯具中用得最广泛的一类灯具，组合形式最多，又与装饰工程紧密结合，故安装时要特别注意与装饰工程的关系，注意描述，按"m""$m^2$"计算。

（4）荧光灯

荧光灯不应与荧光艺术组合灯及荧光艺术装饰灯相混淆，它属于普通灯具，有成套型、组装型两大类。每套用 1～3 根灯管、镇流器、电容器及灯罩，用吊链、吊管、吸顶及嵌入等方式安装而成。

## · 3.9.4　照明开关插座安装工程量 ·

| 照明器具 | 照明开关 | 插座 | | | |
|---|---|---|---|---|---|
| 项目编码 | 项目名称 | 项目特征 | 计量单位 | 工程量计算规则 |
| 030404034 | 照明开关 | 名称；材质；规格；安装方式 | 个 | 按设计图示数量计算 |
| 030404035 | 插座 | | | |

【释名】①照明开关：也称开关面板，用于家庭、办公或公共场所照明线路的通、断，或改变电路的一种器件。以额定电流选择，其种类繁多、样式各异，与接线盒相配，有 86 型、118 型；按结构不同分为跷板、扳把（手）、拉线式；按防护不同分为普通、防爆、防潮、防溅型；按极数不同分为单极、双极；按控制方式不同分为单控、双控、多控；按装配形式不同分为单联、双联、多联；按安装方式不同分为明装、暗装；按功能不同分为定时、声光控制、红外感应、数字触摸、带指示灯、带荧光等开关，以及具有保险、调光、控制电路 3 种功能的照明开关。接线方式"控火不控零"，安装位置距门框 150～300 mm，距地面 1.2～1.4 m，拉线开关距地面 2.2～2.8 m。

②插座（socket）：一般指电源插座，它是与插入式元器件（如插头、继电器等）相配接的连接器，以插入式接通电路。插座种类繁多，有民用、工用；普通、防水、防爆；电源、电脑、电话、视频、音频；固定、移动；单插、排插、插座箱；双孔、三孔；明装、暗装；以额定电压和电流选择。民用插座称插座面板，与接线盒相配，有 86 型、118 型。安装高度视功能和需要而定，因插接的用电器不同、场所不同，其安装高度也不同。

▌**清单项目工作内容**▌ ①本体安装;②接地。

▌**定额工程量**▌ 开关、插座均按"套"计算。

①照明开关安装,以明装、暗装、拉线、跷板及声控等不同,进行计算。

②插座安装,以明装、暗装,普通、防爆、须刨插座、钥匙取电器等不同,分别计算。

③开关盒、插座盒,另立项计算,见3.8.4节。

## · *3.9.5 路灯安装工程量* ·

**照明器具    小区一般路灯**

| 项目编码 | 项目名称 | 项目特征 | 计量单位 | 工程量计算规则 |
|---|---|---|---|---|
| 030412007 | 一般路灯 | 名称;型号;规格;灯杆材质、规格;灯架形式及臂长;附件配置要求;灯杆形式(单、双);基础形式、砂浆配合比;杆座材质、规格;接线端子材质、规格;编号;接地要求 | 套 | 按设计图示数量计算 |

【**释名**】路灯(Load Lamp):用作城市道路、小区、广场、普通公路、高速公路、铁路以及桥涵等的照明。因系交通照明,要求灯杆高、容量大,系统具有自动通、断控制等功能。每组(套)灯具组成:基础、灯杆、灯架、灯具、光源、导线、接地装置及控制装置等。

▌**清单项目工作内容**▌ ①基础制作、安装;②立灯杆;③杆座安装;④灯架及灯具附件安装;⑤焊、压接线端子;⑥补刷(喷)油漆;⑦灯杆编号;⑧接地。

▌**定额工程量**▌ 按"套"计算。

小区路灯、广场灯等灯具的安装,可立如下各项计算。

①路灯基础及基座制作:

• 灯杆混凝土基础:土石方量、混凝土量,用《房建定额》计算。

• 灯杆基座制作:金属基座(铸铁、钢)按设计图示尺寸计算质量,以"t"计量;混凝土基座以"$m^3$"计量;玻璃钢基座以"元"计算。基座,工厂制作的按出厂价计价,现场制作的按定额或按实计价。

②灯杆基座安装:混凝土、金属或玻璃钢杆座,分成套型与组合型,均以"套"计量。

③铁件:铁件制作、安装、除锈、刷油、镀锌,见前述内容。

④灯杆组立:按"根"计量。

⑤灯架安装:无论灯架臂的长短,以及圆形灯盘直径的大小,均以灯的"火"数及杆高不同,以"套"计量。

⑥路灯镇流器、触发器或电容器等配件安装,按"套"计算。

⑦灯盘升降机构电机检查接线及调试,见前述内容。

⑧灯具导线敷设,及焊、压接线端子,见前述内容。

⑨路灯控制器或开关箱、灯杆及灯具安装,见前述内容。接地安装见 3.10 节的叙述。

⑩路灯自动控制系统的调试及试运行等,另立项计算。

⑪灯杆、灯架、线缆、铁件等,场外运输另行计算,见 3.11 节的叙述。

〔注意〕

太阳能路灯,根据设计或产品说明书立项计算。一般立项有:C20 混凝土基础及杆座、灯杆、电缆线、灯架、附件、太阳能电池板、太阳能蓄电池、太阳能电池箱、太阳能控制器、主灯头、主光源 LED 灯、接地、路灯系统调试等项。除太阳能电池板、太阳能控制器等太阳能器件用定额电气工程外,其余与上述各项相同。

# 3.10 防雷及接地装置安装工程量

【集解】《建筑物防雷设计规范》(GB 50057—2010),将避雷装置的避雷针、避雷带、避雷网、避雷线等这一传统的称谓,命名为防雷装置的接闪杆、接闪带、接闪网、接闪线。

防雷及接地装置系统的工程量同配管配线一样,设备易算,最难计算的是线(引下线、接闪线、接地线)、带、网的工程量,因内容多,概念易混淆,又涉及建筑结构和防雷安装工程实际,故容易错漏,望各位注意。

## · 3.10.1 防雷及接地装置系统 ·

### 1)防雷装置系统(Lightning Protection System,LPS)

防雷是指为了防止雷电对建(构)筑物、设备和人身产生的危害,在建(构)筑物外部和内部设置对雷电进行拦截、疏导,最后泄放入大地的一体化防雷系统,称为防雷装置系统。

雷击由三条途径入侵:一是直击雷,直接击中建筑物或暴露在空间的线路、设备和人员;二是雷电波,沿金属管道、导体或线缆进入建筑物内,损坏设备、网络及人员;三是雷击电磁脉冲波(LEMP),产生的电场和磁场耦合到电气和电子系统中,生成暂态(瞬间)过电压和过电流,破坏电子设备或网络系统。

针对雷害入侵的途径,建筑物内外必须采取综合防治措施——接闪、均压、屏蔽、接地、分流(保护),才能将雷害减少到最低限度。

①建筑物外部防雷装置应具有接闪功能。装置由接闪器、引下线和接地总合体组成。这是事先为雷电设计的放电通道,以此将雷电能量泄放到大地中去,如图 3.23 所示。

②建筑物内部防雷装置应具备均衡电位和屏蔽功能。由防雷等电位连接和与外部防雷装置的间隔距离组成。内部防雷装置除等电位连接系统外,还有共用接地系统、屏蔽系统、浪涌保护器(SPD)连接及合理布线等防雷装置和措施,如图 3.23、图 3.24 所示。

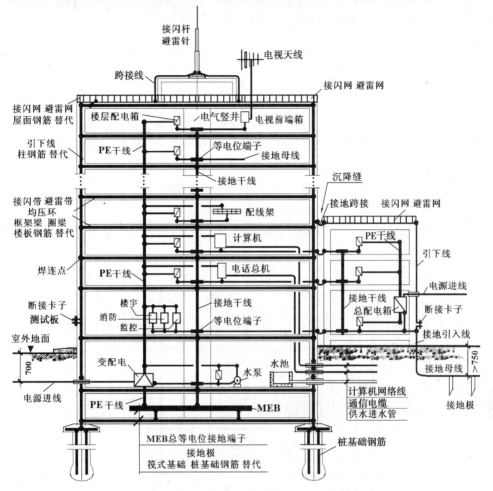

图 3.23　建筑防雷与接地装置系统组成

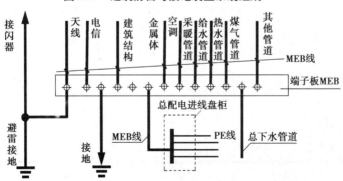

图 3.24　总等电位与局部电位连接

### 2）接地装置系统(Earth-termination System)

#### （1）接地装置的种类

接地装置系统是接地体和接地线的综合体,用于传导雷电能量并将其流散入大地,以保护人身及设备安全。接地种类很多,常见的有下面几种:

①防雷接地:如图3.23所示。

②交流工作接地:指零线接地,如图3.25所示。

③保护接地:又称安全接地,用电设备不通电金属外壳与PE线连接,防止漏电伤害。为了方便各用电设备与PE干线连接,可在室内垂直方向设置多条PE干线,如图3.23所示。图左高层用建筑物钢筋替代防雷装置,图右低层用镀锌扁钢材制作防雷装置。

④等电位接地:在各楼层设置等电位接地端子,各用电设备用接地线或楼层钢筋以及框架梁钢筋与其连接,降低电位差,如图3.23及图3.24所示。

⑤屏蔽接地:线路穿金属管(槽)以及用电设备用金属网、箔、壳包围起来,并将管(槽)、网箔、壳接地,截断雷电电磁脉冲波,以此保护。

⑥防静电接地:防止电荷堆积损害设备或伤害人身,如易燃易爆管道和通风管道法兰盘处的导体跨接。

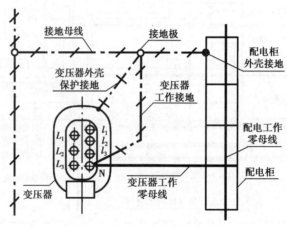

**图3.25　变压器接地系统**

（2）接地装置系统的检测

一般用接地电阻仪测试绝缘电阻是否符合设计和规范要求,见3.10.4节的叙述。

## • *3.10.2　接地装置系统安装工程量* •

### 1）接地极安装

**防雷及接地装置　　接地极**

| 项目编码 | 项目名称 | 项目特征 | 计量单位 | 工程量计算规则 |
|---|---|---|---|---|
| 030409001 | 接地极 | 名称;材质;规格;土质;基础接地形式 | 根(块) | 按设计图示数量计算 |

【**释名**】接地极(体、桩)(Earth Electrode):埋入土壤中或混凝土基础中作雷电流散流用的导体,有人工接地体与自然接地体,形式有水平式和垂直式。人工接地体,是经过加工、制造、埋入土壤中的金属导体;自然接地体,是与大地接触的金属构件、金属管道、建(构)筑物的基础钢筋、设备等金属体,兼作接地体。

■ **清单项目工作内容** ■ ①接地极(板、桩)制作、安装;②基础接地网安装;③补刷(喷)油漆。

【**定额工程量**】按"根""块"计量。

(1)人工接地极(桩、块、棒、管、线)制作、安装

①现场下料、加工、焊接的接地极。

• 垂直方向接地极,用镀锌钢管、角钢、圆钢加工,其长度不小于2.5 m,垂直打入或埋入距地面0.7 m以下土中。清单和定额,均按土质不同以"根"计算。

• 水平方向接地极,用镀锌或镀铜的圆钢、扁钢、钢板、钢绞线,铜包钢扁线、钢绞线以及铜板、铜扁线或其他金属板等,按设计或规范规定的深度,水平埋入土中。按"m""块"计算。注意描述特征。

②接地极产品安装。

• 铜包钢、镀铜钢接地棒、石墨或高导接地模块,按"块"计量。

• 电解质离子接地极等产品,均按设计或产品说明要求安装。工作有钻孔、开挖、回填高导填料、用多股铜绞线将接地极焊连成网状,按"套"计量。注意特征描述。

(2)自然接地体(替代体)安装

①垂直方向替代体。用建筑物桩基纵向主筋,在承台处与柱主筋和承台筋焊连,再用镀锌扁钢按设计要求将桩基下多根桩主筋焊连成一体,称"桩承台接地",按焊连桩根数不同,以"基"计算。注意特征描述,如图3.23所示。

②水平方向替代体。用建筑物独立基础底板钢筋、筏式基础钢筋及地梁主筋作接地体,清单和定额均用"均压环"项目立项,以"m"计算。注意描述钢筋的根数及焊接情况,如图3.23所示。

2)**接地母线敷设**

**防雷及接地装置     接地母线**

| 项目编码 | 项目名称 | 项目特征 | 计量单位 | 工程量计算规则 |
|---|---|---|---|---|
| 030409002 | 接地母线 | 名称;材质;规格;安装部位;安装形式 | m | 按设计图示尺寸长度计算(含附加长度) |

【**释名**】接地母线(Earthed Busbar)。在建筑物中,接地线所处位置不同,名称也不同,应注意区别,以下各项均如图3.23所示。

①接地引入线:从接地极引入室内与主接地母线之间的连接线。

②主接地母线(总接线端子MEB):一端与接地引入线相连,另外与多根接地干线相连,设置在外线缆(电源线、通信线)引入间或建筑物配线间内。

③接地干线(PE):由主接地母线引出,垂直方向敷设,连接所有的接地母线,可设置多条。

④接地母线:水平敷设在每层楼内,也称为室内接地母线,或称为楼层等电位接地端子(SEB,LEB)。一端与接地干线连接,一端与楼层内的所有设备、配线架、金属构件、金属管道、

金属门窗等相连接,即等电位连接。在室外连接接地极的连接线,也称为室外接地母线。

⑤接地线:各种设备与接地母线之间的连线,简称接地。

上述各接地线的规格、材质、安装形式,按设计和规范要求制作、安装。

■ **清单项目工作内容** ■ ①接地母线制作、安装;②补刷(喷)油漆。

■ **定额工程量** ■ 按"延长米"计量。

(1)接地母线敷设

室内、室外接地母线、接地线,因敷设环境(埋设与不埋)与工作内容不同,应分别立项,均按下式计算:

$$接地母线计算工程量 = \sum 设计图示尺寸量$$

$$接地母线报价工程量 = \sum 计算工程量 \times (1 + 3.9\% + 定额消耗量)$$

式中,3.9%为接地母线长度附加值,是转弯、上下波动、避绕障碍物、搭接头等所占的长度。

〔注意〕

室外接地母线敷设,定额包括母线地沟土方挖、填与夯实量,其沟断面是以自然土面为标高,沟深0.75 m、底宽0.4 m、上口宽0.5 m计算的。当沟深超过0.75 m,或沟内为石方、矿渣、积水或有障碍物等的清除时,清单按《房建规范》《市政规范》立项,用对应定额立项计算。

(2)金属体接地

母线支架、桥架,配电间栅栏,建筑物金属构架、金属门窗、幕墙金属框架或金属管道,应就近与接地母线(等电位端子)作等电位连接,以"处"计算,当距离较大时可按室内接地线计算。

(3)接地跨接

接地母线遇障碍时,如建筑物伸缩缝、沉降缝、变形缝等处,为了满足建筑物的伸缩与沉降,将母线做成弧形的连接线;用行车钢轨作接地线时,钢轨接头处、防静电风管或易燃气体管道法兰处的连接线;金属体与接地线的连接线;避雷针与引下线的连接线,都称为接地跨接。接地跨接用扁钢或圆钢焊接,或焊接螺栓连接,均以"处"计量。

〔注意〕

金属线管进入金属箱、柜、盒时相互之间,以及金属线管接头处,用圆钢焊连的电气通路称为电气连通。此工作包括在线管或箱体安装中,不作为接地跨接计算。

3)等电位装置安装

**防雷及接地装置　　等电位箱(盒)　　测试板**

| 项目编码 | 项目名称 | 项目特征 | 计量单位 | 工程量计算规则 |
|---|---|---|---|---|
| 030409008 | 等电位端子箱、测试板 | 名称;材质;规格 | 台(块) | 按设计图示数量计算 |

【释名】等电位端子箱(盒):为了防止漏电电击,而降低用电设备漏电产生的间接接触电压,以及与不同金属部件间产生的电位差,规范要求必须小于 50 V 的一种保护电器。

▌**清单项目工作内容** ▌ 本体安装。

▌**定额工程量** ▌ 按"套"计量。

①等电位端子箱(盒)安装。总等电位端子箱(MEB)、辅助等电位箱(SEB)、局部等电位箱(LEB),将建筑物内的各种金属管道(水、煤、气、暖)、设备金属体及金属构件等,用接地线汇集连接于箱(盒)内的端子板上,均以"套"计量。如图3.23与图 3.24 所示。

②接地电阻测试板安装。上接引下线,下接接地引入线,替代断接卡子,作为测试接地电阻之用。定额未立项,借用断接卡子子目计算,如图3.23 所示。

## · *3.10.3* 避雷装置系统安装工程量 ·

### 1)避雷针安装

**防雷及接地装置**     **避雷针(接闪杆)**

| 项目编码 | 项目名称 | 项目特征 | 计量单位 | 工程量计算规则 |
|---|---|---|---|---|
| 030409006 | 避雷针 | 名称;材质;规格;安装形式、高度 | 根 | 按设计图示数量计算 |

【释名】避雷针(Lightning Rod)又称为接闪杆,是防雷装置的首要组成之一,一般分为传统式的富兰克林型直击雷避雷针、改进优化型特殊避雷针和提前放电型消雷避雷针三大类。

防雷装置由接闪器、引下线以及接地综合体组成。其中接闪器由下列各形式之一或任意组合而成:独立避雷针;直接装设在建筑物上的避雷针、避雷带或避雷网的组合;屋顶上的永久性金属物及金属屋面;屋面混凝土构件内的钢筋等。

▌**清单项目工作内容** ▌ ①避雷针制作、安装;②跨接;③补刷(喷)油漆。

▌**定额工程量** ▌ 按"根""组""基"计算。

(1)现场制作、安装避雷针

①一般避雷针制作、安装。

● 制作包括:用镀锌钢管、圆钢焊接制作针身、针尖,针尖烫锡、刷漆。以针高度不同,分别以"根"计算。

● 制作不包括:拉线制作、底座加工。清单按规范附录 D.13 立项,以"kg"计算;定额用电气工程子目,以"t"计算。

● 安装:分别以烟囱上、屋面上、墙上、金属容器上等部位,按针的高度不同,以"根"或"组"计算;拉线安装,按 3 根拉线为一组,以"组"计算。

②独立(塔式)避雷针制作、安装。

● 制作:用圆钢、角钢焊接制作针身、针尖及烫锡、刷漆。清单与定额均按一般避雷针计算。

● 安装:以针高度不同,按"基"计算。

（2）成品避雷针安装

清单按此项目编码立项,定额用现场制作避雷针的安装子目计算。

**2）避雷引下线、均压环、避雷网安装**

**防雷及接地装置　　引下线　均压环　避雷网**

| 项目编码 | 项目名称 | 项目特征 | 计量单位 | 工程量计算规则 |
|---|---|---|---|---|
| 03040903 | 避雷引下线 | 名称;材质;规格;安装部位安装形式;断接卡子、箱材质、规格 | m | 按设计图示尺寸以长度计算(含附加长度) |
| 03040904 | 均压环 | 名称;材质;规格;安装形式 | | |
| 03040905 | 避雷网 | 名称;材质;规格;安装形式;混凝土块标号 | | |

**【释名】**外部防雷装置,由接闪器、引下线、避雷带和均压环等连接,形成一个笼形防雷体罩着建筑物,起到接闪、分流、屏蔽及均衡电位的功能。但是,有时将避雷网、避雷带、避雷线和均压环称为避雷线,或称为避雷带。注意防雷装置组成的称谓,避免误解影响计算,如图3.23所示。

①避雷引下线(接闪线):是将避雷针招引到的雷电引向接地综合体(装置),并泄散入大地的一种防直击雷的装置。它可用镀锌(圆钢、扁钢、钢绞线)、镀铜(圆钢、钢绞线),以及铜材和超绝缘材料等做成。因成本关系,常用前两种材料。或者用柱纵向主筋焊成通体替代引下线。

②避雷带(接闪带):用镀锌圆钢或扁钢,用支持卡子或混凝土支座敷设。坡屋面时,沿屋脊、坡脊、屋檐、天沟、檐角、山墙等部位设置;平屋顶时,沿女儿墙、屋顶构架、屋面楼梯间的屋顶等部位设置,上述部位敷设者为明装。暗装,敷设在屋面瓦下,最常见的是将 $2\phi8$ 圆钢埋入女儿墙混凝土压顶中的避雷带。无论明装或暗装,均应与引下线相连接,组成防直击雷的接闪装置。

③避雷网(接闪网):当屋顶面积较大时,在屋顶面用 $\phi6$ 镀锌圆钢或 40 mm × 4 mm,25 mm×4 mm 扁钢,焊连成 5,6 或 10 m 的方格明装网;或者用屋面板内钢筋网格焊接替代暗装避雷。它与坡屋面屋脊、坡脊、檐角、屋檐的避雷带连接成主网。还可增设辅助网,如悬山房屋的悬山处、歇山房屋半坡以上的山花处,可悬挂辅助网。无论明装或暗装网,均与引下线连接,组成直击雷的接闪装置。

④避雷线(接闪线):避雷带架空敷设,即为避雷线。

⑤均压环:也称水平避雷带(接闪带)。高层建(构)筑物为防止侧击雷,用镀锌圆钢或扁钢,或者用圈梁、框架梁的主筋,沿建筑物外围一周焊成闭环替代均压环,并与引下线焊连。高层建筑物 30 m 以下每三层设置一环,30 m 以上每两层设置一带。另一目的,是便于将每层

的金属门窗及较大的金属物体连接成等电位通路,防止侧击雷和电磁感应。

突出屋面的永久性金属旗杆、透气管、钢爬梯、金属烟囱、风窗、金属天沟等,都必须与避雷带、避雷网、引下线焊成一个整体,成为接闪装置之一。

■ **清单项目工作内容** ■ ● 避雷引下线:①避雷引下线制作、安装;②断接卡子、箱制作安装;③利用主钢筋焊接;④补刷(喷)油漆。

● 均压环:①均压环敷设;②钢铝窗接地;③柱主筋与圈梁焊接;④利用圈梁钢筋焊接;⑤补刷(喷)油漆。

● 避雷网:①避雷网制作、安装;②跨接;③混凝土块制作;④补刷(喷)油漆。

■ **定额工程量** ■ 按"延长米"计算。

(1)用镀锌钢材制作、安装(如图 3.23 低跨所示)

①引下线、避雷网、避雷带、避雷线和均压环制作安装,按图示尺寸以下式计算:

避雷线、网、带、环计算工程量 = 按图示尺寸计算长度

避雷线、网、带、环报价工程量 = 计算工程量 × (1 + 3.9% + 定额消耗量)

式中,附加长度3.9%。

②用混凝土块或支架敷设的避雷网或避雷线,其预制混凝土块制作、安装,间距 1 ~ 1.5 m,按"块"或"m³"计算,用《房建定额》;支架制作按"t"计算。暗设在女儿墙压顶中,或瓦屋面之下的网线,均按"m"计算。

(2)断接卡子制作、安装

断接卡子安装在室外地面上 0.3 ~ 1.8 m 处,以"套"计量。断接卡子保护箱制作、安装,清单按规范附录 D.13 立项,以"kg"计量;定额用电气工程。若箱内安装接地电阻测试板,用此子目计算。

(3)替代引下线的制作、安装

①利用建筑物柱纵向主筋两根(超出按比例增加)替代引下线,按柱中心线长度以"m"计算,仅为焊连工作,不计算附加长度及损耗。

②柱主筋作引下线,与圈梁或框架梁主筋作均压环(避雷带)相互焊连处,以"处"计量。注意钢筋根数和焊接情况的描述。

③利用金属构件替代引下线,以"m"计算,仅为焊连工作,不计算附加长度及损耗。其与均压环(避雷带)相互焊连处以"处"计量。注意焊接情况的描述。

(4)替代均压环的制作、安装

①利用建筑物圈梁或框架梁主筋两根(超出按比例增加),替代均压环或避雷带(水平接闪带)时,按梁中心线长度以"m"计算,仅为焊连工作,不计算附加长度及损耗。

②与柱主筋引下线的焊接,与(3)之②相同,以"处"计量。

③与钢铝窗或等电位箱(SEB,LEB)的连接,按"处"计算;当需要铁件时,另立项计算,见前述内容。

(5)替代避雷网(接闪网)的制作、安装

①利用现浇混凝土屋面板钢筋替代避雷网时,清单和定额均用"均压环"项目计算,注意钢筋根数和焊接情况的描述。

②与柱筋作引下线的焊接,与(3)之②相同,以"处"计量。

③跨接,这里指避雷网与引下线的连接线,按"处"计算,其余见接地母线的叙述。

(6)替代避雷带(接闪带)的制作、安装

与(4)均压环,或与(5)避雷网的计算相同。

〔注意〕

上述各项明装的镀锌圆钢及扁钢,其焊接处、钢筋露头处,包括涂防腐漆;在腐蚀性较强场所的避雷网、带、环及线,设计要求采取刷、涂、覆盖等防腐措施时,均用定额刷油工程。

## · 3.10.4　接地系统测试工程量 ·

**防雷及接地装置　　接地系统测试**

| 项目编码 | 项目名称 | 项目特征 | 计量单位 | 工程量计算规则 |
|---|---|---|---|---|
| 030414011 | 接地装置 | 名称;类别 | 系统;组 | 接设计图示系统或组数量计算 |

【释名】接地装置系统测试:一般用接地电阻仪测试绝缘电阻是否符合设计和规范要求。不符合时,一是加打接地极,再次测试电阻,这时应再计算一次接地装置系统调试,并计算增加的接地极和接地母线制作、安装,直至合格为止;二是换土或化学等处理措施,直至接地电阻符合要求为止。

■ **清单项目工作内容** ■接地电阻测试。

■ **定额工程量** ■以"组"或"系统"计量。

接地装置调试范围划分及计算:当接地极在 6 根及以内的接地网、独立避雷针的单独接地网、一台柱上变压器有一个独立的接地装置,称为"独立接地装置",以"组"计算;发电厂和变电所连成一体的母网、自成母网与厂区不相连的独立接地网、大型建筑群中相连的小网,以及不同的电阻值设计要求的、凡接地极在 6 根以上连成网状者称为"接地网",以"系统"计算。用建筑物和构筑物基础及桩基中钢筋焊接成一体代替接地网时,也以"系统"计算,用定额相应子目。

# 3.11　10 kV 及以下架空线路输配电安装工程量

【集解】架空输配电线路(Overhead Power Line)是架设于露天的电力线路,由杆塔、绝缘子、导线和金具,以及架空地线和接地装置等组成。杆塔有木杆、钢筋混凝土杆、铁塔;横担有木、铁、瓷横担;绝缘子有针式、棒式、悬式、蝶式等;导线有铝绞线、钢芯铝绞线、钢绞线、铜绞线及集束导线等;金具有连接、接续、拉线等类型,用来固定横担、绝缘子、拉线及导线。架空线路与电缆线路相比,其架设和检修方便,投资更省。所以,高电压电能远距离的输送,一般都用架空线路。10 kV及以下架空输配电线路的区位划分,如图3.26所示。

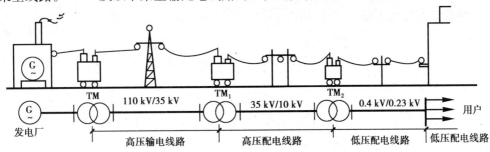

图3.26　架空输配电线路划分示意图

## 3.11.1　10 kV及以下架空线路输配电工程量

架空输配电线路安装报价时注意以下两点:

**1)按定额规定的系数计算**

架空线路属于线性工程,距离较长,涉及线路地形、杆基土质、杆基浇筑、杆塔组立、导线跨越及器材运输等,请仔细阅读定额的有关说明,以便正确计算。

**2)计算金具及材料数量**

①按施工图所列"杆塔组成明细表"计算电杆、横担、绝缘子、拉线及各种金具的数量,按企业成本库、市场价、定额预算价或合同价,计算它们的价值。

②架空线路是线性工程,运输量及运输难度大,计算器材运输量时应计算足够的损耗量。

## 3.11.2　线路电杆组立工程量

10 kV及以下架空输配电线路　　电杆组立

| 项目编码 | 项目名称 | 项目特征 | 计量单位 | 工程量计算规则 |
|---|---|---|---|---|
| 030410001 | 电杆组立 | 名称;材质;规格;类型;地形;土质;底盘、拉盘、卡盘规格;拉线材质、规格、类型;现浇基础类型、钢筋类型、规格,基础垫层要求;电杆防腐要求 | 根(基) | 按设计图示数量计算 |

【释名】电杆(Wire Pole)组立,是电力线路架设中的关键环节。它有两种组立形式:一是整体组立,横担、绝缘子及金具等在地面上组装在杆上,然后起立,高空作业量相对减少;二是分解组立,先立杆,再登杆组装横担、绝缘子及其他金具等。

■ **清单项目工作内容** ■①施工定位;②电杆组立;③土(石)方挖填;④底盘、拉盘、卡盘安装;⑤电杆防腐;⑥拉线制作、安装;⑦现浇基础、基础垫层;⑧工地运输。

■ **定额工程量** ■以"基"计量。

### 1)线路器材工地运输

(1)线路器材工地运输工程量

杆塔、横担、金具、绝缘子及导线盘等器材,按单位体积质量折算成总运输量"t"后,按"t/km"计算,其计算式如下:

线路器材运输计算工程量 = 按施工图计算运输的折算质量 + 包装物质量

线路器材运输报价工程量 = 计算运输质量 × (1 + 损耗率) + 包装物质量

损耗率可按定额计取或报价人自行决定。器材运输量折算,按定额章说明或按表 3.5 进行计算。表中 $W$ 为器材净质量,其中线缆应计算损耗和线盘质量。

**表 3.5　线路器材单位体积运输量折算表**

| 材料名称 | | 单　位 | 运输质量/kg | 备　注 |
|---|---|---|---|---|
| 混凝土制品 | 人工浇制 | m³ | 2 600 | 包括钢筋 |
| | 离心浇制 | | 2 860 | 包括钢筋 |
| 线材 | 导线 | kg | $[W]×1.15$ | 有线盘 |
| | 避雷线、拉线 | | $[W]×1.07$ | 无线盘 |
| | 块石、碎石、卵石 | m³ | 1 600 | 自然砂为 1 200 kg/m³ |
| | 黄砂(干中砂) | | 1 550 | |
| 水 | | kg | $[W]×1.20$ | |
| 金具、绝缘子 | | kg | $[W]×1.07$ | |
| 螺栓、垫圈、脚钉(穿钉) | | | $[W]×1.01$ | |

(2)运输方式

定额有汽车、人力与船舶,装卸按"t",运输按"t/km"计算。

(3)运输距离

工地运输,自工地仓库或材料集中堆放点运至线路各杆塔位的装卸、运输及空载回程等全部运输工作。运输距离的计算规定,见定额章说明。

### 2)杆坑土(石)方挖填方量

(1)杆基定位

杆基定位以线路施工图为依据,以"基"计量。

(2)杆坑土石方挖、填量

①按设计图示尺寸用下式计算,如图 3.27 所示:

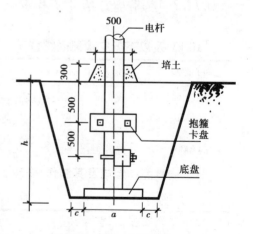

**图 3.27　杆坑、卡盘、底盘**

$$V = (a + 2c + kh)(b + 2c + kh)h + \frac{1}{3}k^2h^3$$

式中　$a,b$——底盘边宽；

　　　$c$——工作面宽，$c=0.1\ \mathrm{m}$；

　　　$h$——坑深，电杆设计埋置深度，或参考表 3.6 确定；

　　　$k$——放坡系数，普通土取 0.25，坚土取 0.33。

表 3.6　钢筋混凝土电杆规格、埋深、杆坑土石方量取值表

| 杆高/m | | 7 | 8 | | 9 | | 10 | | 11 | 12 | 13 | 15 |
|---|---|---|---|---|---|---|---|---|---|---|---|---|
| 梢径/mm | | 150 | 150 | 170 | 150 | 190 | 150 | 190 | 190 | 190 | 190 | 190 |
| 底径/mm | | 240 | 256 | 277 | 270 | 310 | 283 | 323 | 337 | 350 | 360 | 390 |
| 埋深/m | | 1.2 | 1.5 | | 1.6 | | 1.7 | | 1.8 | 1.9 | 2.0 | 2.5 |
| 杆重/kg | | 347 | 347 | 645 | 500 | 692 | 580 | 772 | 910 | 1 129 | 1 222 | 1 500 |
| 土方量/m³ 1:0.25 | 带底盘 | 1.36 | 1.78 | | 2.02 | | 3.39 | | 3.76 | 4.60 | 6.87 | 8.76 |
| | 不带底盘 | 0.82 | 1.07 | | 1.12 | | 2.03 | | 2.26 | 2.76 | 4.12 | 5.26 |
| 底盘规格/mm | | 600×600 | | | | | 800×800 | | | | 1 000×1 000 | |

②杆坑没有设计尺寸时，可按表 3.6 所列数值计取。

③杆坑"马道"，每个"马道"按 0.2 $\mathrm{m}^3$ 计算，并入杆坑土石方量内。

④拉线坑土石方量，计算方法与杆坑相同，可将方量计入杆坑土石方量中。

⑤杆坑填方量不扣除埋入坑内的电杆、底盘、拉线盘体积。

杆坑、拉线坑的土石方挖、填，按土质不同用定额相应子目计算。

### 3)底盘、拉线盘、卡盘安装

"三盘"安装包括相应金具安装，以"块"计量，不安装时不计算。

### 4)杆塔基础

杆塔基础现浇垫层、基础及灌注桩等，以"$\mathrm{m}^3$"计算。

### 5)防腐

基础刷沥青漆按"$\mathrm{m}^2$"计算；拉线棒刷沥青漆按"根"计算。

### 6)杆塔组立

以电杆材质及杆高度不同，分别以"基"计量，∏ 字形杆按两根单杆计算。

### 7)拉线类型和组成及其制作、安装

(1)拉线类型

拉线类型如图 3.28 所示。

(2)拉线组成

以普通拉线为准，如图 3.28(a)所示。其组成为：①拉线抱箍；②上把钢绞线 GJ 2×25；③拉紧绝缘子；④中把钢绞线 GJ 2×25；⑤花篮螺栓；⑥底把钢绞线 GJ 2×25 或 $\phi(16\sim34)l=$

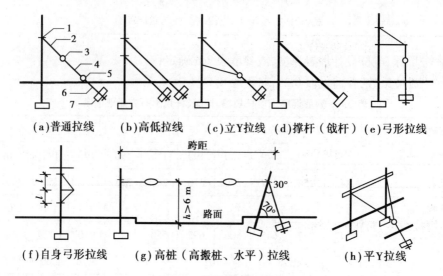

(a)普通拉线　　(b)高低拉线　　(c)立Y拉线　(d)撑杆（戗杆）(e)弓形拉线

(f)自身弓形拉线　　(g)高桩（高搬桩、水平）拉线　　(h)平Y拉线

图 3.28　拉线类型及组成

2 m 镀锌拉线棒；⑦拉线盘(LP)。

（3）拉线制作、安装

拉线一般用镀锌钢绞线（GJ）制作，以"根"计量，高低（双并）形、V 形或 Y 形拉线按两根计算。拉线价值按长度（质量）计算。拉线长度按设计图示尺寸计取，无规定时按定额说明计取，或按下述方法计算，如图 3.29 所示。拉线的制作、安装，包括相应的金具安装。

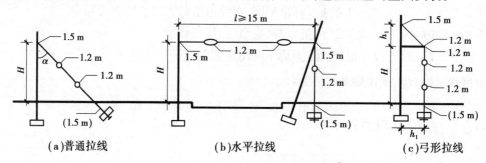

(a)普通拉线　　　　　(b)水平拉线　　　　　(c)弓形拉线

图 3.29　拉线长度计算

①普通拉线长度计算式为：

$$L = H \cdot \frac{1}{\sin \alpha} + \sum A$$

式中　$L$——拉线长度按 m 或"kg"计算。

　　　$H$——拉线在电杆上的安装高度，m。

　$\sin \alpha$——拉线与地面夹角 $\alpha$，拉线安装高度 $H$ 与拉线长度 $L$，拉线坑与杆坑距离 $S$ 的三角函数关系，如表 3.7 所示。

　$\sum A$——拉线各绑扎点所需预留长度值 m，如图 3.29 所示。拉线抱箍处预留 1.5 m；拉线环或拉紧绝缘子处预留 1.2 m；不用拉线棒用钢绞线（GJ）与地横木（石）捆绑时为 1.5 m。

**表 3.7 拉线长度、拉线坑与杆坑距计算**

| 拉线与<br>地面夹角 $\alpha$ | 拉线长度 $L$<br>$\dfrac{1}{\sin \alpha}$ | 拉线坑与<br>杆坑距离 $S$ | |
|---|---|---|---|
| 15° | 3.863 7 $H$ | 3.732 0 $H$ | 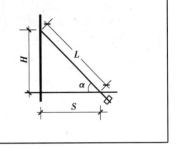 |
| 30° | 2.000 0 $H$ | 1.732 1 $H$ | |
| 45° | 1.414 2 $H$ | 1.000 0 $H$ | |
| 60° | 1.154 7 $H$ | 0.577 3 $H$ | |

②当用拉线棒,跨距 $l = 15$ m 时,水平拉线长度计算如下:

$$L_{水} = \frac{H}{\sin 45°} + l + \sum A$$
$$= 1.414\ 2H + 15 \text{ m} + 3 \times 1.5 \text{ m} + 3 \times 1.2 \text{ m}$$
$$= 23.1 \text{ m} + 1.414\ 2H$$

③当不用拉线棒时,弓形拉线长度计算如下:

$$L_{弓} = 斜拉线长 + 竖拉线长 H + \sum A$$
$$= 1.414\ 2 \times h_1 + H + 3 \times 1.5 \text{ m} + 2 \times 1.2 \text{ m}$$
$$= 1.414\ 2 \times h_1 + H + 6.9 \text{ m}$$

当 $h_1 = 1.5$ m 时,

$$L_{弓} = 2.121\ 3 \text{ m} + H + 6.9 \text{ m} = 9.021\ 3 \text{ m} + H$$

④拉线坑土石方量计算见杆坑土石方量的计算方法。

## • *3.11.3 线路横担组装工程量* •

### 10 kV 及以下架空输配电线路　横担组装

| 项目编码 | 项目名称 | 项目特征 | 计量单位 | 工程量计算规则 |
|---|---|---|---|---|
| 030410002 | 横担组装 | 名称;材质;规格;类型;电压等级(kV);瓷瓶型号、规格;金具品种规格 | 组 | 按设计图示数量计算 |

【释名】横担:安装在电线杆顶与线路成横向固定的线路支持体,在其上安装绝缘子及金具,以支承导线、避雷线,并使之按规定保持一定的安全距离。其按用途不同分为直线、转角、耐张横担;按材料不同分为铁横担、瓷横担、复合型横担、进户横担及街码金具;按电压等级不同分为 1 kV 及以下、10 kV 及以下等横担。横担为工厂制品,必须热镀锌。

▋清单项目工作内容▋①横担组装;②瓷瓶、金具组装。

▌定额工程量▌以"组"计量。

(1)横担及相应金具的组装

①10 kV及以下横担组装。横担按导线要求,分为三角形、扁三角形(乌鹊型)、水平排列、垂直排列,如图3.30所示。横担材质有铁、木、瓷;承力情况有直线杆、承力杆;组成分为单、双横担。按"组"计量。

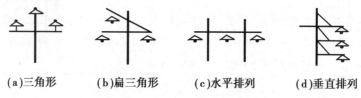

(a)三角形　　(b)扁三角形　　(c)水平排列　　(d)垂直排列

图3.30　导线排列与横担组装形式

②1 kV及以下横担及街码金具安装:分2,4,6线;材质有铁、瓷、木;有单、双根;按"组"计量。

③横担为工厂镀锌产品,工地加工时按"t"计算制作,除锈、刷环氧沥青漆及镀锌分别另计,见前述内容。

(2)绝缘子安装

耐张绝缘子、普通绝缘子及箝位绝缘子安装,并摇测绝缘电阻,按"片"和"只"计算。

### · 3.11.4　线路导线架设及进户装置安装工程量 ·

10 kV及以下架空输配电线路　　导线架设　进户装置

| 项目编码 | 项目名称 | 项目特征 | 计量单位 | 工程量计算规则 |
|---|---|---|---|---|
| 030410003 | 导线架设 | 名称;型号;规格;地形;跨越类型 | km | 按设计图示尺寸以单线长度计算(含预留长度) |

【释名】导线架设(Construction of Overhead Lines):将金属导线按设计要求,用金具将导线敷设在组立好的杆塔上。工作主要有准备、放线、连接和紧线等工序,应注意计算。

①准备工作(材料充足,必要备品):

● 现场调查制订放线、紧线措施;

● 修通道,布置线盘场地;

● 拆除线路中的障碍物及需要拆除的房屋;

● 导线跨越架的搭设,并取得有关部门的支持;

● 做好临时拉线;

● 准备好悬垂绝缘子串及放线滑轮。

②放线:将导线或避雷线从线盘上放开,方法有拖放法、展放法和张力法等。

③导线连接:有传统的编织绞接、线夹、钳压、液压、爆破和焊接等方法。

④紧线:有单线、双线和三线3种紧线法,观测导线弛度,安装跳线,制作耐张终端。

▌清单项目工作内容▌①导线架设;②导线跨越及进户线架设;③工地运输。

■ **定额工程量** ■ 以"km 单线"计量。

**1) 导线架设**

10 kV 及以下架空输配电线路,线材有绝缘铝绞线、裸铝绞线(LJ)、钢芯铝绞线(LGJ)、1 kV 以下低压电力电缆和集束导线。导线架设包括直线接头连接、耐张终端头制作、跳线安装、驰度观测等工作。

导线架设以线路工程图示长度尺寸,加预留长度以"km"计量,按下式计算:

$$导线计算工程量 = 图示导线单根线路长度 \times 根数$$

$$导线报价工程量 = (导线计算工程量 + \sum 预留长度) \times$$
$$(1 + 导线弛度 1\% + 定额消耗量)$$

式中,导线预留 = 转角预留 + 分支预留 + 交叉预留 + 接头长度 + 与设备连接长度。按设计长度计取,或按规范附录 D.15.7-7 计取,或按定额说明计取,或按表 3.8 计取。

**表 3.8 架空导线预留长度** 单位:m

| | | |
|---|---|---|
| 高压(10 kV 及以下) | 转角 | 2.5 |
| | 分支、终端 | 2.0 |
| 低压(1 kV 及以下) | 分支、终端 | 0.5 |
| | 交叉、跳线转角 | 1.5 |
| 与设备连接 | | 0.5 |
| 进、出户线 | | 2.5 |

**2) 导线跨越障碍物**

①障碍物:指电力线、通信线、公路、铁路、河流、房屋及经济作物等,广播线路不计跨越。

②跨越工作:跨越架与安全网搭设及拆除,监护跨越的工作人员及第三者和被跨越物的安全以及保护等工作。

③跨越障碍物以"处"计量,跨越一种障碍物即计算"1 处";跨越档内有两种以上障碍物,每一种应视为"1 处",用相应子目计算。跨越带电电力线、电气化铁路时,按定额说明计算。

**3) 进户线架设及进户装置安装**

(1)1 kV 以下低压进户线及进户装置安装

①低压进户线架设(人们称接户线、引下线)如图 3.31 所示。进户线必须采用绝缘导线,其导线长度可按电杆至建筑物距离的图示尺寸计算,不计导线弛度。

$$进户线计算工程量 L = 单根导线长度(电杆至建筑物距离) \times 导线根数$$

$$进户线报价工程量 L = [导线单根计算长度 + 预留长度 2.5 \text{ m}] \times$$
$$导线根数 \times 定额消耗量$$

式中,导线预留长度如表 3.8 所示。

②低压进户装置由进户横担、绝缘子、防水弯头、支撑铁件及螺栓等组成。进户装置以横担安装为主,按一端埋设、两端埋设,以"根"计量。横担现场制作见前述内容。

(2)10 kV 及以下高压进户线及进户装置安装

①高压进户线架设:长度按图示尺寸计算,用架线子目。

②高压进户装置组成及安装:高压悬式绝缘子、导线金具、横担、穿通板、高压穿墙套管、避雷器、避雷器接地线及避雷器支架等组成,如图 3.32 所示。横担两端埋设以"根"计量;悬式及蝶式绝缘子按"片"计算;穿通板、穿墙套管、避雷器安装,见 3.2 节的叙述。

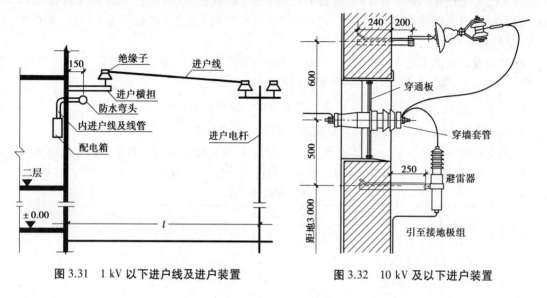

图 3.31  1 kV 以下进户线及进户装置    图 3.32  10 kV 及以下进户装置

# 3.12  电气设备调试工程量

## · 3.12.1  电气设备调试 ·

①电气设备调试的范围:内容很多,涉及两大范围,一是从发电、输电到配电等电气工程相关系统的电气设备调试;二是燃煤发电厂、太阳能发电站设备的整体启动调试。只能选择从发电、输电到配电等电气工程中常见的电气系统设备进行叙述,如变压器系统、输配电装置系统、母线系统和智能配电等系统的设备调试。

②电气系统设备调试的划分:一般以变压器为界,高压侧 10 kV 及以下的系统设备;低压侧 1 kV 及以下的系统设备,如图 3.33 所示。

③对被调试设备的要求:必须是新的合格设备,发生因潮润而烘干、因电缆故障而查寻、因设备元件缺陷而更换或修改、因元件质劣而影响调试等,应另列项计算。经修改或拆迁的旧设备调试,报价时定额乘以系数 1.15,或按实计取。

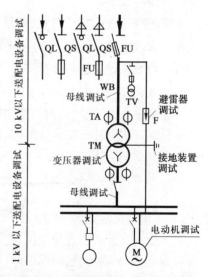

图 3.33  电气系统调试范围示意图

④不计算电气调试的设备及装置:移动式电气、以插座连接的家用电器设备及电量计量装置。

⑤调试的电源:调试的电源必须是永久电源,电费包含在工程费其他费用中。当为临时电源时,应另行计算。如要单独计算调试电费时,按实际表量计取。

⑥电气设备调试仪器:调试应用了大量的仪器仪表,注意其台班费的计算。

## · 3.12.2 电力变压器系统调试工程量 ·

**电气设备调试　　电力变压器系统调试**

| 项目编码 | 项目名称 | 项目特征 | 计量单位 | 工程量计算规则 |
|---|---|---|---|---|
| 030414001 | 电力变压器系统 | 名称;型号;容量(kV·A) | 系统 | 按设计图示数量计算 |

【释名】10 kV 及以下电力变压器系统调试,施工方按规范要求进行模拟试运行符合要求后,带电连续空载 24 h 试运行,无异常,交验。负荷试运行由发包人主持,施工方等参加。

■ **清单项目工作内容** ■ 系统调试。

■ **定额工程量** ■ 以变压器容量分挡,按"系统"计量。

(1)电力变压器系统调试内容

①系统调试,是指对以变压器为主,由断路器、互感器、隔离开关、风冷及油循环系统电气装置,常规保护装置,及一、二次回路等组成系统的设备调试。注意定额系数的计算。

②系统调试的划分,是按每个电压侧有一台断路器考虑的,若多余一台时,按相应的电压等级另计算输配电系统设备的调试,如图 3.33 所示。

(2)电力变压器系统调试不包括的内容

①电力变压器系统的 24~72 h 负荷试运行,由建设单位主持试验,另列项计量。

②电力变压器系统中的母线、自动投入装置、保护装置等系统和接地网的调试,应另立项计量。清单按规范附录 D.14 立项,定额用相应子目。

## · 3.12.3 输(送)配电装置系统调试工程量 ·

**电气设备调试　　输(送)配电装置系统调试**

| 项目编码 | 项目名称 | 项目特征 | 计量单位 | 工程量计算规则 |
|---|---|---|---|---|
| 030414002 | 输(送)配电装置系统 | 名称;型号;电压等级(kV);类型 | 系统 | 按设计图示数量计算 |

【释名】输(送)配电装置系统调试:是指 1 kV 以下及 10 kV 及以下各种送配电装置和低压供电(交流、直流)回路装置系统的调试。

■ **清单项目工作内容** ■ 系统调试。

▌**定额工程量**▌ 按"系统"计量。

(1)交流 1 kV 以下输(送)配电系统调试

①交流 1 kV 以下(低压侧)输(送)配电装置系统特别多,该子目只适用于低压供电回路及照明供电回路系统的调试,如图 3.33 所示。其系统范围划分如下:

• 从开闭所低压配电柜中以每一台断路器(空气开关)引出至分配电箱的供电回路(包括照明回路)为一个系统,多一台断路器,则按两个系统计算。

• 凡是在回路中有需要在施工时作调试的元件,如仪表、继电器、电磁开关等(不包括刀开关、保险器),均属调试系统。

• 供电系统中配电箱直接到电动机的回路系统,在电动机检查接线调试中进行计算,不作为 1 kV 以下输(送)配电装置系统调试,如图 3.33 所示。

②系统调试工作范围。调试包括:断路器、自动开关、隔离开关、常规保护装置、电测量仪表、电力电缆等及一、二次回路系统的调试。

〔**注意**〕

下列各项不能计算 1 kV 以下交流输(送)配电装置系统的调试:

①系统中有移动式电器、插座箱或插座连接的民用家电设备或者装置,不计算调试。

②系统中的调试元件(仪表、继电器、电磁开关等)单独安装时,不当作设备或装置调试,只作为"校验"处理,按校验单位收费标准计费,但安装另计。

③低压供电回路中的电度表、保险器、闸刀开关等,只是试通或试亮工作,不作为装置调试。

④一般住宅、学校、办公楼、旅馆、商店等民用电气工程的供电设备调试,按下述方法计算:

• 在配电室内的盘、箱、柜和照明主配电箱内,带有需要在施工安装时调试的元件,如仪表、继电器、电磁开关等,按"1 kV 以下交流输(送)配电系统调试"计算。

• 在盘、箱、柜和照明主配电箱内中,需要调试的电气元件,在生产厂已按固定常数调整好的,施工安装时不需再进行调试的,不计算装置调试。

• 民用电度表调整与校验由供电部门专业管理,施工安装时不计算调试。

⑤高标准的高层建筑、高级宾馆、大会堂、体育场馆等,具有较高控制技术的电气工程(包括照明工程中由程控调光控制的装饰灯具等),应按控制方式用相应的电气调试定额。

(2)交流 10 kV 及以下输(送)配电系统调试

①交流 10 kV 及以下输(送)配电系统,指配电系统高压侧的装置。系统按每个电压侧配一台断路器,或负荷隔离开关、电抗器为一个系统,多一台断路器,则按两个系统计算。供电桥回路中的断路器、母线分段的断路器,均作为独立的装置系统调试计量,如图 3.35 所示。

②交流 10 kV 及以下输(送)配电装置系统调试工作及范围:变压器前端的开关柜和连接柜的电力电缆、瓷瓶耐压、电测量仪表、常规保护装置及一、二次回路系统的调试,如图 3.33 及图 3.34 所示。

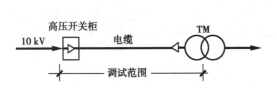

图 3.34　交流 10 kV 及以下输(送)配电装置调试

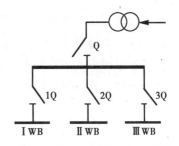

图 3.35　备用电源自动投入装置

## · 3.12.4　自动投入装置系统调试工程量 ·

**电气设备调试　　自动投入装置系统调试**

| 项目编码 | 项目名称 | 项目特征 | 计量单位 | 工程量计算规则 |
|---|---|---|---|---|
| 030414004 | 自动投入装置 | 名称;类型 | 系统(台、套) | 按设计图示数量计算 |

【释名】自动投入装置:当主供电源发生失压或降到设定值时,自动重合闸或备用电源在设定时间内启动或投入,以保证线路畅通或电源供给的自动化装置。种类较多,如备用电源自投装置、备用电机自投装置、线路自动重合闸、综合重合闸等。

■ **清单项目工作内容** ■ 调试。

■ **定额工程量** ■ 按"系统"或"套"计量。

(1)备用电源自动投入装置调试

其调试计算按连锁机构的个数来确定"套"或"系统"。如一台变压器作为三段工作母线的备用电源时,应计算 3 个自动投入装置调试,如图 3.35 所示。

(2)输(送)配电线路自动重合闸系统调试

输(送)配电线路用自动重合闸投入或用综合重合闸投入装置来保证线路畅通时,均按系统中自动断路器的台数,计算系统调试工程量。

## · 3.12.5　母线系统调试工程量 ·

**电气设备调试　　母线系统调试**

| 项目编码 | 项目名称 | 项目特征 | 计量单位 | 工程量计算规则 |
|---|---|---|---|---|
| 030414008 | 母线 | 名称;电压等级(kV) | 段 | 按设计图示数量计算 |

【释名】母线系统,由母线、穿墙套管和支柱绝缘子及一、二次回路组成。用高压发生器进行耐压试验,用高压绝缘电阻测试仪测试母线接触电阻,用数字高压表及电感电容测试仪等进行相应测试试验。试验达到要求后,通电空载连续运行 24 h 无异常现象,调试完毕。

■ **清单项目工作内容** ■ 调试。

■ **定额工程量** ■ 以"段"计量。

（1）交流 10 kV 及以下母线调试范围划分

母线系统上有一组电压互感器（TV）时，划分为一个段，如图 3.33 所示。

（2）交流 1 kV 以下母线调试范围划分

1 kV 以下母线调试，不含电压互感器调试，低压配电装置的各种母线调试均按此子目计算。动力配电箱至电动机的母线综合在电动机调试中计算，如图 3.33 所示。

## · *3.12.6　配电智能系统调试工程量* ·

**电气设备调试　　配电智能系统调试**

| 项目编码 | 项目名称 | 项目特征 | 计量单位 | 工程量计算规则 |
|---|---|---|---|---|
| 030414002 | 送配电装置系统 | 名称；型号；压等级（kV）；类型 | 系统 | 按设计图示系统计算 |

【**释名**】配电智能系统，是智能电网从发电、输电、变电、配电、用电及调度等智能系统整合体中一个很重要的环节系统。配电智能系统由内部及外部系统组成。内部系统，有配电主站、子站及通信网络 3 个分系统；外部系统，有营销、调度、监测等企业管理的 7 个分系统。

①主站：是核心，通过通信网络对子站进行电网调度、监测、分析与控制功能的实施。

②子站：分监控型与通信汇集型子站。监控型：对电网运行进行监控，对故障及时作出预警；通信汇集型：收集、调整、汇集电网运行的参数。均将信息传输至自动化控制终端（馈线终端、站所终端、配变终端），以便主站实施控制。

③通信网络系统：是主站与子站、子站与子站间的通信网络系统层，可用公网、光纤专网或电力载波通信方式等进行"三遥"（遥测、遥信、遥控）或"四遥"（遥测、遥信、遥控、遥调）的信息上传下达。

- 遥测——远方测量并显示电流、电压、功率、压力、温度、报警等模拟量；
- 遥信——远方监视电气开关和设备、机械设备的工作状态和运转状态等；
- 遥控——远方控制或保护电气设备及电气化机械设备的分、合、启、停等工作状态；
- 遥调——远方设定及调整所控设备的工作参数、标准参数等。

■ **清单项目工作内容** ■ 清单规范未列"配电智能系统调试"项目，暂按 030414002 立项。

■ **定额工程量** ■ 主（子）站与终端联调、主站与子站联调，均按"系统"计量。

①主（子）站与终端联调：主要检查控制权限，测试三遥功能，检测保护功能，传动试验及规约等调试。一个站点为一个"系统"，以"三遥"为准，若增加"遥调"相应定额乘以系数 1.2。

②主站与子站联调：主站对子站及通信系统拥有绝对的指挥功能，故主要进行规约调试、三遥信息上传下达测试、信息核对等。计算要求同①。

# 3.13　电气设备安装工程与其他册定额的关系

## · *3.13.1　电气设备安装工程与其他册定额的关系* ·

〔提示〕

定额第四册《电气工程》，主要是对电力和电气设备安装与调试的计算，其他册定额需要电力驱动时，必然与定额电气工程相关，下面列举常用定额的关系，帮助理解防止漏项。

### 1) 与第一册《机械设备安装工程》定额的关系

第一册定额，其机械设备的电气箱盘、开关控制设备、配管配线、电缆敷设、照明装置、控制信号装置的安装和电气调试，以及电机的检查接线及调试，均使用定额电气工程。

### 2) 与第五册《建筑智能化工程》定额的关系

第五册定额，涉及综合布线系统(PDS)、通信系统(CAS)、计算机网络系统(INS)、建筑设备监控系统(BAS)、有线电视系统(CATV)、扩声及背景音乐系统、电源与电子设备防雷接地装置、停车场管理系统、楼宇安全防范系统(SAS)和住宅小区智能化系统等设备的安装。上述系统的电源线缆敷设、电气控制设备、线缆支吊架制作安装、线槽与桥架安装、线缆配管、电缆保护管、电缆沟挖填、电控系统调试、送配电设备调试，以及系统电杆组立、建筑物防雷和接地装置安装与调试等，均用定额电气工程。

### 3) 与第六册《自动化控制仪表安装工程》定额的关系

自动化控制装置的专用盘、箱安装，用本册定额。自动化控制装置工程的电气箱、电源及其配电盘及其他电气设备安装，电缆敷设与电气配管配线，自动化控制装置的接地，用定额电气工程。

### 4) 与第七册《通风空调工程》定额的关系

通风空调系统的电气控制设备、电源线缆、线缆支吊架制作安装、配管配线、线箱线盒、电动机检查接线及调试、风管防静电跨接、风机盘管三速开关安装，正压送风阀、排烟阀、防火阀的电动执行机构配线用定额电气工程；风阀执行器、传感器的安装与调试，用定额建筑智能工程。

### 5) 与第八册《工业管道工程》定额的关系

大型水冷变压器水冷系统，其中管道系统中的电控阀、电磁阀等，阀体安装及阀门自带的电动机安装，用本册定额。其阀体传动电机的配管配线、检查接线、校线、控制调试、防雷接地等，用定额电气工程或自动化仪表工程。

6)与第九册《消防工程》定额的关系

火灾消防系统的电源线缆、电气控制设备、线缆支吊架制作与安装、线槽、桥架、配管配线、线箱线盒、电动机检查接线及调试、电控系统调试、防雷接地装置安装及调试等,均使用电气工程定额;消防报警设备的检查接线、校线等,用定额自动化仪表工程。

7)与第十一册《通信设备及线路工程》定额的关系

通信设备安装,从通信用的电源盘开始,用本册定额。通信工程的电源线缆和电控室的电气设备、照明器安装,载波通信用的阻波器、滤波器、耦合电容器等,凡安装在变电所范围内的,均使用定额电气工程。

8)电气箱、盘、柜安装

电气工程、建筑智能工程、自动化仪表工程及通信设备工程定额中,均列有电源箱、盘、柜安装。因箱、盘、柜内装的设备、规格、容量、回路数以自动化程度及专业各不相同。因此,一律按各册规定的适用范围使用,其安装不要任意选用定额。

## · 3.13.2 安装工程造价相关费用的计算 ·

【不要遗漏】定额相关费用的计算。在编制各个专业安装工程定额时,都制定了适合该专业特点相关费用的计取,如子目系数和综合系数的计取,高层建筑增加费,操作超高增加费,脚手架搭拆及摊销费,系统调整试验费,试运行水、电、气、油等消耗费,水平、垂直超距离运输费,安装与生产同时进行降效费,在有害健康环境施工降效增加费等。这些费用列在定额总说明或册、章说明之中,根据工程实际条件,按规定进行计取,不要遗漏,也不要各取所需,在后面相关专业工程计价中不再赘述。

# 复习思考题 3

3.1 计算了电气系统工程量后,你觉得它是否具有安装工程量计算规律的代表性? 若有,规律是什么?

3.2 比较才有鉴别,学了本章之后,试将土建工程定额与安装工程定额进行比较,相同点与不同点是哪些? 它们计算的特点与规律各是什么?

3.3 电气系统有哪些调试(整)工作? 哪些用系数计算? 哪些用定额子目计算?

3.4 电气产品日新月异,产品繁多,如果定额中没有相应的子目可以使用,你该怎么办?

3.5 柜、屏、箱、盘(板)的安装用同一定额吗? 为什么?

3.6 在多册定额中都有操作台、控制台,操作箱、控制箱,操作柜、控制柜,操作屏、控制屏,是否属于同一概念? 它们的工程量怎样计算? 能用同一定额子目吗? 为什么?

3.7 请仔细阅读 3.13 节列出的定额交叉关系,是否有遗漏? 若有,请你补充,在学习其他册定额时,也请你归纳交叉关系。

3.8 将本章工程量定额的计算规则与《通用安装工程工程量计算规范》(GB 50856—2013)中"附录 D 电气设备安装工程"的计算规则逐一对比,并找出它们的对应关系。

# 4　智能建筑设备安装工程

【集解】20世纪50年代,用传统的布线技术组成了初步自动控制的建筑系统。"4大高新技术"(计算机、微处理控制、通信及图像可视化)的出现,又由于综合布线技术突破了传统布线技术,再加上网络技术的促使,在传统自动控制建筑系统的基础上,于20世纪80年代催生了智能建筑(Intelligent Building,IB)。IB又随着子系统智能化集成技术的发展,又加上光纤网络技术的融入,不仅促使智能建筑上了一个平台,还出现了智能小区、智能城市(Smart City)。近年来光纤进户(FTTH)加速了智能家居的发展。

　　IB由多个集成子系统组成,如信息网络、通信网络、综合布线、建筑设备自动化、安全防范、火灾报警及消防工程等子系统。这些子系统无论是组成的设备和器材元件,实施安装的工艺和方法,以及检测试验和调试运转等,都具有很强的专业性和独立性。所以,有的子系统一般由专业施工队伍单独进行安装施工。对专业内容繁多的子系统,若仅仅在"智能建筑设备安装工程"这一章中进行计量与计价的叙述,势必带来篇幅冗长、叙述不清的弊端。为此,只好按各子系统专业特性和独立性的特点,在后面设立不同的章节分别对他们进行叙述。

## 4.1　智能建筑

### 1)传统自动控制建筑

　　用线性控制理论和确定性模型设计的系统,其输入、输出定值的信息,系统与设备、与人、与外界环境互不进行交换和对话,这种封闭独立自控式的建筑称为"传统自动控制建筑"。

### 2)智能建筑

　　IB与传统自控建筑的不同点是,在传统控制系统的基础上进行智能化,并将其进行综合集成(Intelligent Building System Integration,IBS)后的结果。

　　IB首先以现代"4大高新技术"的集成为基础,按建筑物的"4个基本要素"(即结构、系统、服务和管理及相互间的内在联系),对相应的控制系统进行精心的智能化集成设计,并通过集成实施,最后获得一个新的有机综合性的智能大系统。这个集成化、模块化和网络化的系统,除具有自寻优、自适应、自组织、自学习、自协调、自判断及自修复等能力外,还向人们提供了一个安全、高效、舒适、便利的建筑环境。对这种具有"思维智慧"的建筑物,我们称它为"智能建筑(IB)"。

## 4.2　智能建筑集成系统的组成

IB 主要是对楼宇自动化（BA）、通信自动化（CA）、办公自动化（OA），即对"3A"子系统进行智能化集成的实施。随着科技的进步，"3A"系统（有"5A"和"6A"之说）所含系统还处在不断地更新和发展中。将这些专业性和独立性很强的系统，通过综合布线系统的连接、整合与集成，形成了系统间相互交换信息、互为关联的一个新的综合体集成大系统。其 IB 集成系统的组成关系，如图4.1 所示。

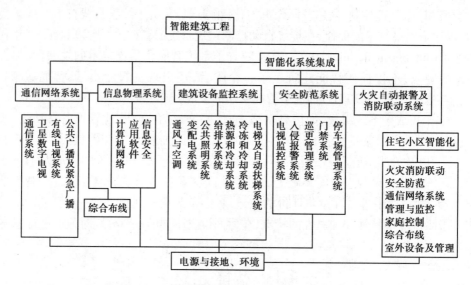

**图 4.1　智能建筑工程体系构成**

## 4.3　智能建筑设备安装工程量计算综述

IB 集成涉及的系统多、专业也多，发展也快，要求计价人员必须具有较宽的专业知识和相应的机电市场产品变动适应能力，计量与计价时才能得心应手。IB 各系统是用布线系统连接相应装置和设备而成的，必须弄清各系统的组成。首先要深入分析图纸资料，如系统用的线缆、器材、管道、材料、元器件的类别、型号、规格和安装部位；对加工制作和安装工艺的要求；系统装置和设备的名称、型号、规格及数量；对安装工期及季节性的要求；与土建、装饰或相关安装专业交叉的要求和影响；对运输及安装环境、地理气候等的情况或要求；以及对系统的检测、调整、调试和试运转等的要求，必须弄清楚。当项目复杂时，最好拟订一个提纲，理顺思路，确定各部分计算的先后顺序，准备好计算工具；然后按安装工程定额或计算规范的规则和计算要求立项，并参照《智能建筑工程质量验收规范》（GB 50339—2013）等规定进行计算。下面以不同的章节，对各专业系统的计量与计价和调试要求等进行叙述。

# 5 建筑与建筑群综合布线系统工程

## 5.1 建筑与建筑群综合布线系统

### 1)传统布线系统

设置建筑设备是为了提高建筑物的使用功能和服务水平,但量多分散,为了实现对其监视与控制,用线缆及终端插座等将相关的控制、仪表、信号显示等装置连成系统,传输与发送相应的控制信号,称为传统布线系统。用这种布线方式建成的是独立体系,体系之间与设备之间互不联系又不兼容,其弊端也在于此。

### 2)综合布线系统(Premises Distribution System,PDS)

IB 是用现代四大技术集成的产物,这个有机整合的大体系是借助于 PDS 将"3A"综合集成而达到。PDS 突破传统布线弊端,用具有各种功能的标准化接口,通过各种线缆,将设备、体系相互之间连接起来,综合集成一个既模块化又智能化,其灵活性、可靠性极高,可独立、可兼容、可扩展,能满足"3A"系统智能集成,既经济又易维护的一种优越性很高的信息传输系统,称为综合布线系统。

PDS 是建筑与建筑群之间以商务环境和办公自动化环境为主的布线系统,如图5.1 所示。此外,还有两种先进的系统:一是智能大厦综合布线系统(IBS),以大楼环境和管理环境进行控制的系统;二是工业综合布线系统(IDS),它是传输各类特种信息和适应快速变化的以工业通信为主的布线系统。

### 3)PDS 与传统布线体系工程量计算的差异

传统布线体系的计算,前面电气设备安装工程已叙述。IB 的一些子系统,是在传统布线体系基础上延伸而来,所以工程量计算的思路和方法是互通的、互借的。如计算网络、闭路电视监控、CATV、电话通信、扩声及公共广播等子系统,用综合布线体系连接后,就具有综合布线系统的特点,不同于传统布线:线缆不同;有很多配线架、跳线架和各种接口;施工工艺不同;检测验收要求不同等。所以,要弄清楚综合布线系统各部分的组成,组成的线缆、器材、元器件要求,安装和工艺的要求,检查、测试、验收的要求等,才能正确地计算工程量。下面分别叙述。

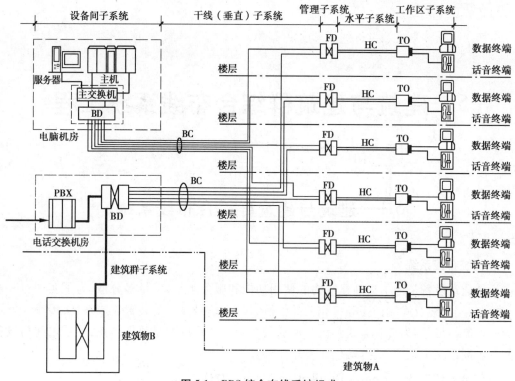

图5.1　PDS综合布线系统组成

## 5.2　建筑与建筑群综合布线系统的组成

综合布线系统由工作区、水平、管理、干线(垂直)、设备和建筑群6个子系统组成,如图5.2所示。

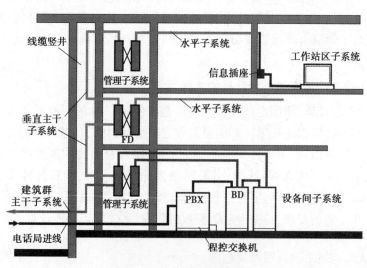

图5.2　PDS子系统的组成

**1）工作区子系统（Work Location）**

工作区子系统是终端设备到信息插座之间的一个工作区间，由信息插座、跳线、终端设备组成，如图5.3所示。

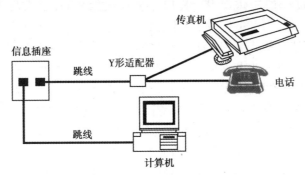

图5.3 工作区子系统及终端设备

①终端设备：指通用和专用的输入和输出设备，如语音设备（电话机）、传真机、电视机、计算机（PC）、监视器、传感器或综合业务数字网（ISDN）终端等。

②线缆或跳线：配三类、五类或超五类双绞线缆，配接 RJ45 插头的光缆或铜缆直通式数据跳线或电视同轴电缆连接线等，一般长度不超过 3 m。

③线缆插头、插座：与线缆配套，有明装、暗装、墙面、地板上安装，如图5.4所示。

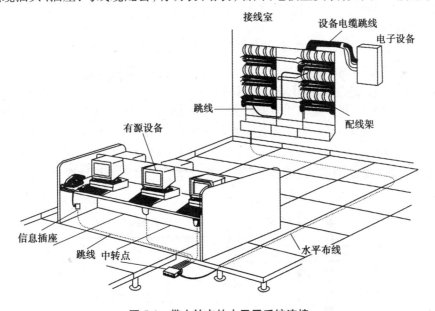

图5.4 带中转点的水平子系统连接

④导线分支与接续：可用 Y 形适配器、两用盒、中途转点盒、RJ45 标准接口、无源或有源转接器等。

**2）水平子系统（Horizontal）**

水平子系统由建筑物内各层的配电间至各工作子系统（信息插座）之间的配线、配管和配线架等组成。

①配管:导管(线管)用金属、非金属管或线槽,沿墙或沿地面敷设。

②配线:常用无屏蔽双绞线缆(UTP,4 对 100 Ω)、屏蔽双绞线缆(STP,2 对 150 Ω)、同轴射频电缆(50 Ω 或 75 Ω)、多模光纤缆(62.5/125 μm)。

a.双绞线缆:长度一般不大于 90 m,加上桌面跳线 6 m,配线跳线 3 m,总长不超过 90~100 m。故水平子系统双绞线缆的备料计算如下:

$$平均每信息点电缆长度 = (最远点电缆长 + 最近点电缆长)/2$$

$$电缆总长度 = [平均电缆长度 + 备用部分(即预留及弯余取平均长度的 10\%) +$$
$$端接容差(5 ~ 10\ m,一般取 10\ m)] × 信息点总数$$

双绞线缆按箱供货,每箱(一盘、一轴)线缆长 305 m(1 000 ft,线盘每圈长约 1 m),因网络线不容许接续,估算时应考虑尽量减少每箱下料零头,故按下式计算:

$$每箱布线根数 = 305\ m/平均电缆长度(取整根数)$$

$$双绞线缆总箱数 = 电缆总长度/每箱布线根数(向上取整数)$$

b.光纤缆:以盘(轴)型供货,每盘线缆长 500 m 或 1 000 m。按厂商供货目录的长度,仍用上述方法进行计算。

③接地口:为了保证系统安全,每一个设备室必须设置适当的等电位接地口。

**3)管理子系统(Administration)**

设置在建筑物每层楼的配线间内,故称为配线间子系统,也可放在弱电竖井中,由配线设备(双绞线或光纤配线架)、输入/输出设备及机柜等组成。其主要功能是将垂直干线子系统与水平布线子系统连接起来。

①机柜(配线柜、盘、盒):有挂式、落地式箱柜,光纤接线盘及盒,网络交换机等。

②配线架:是管理子系统中最重要的组件,是实现垂直干线和水平布线两个子系统交叉连接的枢纽。配线架通过附件主要作语音与数据配线、跳线的连接,可以全线满足 UTP、STP、同轴电缆、光纤、音视频的需要。配线架有双绞线和光纤配线架,常用 110 系列与跳线架、理线器(IHU)、RJ45 接口配套使用。配线架有配备纸质标签的传统配线架和配有 LED 显示屏标签的电子配线架。配线架可安装在机柜内、墙上、吊架上或钢框架上,如图 5.4 至图 5.6 所示。

③线缆:主要是跳线,用屏蔽、非屏蔽双绞线及光缆做成 RJ45 接口跳线、RJ45 转 110 等线与配线架相配。

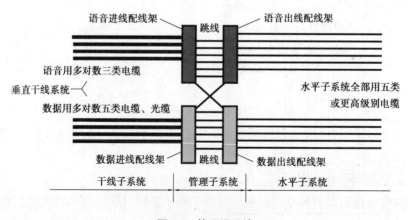

**图 5.5 管理子系统**

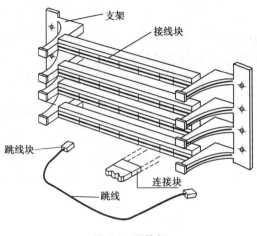

图 5.6 配线架

### 4)垂直干线子系统(Backbone)

垂直干线子系统也称为干线系统,由从主配线间(设备间子系统)至各楼层管理间子系统之间连接的线缆组成。

(1)垂直干线系统敷设方式

垂直方向电缆敷在电缆竖井中,用梯架、线槽、导管等敷设;水平方向用线槽、托盘、桥架或导管等沿走廊墙面、平顶敷设。

(2)垂直干线系统线缆

垂直干线系统线缆用大对数铜缆和光缆。线缆应具有足够的长度,即应有备用和弯曲长度(净长的10%),还要有适量的端接容量。按配线标准要求,双绞线长度应<100 m;多模光缆长度在 500 m 至 2 km 内;单模光纤<3 km。线缆订货长度计算方法同水平子系统。为了扩容,注意楼层的高度尺寸,线缆可考虑20%的余量。

①数据干线:常用五类、超五类、六类及六类以上 100 Ω 大对数线缆(STP,UTP)或用四芯、十二芯 62.5/125 μm 的多模室内光缆。

②语音干线:常用三类大对数线缆或市话局专用大对数线缆。

③电视干线:常用低损耗 50 Ω 同轴电缆或室内光缆。

(3)线缆防火要求

线缆从竖井穿过楼层或穿过墙时,必须做防火处理,如图5.7、图5.8 所示。

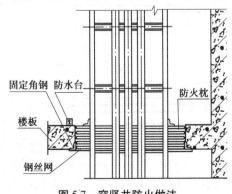

图 5.7 穿竖井防火做法

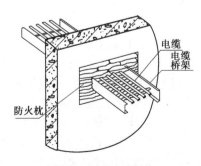

图 5.8 穿墙防火做法

### 5) 设备间子系统( Equipment )

在建筑物设备间(也称主配线间 MDF)内,由主配线架连接各种公共设备,如计算机数字程控交换主机(PBX)或计算机式小型电话交换机(CBX)、各种控制系统、网络互连设备等组成。设备间外接进户线内连主干线,是网络管理人员值班的场所,因大量主要设备安置其间,故称为设备间子系统。

(1)设备间设备

①一般设备间:机柜中安装网络交换机、服务器、配线架、理线器、数据跳线和光纤跳线等。

②大型设备间:设备数量较多,设置专业机柜,如语音端接机柜、数据端接机柜、应用服务机柜等。

(2)供电系统

供电系统用三相五线制供电电源,有市电直供电源、不间断电源 UPS、普通稳压器、柴油发电机组等供电设备。

(3)设备间的安全及环境要求

①电气保护。在建筑物 5 m 外设置一个接地电阻<4 $\Omega$ 的独立接地系统,用不小于150 $mm^2$ 铜板(排)或铜缆作接地线引入室内。金属管槽、机架、配线架及屏蔽电缆均应等电位接地,设置适当数量的等电位接地口。

②防雷击设备,有防静电、防雷击、防电磁干扰的电子防雷设备。

③防火及火灾报警设施。

④防水、防潮、防尘、吸声及空调设施及设备。

### 6) 建筑群子系统( Campus )

建筑群(商业建筑群、大学校园、住宅小区、工业园区)各建筑物之间的语音、数据、监视等的信息传递,可用微波通信、无线通信及有线通信手段互相连接达到目的。一般用有线通信以综合布线方式作为建筑群子系统的信息传递。它由下列设备组成:

①线缆:一类为铜缆,用双绞线缆、同轴线缆及一般铜芯线缆;另一类就是光纤缆。线缆备料长度计算方法与水平子系统相同。

②布线方式:室外布线有架空、直埋、穿埋地导管、电缆沟及地下巷(隧)道等方式敷设,按设及施工验收标准要求,线缆长度不得超过 1 500 m。

# 5.3   PDS 安装工程量

### · 5.3.1   PDS 线缆布放和线缆保护工程量 ·

PDS 系统的线缆,如电力、控制和信息线缆,穿线管、保护管、线道、线槽、槽盒、桥架、支架或吊架;户外直埋、穿管、沟道、井道、隧道、手孔、人孔以及立杆挂钢索、接地母线敷设等,它们的安装、浇筑、砌筑、土石方等工程量的计算,与电气设备安装工程的配管配线、电缆敷设的计算方法相同,见 3.7 节与 3.8 节的叙述。另因 PDS 涉及的电气装置和设备安装高度有不同的要求,其垂直管线部分按设计高度计算,无设计要求时,除按图 3.20 计取外,主要按图 5.9 所示的长度计取。

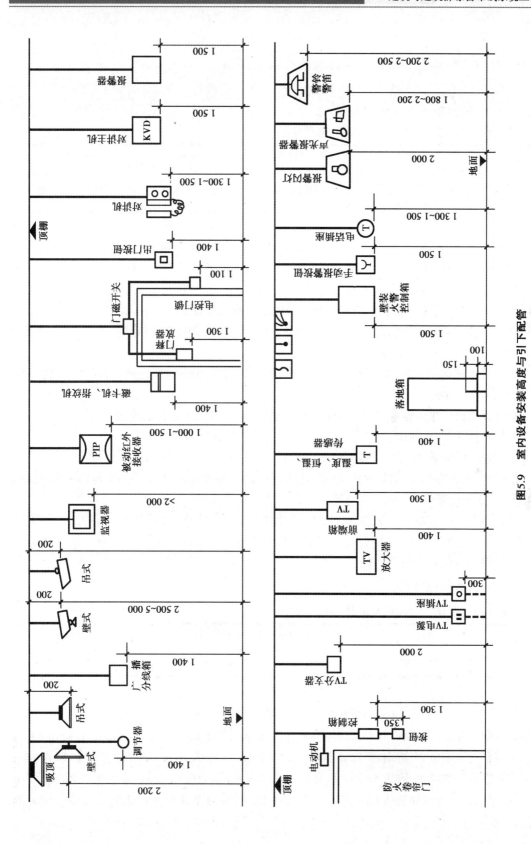

图5.9　室内设备安装高度与引下配管

### • 5.3.2 PDS 机柜、机架、抗震底座安装工程量 •

#### 1)机柜、机架安装

**综合布线系统　机柜　机架　抗震底座**

| 项目编码 | 项目名称 | 项目特征 | 计量单位 | 工程量计算规则 |
|---|---|---|---|---|
| 030502001 | 机柜、机架 | 名称;材质;规格;安装方式 | 台 | 按设计图示数量计算 |
| 030502002 | 抗震底座 | | 个 | |

【释名】①机柜(Cabinet):用涂层钢板或合金钢板制作柜体,用钢化玻璃制作柜门,将综合布线系统的应用设备、系统设备和布线设备等组装其内,以提供设备保护、屏蔽干扰、整齐设备、方便管理与维修的一种物件。在网络布线间、楼层配线间、中心机房、数据机房、控制中心、监控室、监控中心等处,都能见到各式机柜。机柜可以落地或挂墙安装。

②机架(Frame):便于插接或固定网络设备的框形金属架,可挂于机柜内、墙上、柱上或线缆井道中。

③抗震底座:在地震地区,防止地震破坏机柜,丢失数据,根据地震强度设计的抗震底座,可现场加工制作、安装。

▋**清单项目工作内容**▋　•机柜、机架:①本体安装;②相关固定件的连接。

•机柜抗震底座:制作、安装。

▋**定额工程量**▋　按"台"计量。

①机柜、机架安装:无论落地式、挂式、嵌入式,规格、型号,按"台"计量,不包括机柜通风散热装置,另立项计算。

②机柜抗震底座加工制作、安装:在现场制作时,按设计图示尺寸以质量(kg)为准,计算人、材、机等消耗量,加上损耗后,综合成"个"进行报价。清单用规范附录 D.13 相应项目立项,定额用电气工程"支架制作安装"子目。

#### 2)线路分线箱(盒)安装

**综合布线系统　线缆分线接线箱(盒)**

| 项目编码 | 项目名称 | 项目特征 | 计量单位 | 工程量计算规则 |
|---|---|---|---|---|
| 030502003 | 分线接线箱(盒) | 名称;材质;规格;安装方式 | 个 | 按设计图示数量计算 |

【释名】接线箱(盒)(Junction Box):一般容量或尺寸较大的称为接线箱,反之称为接线盒。它作为线缆或光缆与设备的配线之用,用于入户箱及线路中的配线箱、分线箱、分配箱或熔接箱。材质有冷轧钢板、不锈钢、铝合金、塑料;分室内、室外,防水、防尘;结构有一般式、机架式;容量为线芯进出口数量,一般为 8~24 口;安装方式有嵌入式、壁挂式。接线盒与电气设备安装工程中的接线、分线、拉线(过线)箱(盒)、插座盒的功用相同,工程量计算方法也相同,但项目不能混用。

▌**清单项目工作内容**▌①本体安装;②底盒安装。

▌**定额工程量**▌按"个"计量。

分线、接线、过线(过路、拉线)箱体安装:无论明装、暗装,以半周长200 mm与700 mm为界,以"个"计量。

$$过线盒计算工程量 = 设计图示数量计算$$

$$过线盒报价工程量 = 清单工程量 × 定额消耗量$$

### · 5.3.3 PDS 线缆布放工程量 ·

**综合布线系统 双绞电缆 大对数电缆 同轴电缆**

| 项目编码 | 项目名称 | 项目特征 | 计量单位 | 工程量计算规则 |
|---|---|---|---|---|
| 030502005 | 双(对)绞电缆 | 名称;规格;线缆对数;敷设方式 | m | 按设计图示尺寸以长度计算 |
| 030502006 | 大对数电缆 | | | |

【**释名**】双绞电缆(Paired Cable):用两根独立的、相互绝缘的金属线绞合在一起作为基本单元(一对线)组成的电缆。一般的线缆传输带宽太窄不适应综合布线,而双绞电缆传输带宽适应综合布线系统。双绞线类别很多,按结构分屏蔽与非屏蔽型两种,又可分4类:无屏蔽双绞线(UTP)、铝箔屏蔽双绞线(FTP)、铝箔加铜编织网屏蔽双绞线(SFTP),以及每对线芯和电缆包铝箔加铜编织网屏蔽双绞线(STP)。应用最广的是UTP及STP。按线缆级别分为一类~五类、超五类、六类以及七类,类别越高传输带宽越高,三类线用于音频传输,五类线用于数据传输;按线芯有8芯4对到大对数200芯100对双绞线;从阻燃和环保角度,可分为阻燃、不易燃、低烟、无卤素、燃烧释放CO或不释放CO等双绞线。

▌**清单项目工作内容**▌①敷设;②标记;③卡接。

▌**定额工程量**▌按"m"计量。

**1)双绞、大对数线缆室内布放与测试**

(1)室内线缆布放包括的内容

①室内线缆布放长度计算,以环境及布放方式综合表达计算式如下:

$$室内线缆计算工程量 = [(导管、槽道、桥架、支架、地板内水平长度) + (导管、槽道、桥架、支架、地板内垂直长度)] × 同规格线缆根数$$

$$室内线缆报价工程量 = [计算工程量 × (1 + 2.5\%) + 端接长度] × 定额消耗量$$

式中, 2.5%为备用及弯曲长度;端接长度可取5 m或6 m。

②线缆测试。施工前做进货检验,用专用仪表测试衰减特性、直流电阻、绝缘电阻和介质耐压等测试;施工中做外观及安装质量检验及衰减损耗测试。

（2）室内线缆布放不包括的内容

室内线缆布放不包括施工后的"链路检验测试"，另立项计算。

### 2）双绞、大对数线缆室外布放与测试

室外线缆布放，有架空，直埋，钢导管、混凝土管及 PVC 管内穿放，线缆沟内布放等，计算方法见光缆的计算方法。其余计算同室内布放。

### 3）同轴电缆布放与测试

同轴电缆布放与测试工程量与双绞、大对数电缆计算方法相同，或见 7.1.3 节的叙述。

## · 5.3.4　PDS 光缆布放工程量 ·

### 1）光缆布放安装

**综合布线系统　　光缆**

| 项目编码 | 项目名称 | 项目特征 | 计量单位 | 工程量计算规则 |
|---|---|---|---|---|
| 030502007 | 光缆 | 名称；规格；线缆对数；安装方式 | m | 按图示尺寸以长度计算 |

【释名】光缆（Optical Fiber Cable）：由光纤芯束包裹缓冲层、加强层、护套层等组成。光缆种类很多，按传输光信号的模式不同分为单模和多模光缆；按布放（敷设）方式不同分为自承重架空、管道布放、铠装地埋和海底布放光缆；按结构不同分为束管式、层绞式、紧抱式、带状式、骨架式和可分支光缆；按用途不同分为长途通信、短途通信、混合用、局用、用户用光缆；按使用地点不同分为室内、室外光缆。

■ **清单项目工作内容** ■ ①敷设；②标记；③卡接。

■ **定额工程量** ■ 按"m"计量。

（1）室内布放光缆及测试

①室内布放光缆长度计算：工程量计算与双绞线缆计算式相同。

②室内光缆测试：施工前与施工中，用光损耗测试仪、光时域反射仪等专用仪器，进行衰减损耗性能等测试。不包括布放后的链路测试，另立项计算。

（2）室外布放光缆及测试

①室外布放光缆长度计算：

a.光缆架空（卡钩式）布放计算表达式如下：

架空光缆计算工程量 = 各线杆档距或建筑物之间距离的设计图示长度

架空光缆报价工程量 = ［计算工程量 ×（1 + 线缆弛度1%）+ 上、下杆处预留 5 ~ 6 m +
进户、出户处各预留 2 m］× 定额消耗量

式中，光缆预留长度可按表 5.1 计取。

表 5.1 光缆预留长度取值表

| 自然弯曲增加长度 /(m·km⁻¹) | 人孔内拐弯增加长度 /(m·孔⁻¹) | 接头预留长度 /(m·侧⁻¹) | 局内预留长度 /m | 其 他 |
|---|---|---|---|---|
| 5.00 | 0.50 ~ 1.00 | 8.00 ~ 10.00 | 15.00 ~ 20.00 | 按设计 |

其中,线路测量、挖填杆坑土石方、立杆、卡盘、底盘、金具、架钢索、做拉线等工作,另立项计算。

b.光缆直埋、沟内布放、穿管等方式布放,长度计算表达式如下:

光缆计算工程量 = 线缆沟、管设计图示长度

光缆报价工程量 = [计算工程量×(1 + 线缆弯余弛度2.5%) + 进沟、出沟各预留1.5 m + 进户、出户处各预留2 m] × 定额消耗量

其中,线缆沟挖填土石方、铺砂盖砖或盖钢筋混凝土保护板、埋标志桩,线缆沟浇砌、盖板的预制运输及揭与盖、沟内线缆支架、沟内接地母线制安及调试,穿线的钢管、铸铁管、PVC管、聚乙烯或聚丙烯波纹管及蜂窝管等埋设工作,另立项计算。

②室外光缆测试:室外光缆布放测试要求同室内光缆。

### 2)光纤连接

**综合布线系统　　光纤连接**

| 项目编码 | 项目名称 | 项目特征 | 计量单位 | 工程量计算规则 |
|---|---|---|---|---|
| 030502014 | 光纤连接 | 方法;模式 | 芯(端口) | 按设计图示数量计算 |

【释名】①光缆连接(Optical Fiber Splicing)与分支。因制造、运输、施工条件及地形等因素的限制,要在现场进行连接。光缆连接也称为接续,就是光缆缆芯的直接连接或分支,方法有以下3种:

● 熔接法:用自动熔接机作永久或半永久线路的连接,接点稳定可靠,衰减值小,必须用护套保护。

● 机械法:用各种连接件(也称接线子、冷接子),可作单芯和多芯光纤的连接,灵活、简单、方便,广泛应用。

● 端口磨接法:用专用工具或研磨机抛光端口,胶粘,套以橡胶保护套。

②光缆连接所用的保护套,也称为接续盒、接头盒,俗称接头包、炮筒,用于架空、地埋、管道和人井光缆的连接或分支。光缆连接盒分为直通型和分支型,盒体用喷塑冷轧钢板、塑料制成,要求密封,防尘、防潮。

**▌清单项目工作内容▌** ①连接;②测试。

**▌定额工程量▌** 按"芯"计量。

①光纤连接,定额按单模和多模光纤分类,以机械、熔接和磨制3种方法,分目立项。工作:端面处理、测试、包封护套。光缆连接(接续)与分支,用光纤熔接机对光纤芯线进行连接,计算式如下:

$$光纤连接计算工程量 = 报价工程量 = \sum 连接的芯数数量$$

②光纤连接测试,用光纤时域反射仪(OTDR)测试光纤接头损耗、光纤衰减等指标。

### 3)光纤盒、光缆终端盒安装

**综合布线系统　光纤盒　光缆终端盒**

| 项目编码 | 项目名称 | 项目特征 | 计量单位 | 工程量计算规则 |
|---|---|---|---|---|
| 030502013 | 光纤盒 | 名称;类别;规格;安装方式 | 个(块) | 按设计图示数量计算 |
| 030502015 | 光缆终端盒 | 光缆芯数 | 个 | |

【释名】①光纤盒(Fiber Box):定额称为"光纤连接盘",又称为接续盒、熔接盘,是标准的光纤交接硬件,用于光纤交连和互连,以及盘绕和保护柔软光纤。它是模块组合式的封闭盒,每盘可连接 12 芯~48 根光纤。它组合安装在机柜内。

②光缆终端盒(Cable Terminal Box,CTB):是光传输系统中重要的配套装置,用于光缆终端的固定,以及光缆与尾纤的熔接和余纤的收容及保护。安装方式分机架式、壁挂式、抽屉式和桌面式。终端盒要求防潮、防尘,安装于室内,室外安装必须采取防潮和保护措施。

■ **清单项目工作内容** ■ • 光纤盒:①端接模块;②安装面板。

　　　　　　　　　　　　• 光缆终端盒:①连接;②测试。

■ **定额工程量** ■ 按"块"或"个"计量。

①光纤连接盘安装:安装面板、接线、连接处处理。

②光缆终端盒安装及测试:按连接的芯数,如 20,24,48~144 芯等分挡计算。光纤熔接后,将纤芯盘绕在熔接盘上,装入盒中,在盒外套上热缩管,使其紧贴光缆与盒体,防止雨水或水汽进入,并用光损耗测试仪检测光纤连接后的衰减。

### 4)布放尾纤

**综合布线系统　布放尾纤**

| 项目编码 | 项目名称 | 项目特征 | 计量单位 | 工程量计算规则 |
|---|---|---|---|---|
| 030502016 | 布放尾纤 | 名称;规格;安装方式 | 根 | 按设计图示数量计算 |

【释名】光缆尾纤(Fiber Pigtail):短光纤的一端熔接 ST 连接头(器),另一端与光缆终(尾)端头的纤芯熔接,故称为尾纤,俗称为猪尾线,一束时称为尾纤束。它用于连接终端设备,如光收发器或配线架等,故也称为跳纤。尾纤通常长 10 m,多模尾纤为橙色,用于 500 m 短距离互联;单模尾纤为黄色,波长有两种,传输距离分别为 10 km 和 40 km。尾纤束由 12 根光纤组成,颜色依次为:蓝、橙、绿、棕、灰、白、红、黑、黄、紫、粉红、浅蓝。

■ **清单项目工作内容** ■ ①接续;②测试。

■ **定额工程量** ■ 按"条"计量。

尾纤与光缆终端的纤芯熔接后,用光损耗测试仪测试衰减,理顺、绑扎,套以波纹保护管,盘于终端盒熔纤盘内,以便与光纤配线架、设备等连接;用"条"计算。

## • *5.3.5 跳线、跳块、跳线架、配线架、线管理器安装工程量* •

### 1) 跳线制作、安装

综合布线系统　　跳线

| 项目编码 | 项目名称 | 项目特征 | 计量单位 | 工程量计算规则 |
|---|---|---|---|---|
| 030502009 | 跳线 | 名称;类别;规格 | 条 | 按设计图示数量计算 |

【释名】跳线(Jumper Wire):指双绞线或光缆两端连有跳接头(插头、连接头),俗称水晶接头的导线,用于配线架和跳线架上,完成各个线路与设备之间的互连与交连,或者连接终端设备以及熔接尾纤之用的连接线。

■ **清单项目工作内容** ■ ①插接跳线;②整理跳线。

■ **定额工程量** ■ 按"条"计量。

(1)电缆跳线制作、安装及测试

①电缆跳线制作、安装。电缆跳线以色彩分别,一般长 3~5 m,长度按表 5.2 计算。根据所连设备的需要,跳线两端可卡接相同或不相同的跳接头模块,如 RJ45/RJ45 或 RJ45/110 等接头的跳线。常用电缆跳线有 1,2,3 和 4 对线共 4 种。

**表 5.2　跳线配线长度**

| 跳(配)线架数 | 1 | 2 | 3 | 4 | 5 | 6 | 7 | 8 | 9 | 10 |
|---|---|---|---|---|---|---|---|---|---|---|
| 每条跳线长/m | 1.9 | 2.2 | 2.5 | 2.8 | 3.1 | 3.4 | 3.7 | 4.0 | 4.3 | 4.6 |

$$电缆跳线计算总条数 = \sum 跳线条数$$

$$电缆跳线每条长度报价工程量 = [跳线总长度 \times 定额消耗量]/计算条数$$

跳线制作,按"条"计算;跳线卡接(安装),按"对"计算。

②电缆跳线测试。定额包括用导通仪测试线对的连通性、开路、短路及反接等情况。

(2)光纤跳线制作及测试

①光纤跳线制作、安装,其计算与电缆跳线相同。光纤跳线用单模和多模光纤制作。单模跳线,黄色,接头(模块)和保护套蓝色,传输距离较长;多模跳线,橙色或灰色,接头和保护套米色或者黑色,传输距离较短;接头分插头式或插槽式,以所连设备的需要,跳线两端接头有相同或不同组合,如 FC/FC,SC/SC,ST/ST 或 FC/SC,FC/LC,FC/ST 等。其制作、安装的计算,与电缆跳线相同。

②光纤跳线测试,定额包括用光时域反射仪进行接头的损耗、衰减、断点位置等测试。

### 2) 跳块打接

**综合布线系统　　跳块**

| 项目编码 | 项目名称 | 项目特征 | 计量单位 | 工程量计算规则 |
|---|---|---|---|---|
| 030502018 | 跳块 | 名称；规格；安装方式 | 个 | 按设计图示数量计算 |

**【释名】** 跳块(Jump Block)：又称为连接头，用阻燃塑料制成的插接件。一端压入跳线架模块中，另一端卡接跳线，实际上是跳线两端插入跳线架模块中的接头块，如图5.6所示。用专用工具压入跳线架模块的操作，称为跳块打接(卡接)。

▐ **清单项目工作内容** ▐ ①安装；②卡接。

▐ **定额工程量** ▐ 按"个"计量。

跳块打接(卡接)，用专用工具压接，检查、接线、测试。

### 3) 配线架、跳线架、线管理器安装

**综合布线系统　　配线架　跳线架　线管理器**

| 项目编码 | 项目名称 | 项目特征 | 计量单位 | 工程量计算规则 |
|---|---|---|---|---|
| 030502010 | 配线架 | 名称；规格；容量 | 个 | 按设计图示数量计算 |
| 030502011 | 跳线架 | | | |
| 030502017 | 线管理器 | 名称；规格；安装方式 | | |

**【释名】** ①配线架(Distribution Frame)：是一个标准的(500 mm)铝质架，其上可以安装12~96个模块化的连接器，水平线缆连接在该连接器上，可以进行交连和互连的操作，常用于数据通信，如图5.6所示。

②跳线架(Jumper Wire Rack)：是由阻燃塑料的模制件组成，其上装有若干齿形条，用于端接线对。用专用工具将线对按线序冲压到跳线架齿形条上，完成语音主干线缆和语音水平线缆的端接。常用规格有100对、200对、400对，如图5.5所示。

③线缆管理器(IHU)：也称为理线架。在机柜内两配线架之间安装一个，用于线缆整理，使单元间网线的脉络清晰、有序不乱，便于测试和管理，也保证有足够的操作空间。它分水平型与垂直型。水平型分有盖和无盖，单面和双面式；垂直型分为柜内式与柜外式。

〔注意〕

"两架"不应与规范附录L通信设备的配线架、跳线架相混淆。

▐ **清单项目工作内容** ▐ 本体安装。

▐ **定额工程量** ▐ 按"架"计量。

①配线架安装打接包括：安装配线架，卡接线缆，编扎固定线缆，卡线，做屏蔽，核对。以配线架接口数，如12口、24口等分挡，按"架"计算。

②跳线架安装打接包括:工作与配线架相同,按打接线缆对数,如 100 对、200 对等不同,分别以"架"计算。

③线缆管理器安装。按 1U 型、2U 型不同,以"个"计算。

## · 5.3.6 PDS 电视、电话、信息插座安装工程量 ·

**综合布线系统    电视、电话插座    信息插座**

| 项目编码 | 项目名称 | 项目特征 | 计量单位 | 工程量计算规则 |
|---|---|---|---|---|
| 030502004 | 电视、电话插座 | 名称;安装方式;底盒材质、规格 | 个(块) | 按设计图示数量计算 |
| 030502012 | 信息插座 | 名称;类别;规格;安装方式;底盒材质、规格 | | |

【释名】①电视插座(TV Socket):有线或数字电视用的信号插座,普通为插拔式,宽频插座为螺旋式。电视插座由面板和底盒组成,可墙面、地面、桌面安装。

②电话插座(Telephone Socket):RJ11 接口,水晶插头,组成和安装部位同电视插座。

③信息插座(Information Socket):是连接终端用户的一种布线产品,其组成和安装部位与电视、电话插座相同。类型按开口分为单口、两口、多口,还有斜口等,如图 5.3 所示。信息模块在面板上,有超五类模块、六类和光纤模块,分直插型、信息型、电话型、屏蔽型以及免工具型。安装时将导线与模块线槽色彩相对应,用打接工具卡接即成。

▌**清单项目工作内容**▌ ·电视、电话插座:①本体安装;②底盒安装。

·信息插座:①端接模块;②安装面板。

▌**定额工程量**▌ 按"个"计量。

①信息插座安装,面板按单口、双口、四口不同;底盒按明装、暗装(砖墙内、混凝土墙内、木地板内、防静电地板内)不同,均按"个"以下式计算:

信息插座计算工程量 = 设计图示数量

信息插座报价工程量 = 计算工程量 × 定额损耗量

②电视、电话插座底盒安装,按明装、暗装不同,用电气工程定额子目。面板安装用建筑智能工程定额相应子目。均按"个"计算。

## · 5.3.7 PDS 线缆、光纤链路测试及系统测试、试运行工程量 ·

**综合布线系统    线缆链路测试    光纤链路测试**

| 项目编码 | 项目名称 | 项目特征 | 计量单位 | 工程量计算规则 |
|---|---|---|---|---|
| 030502019 | 双绞线缆测试 | 测试类别;测试内容 | 链路(点、芯) | 按设计图示数量计算 |
| 030502020 | 光纤测试 | | | |

【释名】链路测试(Basic Link):包括水平链路和垂直链路测试。水平链路如图 5.10 所示,也称为永久链路;垂直链路指系统主干线的光缆及大对数电缆,以一级测试为主(测试衰减和长度),如图 5.2 所示。

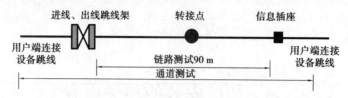

**图 5.10 链路测试与通道测试范围**

①链路测试。ISO/IEC 11801—2002 定义了链路与通道的测试范围:

链路 = 基本链路

通道 = 基本链路 + 两端跳线 + 端插接件

而我国《通用安装工程工程量计算规范》(GB 50856—2013)要求测试的是链路(基本链路),不是通道。链路范围包括从配线架到工作区信息插座之间的所有布线,最长 90 m,若加上两端 2 m 测试电缆,电缆总长为 94 m,如图 5.10 所示。

②链路系统的测试验收,按我国《智能建筑工程质量验收规范》(GB 50339—2013)和《建筑与建筑群综合布线系统工程验收规范》(GB/T 50312)的要求,链路进行两大类参数指标的测试与验收,即连接性损耗指标和衰减损耗指标,共 16 项参数指标。

▌**清单项目工作内容** ▌ 测试。

▌**定额工程量** ▌ 按"链路"计量。

**1)双绞线缆链路测试**

(1)链路测试内容

①链路验证测试:用仪器测试每条链路的通断状况,即反接、错对、串扰、短路、断路等。

②链路性能测试:目前用最先进的 DSP-100 测试仪,进行共 16 项指标的测试。

(2)链路信息点测试工程量

链路按设计的综合布线系统图为准进行计量,按下面的方法计算:

①按水平子系统条数或信息插座数量计算链路。

②按信息插座的信息接口数量计算链路。

**2)光纤链路测试**

(1)链路测试内容

①链路验证测试:用光时域反射仪,测试光纤故障点及位置、连续性,即通断情况。

②链路特性测试:用 OTDR 仪或专用测试仪,测试衰减、串扰、线路的熔接、插接件、回波、布线等损耗情况,共十多项指标的测试。

(2)链路测试工程量

按设计的综合布线系统图划分链路,或所配设的光缆芯数进行计量。

3)综合布线系统调试及试运行(定额列有此2目,清单规范未列,借此编码立项)

系统安装质量检验和链路测试后,调试、调整系统管理软件,测试电缆和光缆系统的电气性能,检测各信息端口的衰减和串扰等技术指标,待系统稳定后,按《建筑与建筑群综合布线系统工程验收规范》(GB/T 50312)要求连续试运行一个月,测试系统管理软件的功能、性能和安全性能。调试按信息"点"数计算,试运行按"系统"计算。

# 5.4 PDS 安装的相关内容

【联想】安装工程量的计算涉及面非常广,稍不注意可能漏项。PDS 综合布线系统主要是线缆、接口和线缆设备的安装。连接哪些专业设备后相应组成哪些专业系统以及相关内容不能一言以蔽之。下面列出一些相关的设备安装及调试工作,提示读者在工程量计算时不要漏项。

## · 5.4.1 PDS 终端设备安装 ·

终端用于信道两端收发信号的通信设备,如计算机显示终端,分专用和通用终端,一般有键盘、阅读机、打印机、复印机、扫描仪、传真机、显示器等。PDS 可用于各种系统,因系统不同其终端设备也不同,如计算机网络系统、多表远传系统、建筑设备自动控制系统、安全防范系统等。计算时按这些系统涉及的终端设备立项计算,如按规范附录 E 相关项目立项,定额用电气工程、建筑智能工程。

## · 5.4.2 PDS 线路电源安装及调试 ·

### 1)配电装置设备安装及调试

系统配电电源控制柜、屏、箱、盘安装及调试,清单按规范附录 D 相关项目立项,定额用电气工程。

### 2)系统电源、电池安装及调试

①系统电池安装。蓄电池、干电池、太阳能电池等,安装、充放电,清单按规范附录 E 相关项目立项,定额用建筑智能工程、自动化仪表工程。

②不间断电源 UPS、应急电源 EPS 或开关电源安装,定额用建筑智能工程、通信设备工程。

③交流稳电源、直流稳压电源或逆变电源等安装,定额用电气工程、建筑智能工程。

④整流器、调整器安装,清单按规范附录 D 相关项目立项,定额用电气工程、建筑智能工程。

### 3)柴油发电机组及附属设备安装及调试

柴油发电机组安装,清单按规范附录 A 相关项目立项,定额用机械设备工程、电气工程。

### · 5.4.3 PDS 网络程控交换设备安装 ·

**1) 交换机、交换(接)箱安装及调试**

①程控用户交换机(PBX 或 CBX)安装。

②用户交换机调测。

③用户集线器(SLC)安装。

④用户软件测试。

**2) 用户交换箱安装**

交换箱安装,也称为分线箱或端子箱(盒)安装。

上述两项,清单按规范附录 L 相关项目立项,定额用建筑智能工程、通信设备工程。

### · 5.4.4 PDS 防雷接地保护设备安装 ·

电子防雷设备安装及调试,清单按规范附录 L 相关项目立项,定额用建筑智能工程。可立如下各项:

①共用天线避雷器雷电通流安装。

②程控电话信号避雷器雷电通流安装。

③计算机信号避雷器雷电通流安装。

④用户总电源避雷器安装。

⑤直流电源避雷器雷电通流安装。

⑥接地模块焊接安装。

### · 5.4.5 PDS 可能涉及的调试 ·

对综合布线组成的系统,除对电缆、双绞线、光纤的线路进行本身的链路测试和调整外,还要对用综合布线组成的各种专业系统的功能进行调试和调整,可能立如下各项:

①供电电源系统调试、电源监控系统调试,用定额电气工程、建筑智能工程。

②扩声系统、事故广播、消防通信系统调试,用定额建筑智能工程、消防工程。

③有线电视系统调试,用定额建筑智能工程。

④IT 及有线通信系统调试,用定额建筑智能工程。

⑤建筑防雷、电子设备防雷及接地装置系统调试,用定额电气工程、建筑智能工程。

⑥多表远传系统调试,用定额建筑智能工程。

⑦综合布线或传统布线组成的相关系统的联动试车,或其他专业系统的联动试车,因其试车内容不尽相同,要求也不同,故难以计算。联动试车特别是带负荷及相应指标的联动试车,由建设单位(发包人)主持,相关单位参加,按相关验收规范和设计要求进行试车,产生的费用有规定者按规定计算,无规定者按实计算。

# 复习思考题 5

5.1 请列举综合布线系统的工程量计算与传统布线计算的不同点与相同点。

5.2 综合布线系统进行"链路测试"后,还进行"专业系统调整调试"吗?

5.3 综合布线系统安装用定额建筑智能工程,它与电气工程有交叉关系吗? 若有,试列举。

5.4 综合布线系统中的柜、屏、箱、盘(板)的安装,都是按"台"计量,能用定额电气工程、自动化仪表工程、消防工程或者通信设备工程定额子目计算吗?

# 6 楼宇、小区自动化控制系统设备安装工程

## 6.1 智能小区及集成系统组成

### 1)智能小区

智能小区(Intelligent Residential District,IRD),是在城市内对一个相对独立的区域,特征相似、可以统一管理的住宅楼群,实施智能化集成(Residential District Intelligence)的设计和实现,该小区就称为智能小区(IRD)。

### 2)IRD 集成系统组成

国家对智能小区标准定义的主要功能有:用电信息采集,小区配电自动化,电力光纤到户,智能用电服务互动平台,光伏发电系统并网运行,电动汽车充电桩管理,智能家居服务,统一展示平台,自助缴费终端,水、电及气表集抄等。

从国家标准的要求看,IRD 系统的组成很多,是一个综合集成系统。下面分别叙述主要系统:物业管理(中心)、建筑设备监控(管理主体)系统和安全防范系统(保安)等。

## 6.2 楼宇、小区建筑设备自动化控制系统设备安装工程量

【集解】建筑设备自动化系统(Building Automation System,BAS),是指对智能建筑内各类机电设备进行监测、控制及自动化管理,达到安全、可靠、节能和集中管理为目的的系统,所以又称为建筑设备监控系统。BAS 具有对建筑设备监控管理和能耗监测两大功能,也是IB 或 IRD 的主要系统之一。

建筑设备量多分散,要求系统具备"集中管理,分散控制"的功能。随着网络技术的发展,BAS 经过 4 代变迁具备了此功能特性。20 世纪 70 年代起第一代,键盘+CRT 的中央监控系统(CCM);80 年代第二代,集散控制系统(DCS),DGP 分站安装 CPU 微处理芯片成为独立的 DDC,能完成所有控制工作;90 年代第三代,开放式集散系统(FCS),用 LON 等类型的现场总线技术构成 3 个层次:管理层(中央站)、DDC 分站连接传感器及执行器的自动化层、现场网络层(ON);21 世纪第四代,网络集成系统,用 Web 技术,使 BAS 与 Internet 成为一体的系统。

## · *6.2.1  BAS 系统组成* ·

BAS 建筑设备监控系统一般由上、中、下三级层次组成,每层又由基本硬件和基本软件组成。

(1)BAS 系统基本硬件

BAS 系统基本硬件由 4 个基本部分组成,如图 6.1 所示。

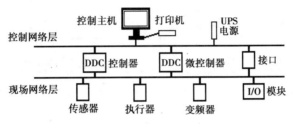

图 6.1  BAS 系统组成

①中央管理工作站,如一台计算机及附件。

②操作分站,由若干区域智能分站 DDC(现场控制机)组成。用通信网络,上连中央管理站,下连现场控制机,是 BAS 系统中交换数据的中枢神经。

③系统通信网络,分有线网络与无线网络。有线网络如现场总线式,电力、市话或 CATV 线路载波式;无线网络如载波式。现今主要用现场总线网络,以一对或两对屏蔽双绞线 $1.0~mm^2$RV或 RVVP 等线,连接成星型或环型的总线型网络,各通信节点并联或串联在总网络上,形成系统通信网络,如图 6.1 及图 6.4 所示。

④系统尾端,是各种传感器、执行器与相应的取源部件。

● 传感器(Sensor):在测量过程中将物理量、化学量转变成电信号的器件或装置。传感器用途非常广,几乎每一个现代化项目以及各种复杂的工程系统,都离不开它。传感器种类繁多,无统一分类规定。在 BAS 中常用温度、湿度、压力、压差、流量、风速及光照度等传感器。因传感器与变送器连成一体,一般称为传感器,有时也称为变送器。

● 变送器(Transmitter):将传感器得到的电信号再转变成标准电信号的装置,通常由敏感元件和转换元件组成。变送器有压力变送器(压差、静压、液信)、电量变送器(电流、电压、功率、相位角、电度及频率)等。

● 执行器(执行机构)(Actuator):得到变送器的标准信号后,直接对被控设备发生动作的装置,由执行机构和调节机构组成。执行机构用电动、气动或液压驱动,在 BAS 系统中一般用于控制输送气体和液体的阀门。

(2)BAS 系统基本软件

BAS 系统基本软件有两类:系统运行环境软件和用户定制软件。目前多采用商业化的工控软件或厂商开发的 BAS 系统专用软件。软件主要作用是:系统运行情况记录存储、统计分析(能量消耗、运行情况、参数统计、收费统计)、设备管理及功能显示、故障诊断及声光报警、设备操作及定时控制等功能。

### • *6.2.2 BAS 建筑设备监控系统设备安装工程量* •

BAS 系统分两大功能系统:一是建筑设备监控系统,对设备进行监控、调节和安全的管理;二是能耗检测系统,对电、水、热水、燃(煤)气等消耗量的计量管理。下面对建筑设备监控系统进行叙述。

#### 1)中央管理系统安装

**建筑设备监控系统　中央管理系统**

| 项目编码 | 项目名称 | 项目特征 | 计量单位 | 工程量计算规则 |
|---|---|---|---|---|
| 030503001 | 中央管理系统 | 名称;类别;功能;控制点数量 | 系统(套) | 按设计图示数量计算 |

【释名】中央管理系统是 BAS 两大功能系统集中管理的中心(DCS),通过网络对智能建筑内机电设备进行监测、控制及自动化管理,收集、调整下层信息并储存,向现场各控制机发出各种调节命令,对故障及时作出预警。它由计算机(称中央监控机或上位机)、管理软件、网卡、显示器、打印机、不间断电源等组成,如图6.1所示。

■ **清单项目工作内容** ■ ①本体组装、连接;②系统软件安装;③单体调试;④系统联调;⑤接地。

■ **定额工程量** ■ 按"系统"计量。

定额包括系统主机等安装及软件编制、调整等工作,以界面点数不同,按"系统"计算。安装工作如下:

①系统计算机主机及附件安装,按设计文件、产品技术标准进行单体检测与调试,不包括连接的跳线、线缆安装,见前述内容。

②系统软件编制、调整,以及编制完整的软件资料。

• 商业化的软件,检查其使用许可证和使用的范围。

• 系统承包商编制的软件,除进行功能及系统测试外,还要进行容量、可靠性、安全性、可恢复性、兼容性、可维护性及自诊断等功能的测试和检查。

• 自编的软件,应编制程序结构、安装调试、使用和维护说明等,应有完整的软件资料。

#### 2)通信网络控制设备安装

**建筑设备监控系统　通信网络控制设备**

| 项目编码 | 项目名称 | 项目特征 | 计量单位 | 工程量计算规则 |
|---|---|---|---|---|
| 030503002 | 通信网络控制设备 | 名称;类别;规格 | 台(套) | 按设计图示数量计算 |

【释名】中央管理工作站与现场控制机之间,为了数据信息交换及通信,用现场总线技术,以一对或两对双绞线作为总线,将各种通信设备进行并联或串联,成为计算机通信网络上的

各个节点,以此进行有效通信。控制网络设备除线缆以外,还有网络电源、接口、分支器及路由器等设备,如图6.1所示。

■ **清单项目工作内容** ■ ①本体安装;②软件安装;③单体调试;④联调联试;⑤接地。

■ **定额工程量** ■ 按"个"计量。

①控制网络中的通信设备安装:

- 通信电源、UPS等,见"综合布线电源安装"的叙述。
- 通信机接口、计算机通信接口卡等安装,按"个"计算。
- 控制网路由器、控制网中继器、干线连接器等安装,按"台"计算。
- 控制网分支器、控制网适配器、终端电阻等安装,按"台"计算。

②网络设备软件安装:见"中央管理系统中软件安装"的叙述。

③网络设备安装后进行单体调试:见"中央管理系统"的叙述。

**3)控制器、控制箱的安装**

**建筑设备监控系统    控制器**

| 项目编码 | 项目名称 | 项目特征 | 计量单位 | 工程量计算规则 |
|---|---|---|---|---|
| 030503003 | 控制器 | 名称;类别;功能;控制点数量 | 台(套) | 按设计图示数量计算 |

【**释名**】控制器称为现场控制机,或称为下位机(DDC)(注意与3.4.3节和8.2.3节的控制器不同)。它有3种软件:基础软件,厂家刻写,固定不变;自检软件,管理人员按运行故障情况可以修改;应用软件,根据控制需要,管理人员可作一定程度修改。它下连传感器、变送器,向第三层的执行器输出命令,对物理量(温度、湿度、压差、风量等)进行测量、调节和控制;对第一层中央工作站和其他现场控制机进行信息交换,实现整个系统的自动化监测与管理,如图6.1所示。

控制器分两大类:一类是模块化控制器,插入编程模块及PLC逻辑运算功能模块,可满足不同控制和不同条件下的要求,起到微处理、存储器、通道(I/O)的功能;另一类是专用控制器,执行特定的控制功能。

■ **清单项目工作内容** ■ ①本体安装;②软件安装;③单体调试;④联调联试;⑤接地。

■ **定额工程量** ■ 按"台"计量。

(1)控制器(DDC)安装、编程及调试

①控制器安装,无论类型,均以I/O(AI/AO,DI/DO)接线的"路数"或控制的"点"数不同,以"台"计量。

②控制器(DDC)软件编程调试,主要有功能检测、数据采集、调整处理、设备运行、状态报警、I/O数据交换等功能,见中央管理系统对软件的叙述。

(2)专用控制器安装及检测、调试

专用控制器,如定风量、变风量、温度、压差及空气压力等控制器的安装,并进行软件功能检测及单体调试。

### 4)第三方设备通信接口安装

**建筑设备监控系统　　第三方通信设备接口**

| 项目编码 | 项目名称 | 项目特征 | 计量单位 | 工程量计算规则 |
|---|---|---|---|---|
| 030503005 | 第三方设备通信接口 | 名称;类别;接口点数 | 台(套) | 按设计图示数量计算 |

【释名】第三方(第三层次),即被控制设备通信协议的转换方。系统控制器向执行器输出命令对其进行控制时,需要通信接口进行信号通信,如图6.1所示。

■ **清单项目工作内容** ■ ①本体安装、连接;②接口软件安装调试;③单体调试;④联调联试。

■ **定额工程量** ■ 按"个"计量。

BAS系统的第三方设备通信接口,如电梯接口、智能配电接口、柴油发动机接口、冷水机组接口、保安门禁系统接口等,无论规格、型号均以接口控制的"点"数不同立项计算。

接口用中央管理计算机软件程序下传到位后,通电进行是否连通的检测与调试。

### 5)传感器安装

**建筑设备监控系统　　传感器　变送器**

| 项目编码 | 项目名称 | 项目特征 | 计量单位 | 工程量计算规则 |
|---|---|---|---|---|
| 030503006 | 传感器 | 名称;类别;功能;规格 | 支(台) | 按设计图示数量计算 |

【释名】传感器(Sensor):在系统运行过程中,将测量的物理量、化学量转变成电信号的器件或装置。在BAS系统中,有如下子系统安装传感器。

①空调系统传感器:对风管系统、防尘系统、水系统、空调系统、制冷系统、净化系统的温度、湿度、洁度、风压、流量等参数,进行监测与控制,如图6.2所示。

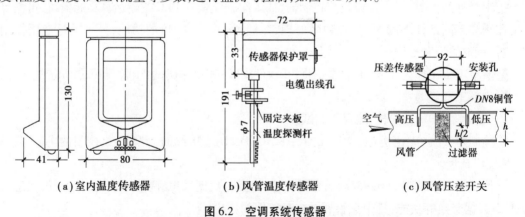

(a)室内温度传感器　　(b)风管温度传感器　　(c)风管压差开关

**图6.2　空调系统传感器**

②高、低压配电系统传感器:除监测电气设备的三相电压、三相电流、功率因数及有功功率参数外,还可监测高压空气开关的运行状态。

③公共智能照明系统传感器:其时钟传感器、光电传感器、红外线感应器、触摸屏、各种开

关连接的传感器和变送器等;对光源启动、调光、照度、场景、定时、线路缺相、回路接地、白天亮灯、夜晚熄灯等异常情况的自动报警。

④给、排水系统传感器:对水箱、水池或集水坑的溢流、故障报警;对清水泵或排污泵的启泵、停泵,或者供水管道的压力、流量等,进行监控。

**▌清单项目工作内容▌** ①本体安装和连接;②通电检查;③单体调整测试;④系统联调。

**▌定额工程量▌** 按"支"计量。

传感器、变送器安装及检测调试,按设计或产品说明书要求,通电进行模拟或手动检查动作是否正常,用仪表测试性能、功能参数是否符合要求。传感器、变送器及执行器种类繁多,各厂商供货性能各不相同,立项时对其特征应仔细描述。

### 6)电动调节阀执行机构安装

建筑设备监控系统　　电动调节阀执行机构　电动、电磁阀门

| 项目编码 | 项目名称 | 项目特征 | 计量单位 | 工程量计算规则 |
|---|---|---|---|---|
| 030503007 | 电动调节阀执行机构 | 名称;类型;功能;规格 | 个 | 按设计图示数量计算 |
| 030503008 | 电动、电磁阀门 | | | |

**【释名】**调节阀及执行器(执行机构、执行元件)一般连为一体,分电动、气动和液动3类。电动与电磁类用得较多,具有执行调节和切断流动气体或液体的功能。如遥控两通阀、三通阀、蝶阀等的开启度,以控制液体的输送;对采暖、通风和空调阀门(HVAC)的开启度,以控制介质流量;对回风阀、排风阀、百叶窗和变风量装置(VAV)的开启度,对空气处理调节的控制。上述内容统称为电动阀门及执行机构、风动阀门及执行机构。安装时均要进行绝缘测试与水压、风压试验。

**▌清单项目工作内容▌** ①本体安装和连线;②单体测试。

**▌定额工程量▌** 按"个"计量。

(1)电动、电磁调节阀门及执行机构本体安装

①电动及电磁两通、三通调节阀及执行机构安装,这类阀及执行器常用于加热、冷却及恒温管道系统中,工作电源为220 V AC或24 V AC。如图6.3所示。

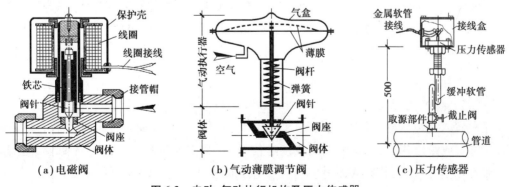

图6.3　电动、气动执行机构及压力传感器

②电动蝶阀及执行机构安装,这类阀及执行器常用于流量需要快通、快断及快调节的场合,工作电源为 220 V AC。

③通风、防火排烟风道中的执行机构安装,如电动风阀、启动阀、防火阀、排烟阀、排烟口的电动执行机构(驱动器)等。

(2)电动、电磁调节阀及执行机构单体测试

执行机构与现场控制机相连,一般输出两道信号 AO/DO,对调节阀板作"通""断"及"中间"位置限位状态的调整与测试。

### · *6.2.3 BAS 能耗检测系统设备安装工程量* ·

能耗检测系统,2013 年版清单计量规范未列此内容,用清单相似项目编码立项计算。

能耗检测系统除了保证系统安全、稳定及可靠外,很大部分功能是能耗数据的检测与采集,将能耗数据上传至数据库,便于管理和计费。各分系统由传输数据的智能表、传感器、采集器等组成,如图 6.4 所示。

**1)采集系统设备安装、调试**

【释名】①采集器:采集用户智能表的能耗数据信息,存储并转发给集中器交换数据和接受命令的设备。用 GPRS 调制调节器,通过 GPR 网或 GSM 网进行远程监控及远程数据采集;也可用手持抄表器,在楼下向集中器即可采集每户的数据,如图 6.4 所示。

②集中器:收集各采集器所传送的数据,进行存储、处理并上传主站的设备。

③采集终端:对用户能耗用量信息的采集、处理、存储及维护的设备。

④远传智能(基)表:见下述内容。

■ **清单与定额** ■ 清单按"台"、定额按"个"计量。

①数据采集设备安装,如采集器等,清单借用 030503003 控制器;定额用 5-3-112 等,如集中式远程总线抄表采集器等相应子目。

②数据传送设备安装,如传感器、变送器、液位计或智能表等安装,清单用 030503006 传感器;定额用 5-3-127 等,如变送器等相应子目。具体内容见 6.2.2 节的叙述。

③多表采集智能终端安装、调试,水、电、气等采集系统,安装有采集智能终端的,视为一个系统,安装和调试,清单借用 030503006 立项;定额用 5-3-118,5-3-119 相应子目。具体内容见 6.2.4 节的叙述。

**2)远传智能(基)表安装、测试**

【释名】基表:为了物业集中管理、维修及用户使用安全和方便付费,将传统的水电气等能耗表置入光电传感器和智能模块,具备计量、存储、计费及安全报警等功能的智能表。安装在电气或管道井中,用有线或无线发送信号,故又称远传基表或远传智能表。基表有两大类:预付费 IC 卡类基表及用后付费类基表。由基表组成的能耗采集系统如图 6.4 所示。

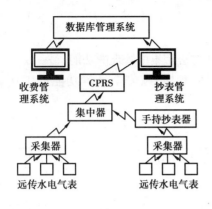

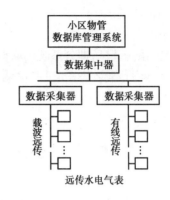

(a)无线传输系统　　　　　　　　(b)有线传输系统

**图 6.4　能耗检测有线与无线传输系统组成**

▌**清单与定额**▌清单按"台""块"、定额按"个"计量。

①清单借用 030404031 小电器(电能表);定额用 5-3-105 等远传脉冲电表。

②清单借用 031003013 水表;定额用 5-3-103 等远传冷/热水表。

③清单借用 031003014 热量表;定额用 5-3-107 等远传冷/热量表。

④清单借用 031007005 燃气表;定额用 5-3-106 等远传煤气表、燃气表。

### · 6.2.4　BAS 建筑设备监控系统及能耗检测系统调试和试运行工程量 ·

**建筑设备监控系统　　建筑设备监控系统及能耗检测系统调试和试运行**

| 项目编码 | 项目名称 | 项目特征 | 计量单位 | 工程量计算规则 |
|---|---|---|---|---|
| 030503009 | 建筑设备自控化系统调试 | 名称;类别;功能;控制点数量 | 台(户) | 按设计图示数量计算 |
| 030503010 | 建筑设备自控化系统试运行 | 名称 | 系统 | |

【释名】对建筑设备监控、能耗检测各分系统,如空调通风、变配电、公共照明、给排水、热源和热交换、冷冻和冷却水、电梯和扶梯等分系统的传感器、执行器、控制器和接口等设备及装置,逐点进行测试、校验及调试,然后整系统联调,待稳定后,连续运行不少于 1 个月,以检测系统的性能和功能。

▌**清单项目工作内容**▌整体调试;试运行。

▌**定额工程量**▌按控制"点"数量不同,以"系统"计量。

(1)建筑设备自动(控)化系统调试

①建筑设备监控分系统调试,如空调通风、变配电、公共照明、给排水、电梯和扶梯等监控系统视为一个分系统,以控制的"台"数不同用"系统"计算。

②建筑设备能耗检测分系统调试,如通风空调的水电、公共照明的电、给排水的水电、电梯的电、燃气的气等能耗检测系统的调试。以安装有采集智能终端的视为一个分系统,计算

见6.2.3节的叙述。

（2）楼控系统调试、试运行

①楼控系统调试，即分系统的联调，体现设计对楼宇集中管理的功能。

②连续运行不少于一个月，检测系统可靠性、稳定性、安全性等功能的工作。请阅读5.3.7节的调试和试运行。

# 6.3  楼宇、小区安全防范系统设备安装工程量

**【集解】**安全，指不受威胁，没有危害、危险、损失和疾患。不安全，一指自然属性的安全（Safety），即自然灾害与准自然灾害的影响与破坏；另一指以人为属性的安全（Security），即人为的侵害。安全防范，是指以维护社会公共安全为目的，为了防入侵、防被盗、防破坏、防火、防爆和安全检查等采取的技术措施。将防范的设备用通信传输网络系统联合成整体的体系，称为安全防范系统（Security Protection System，SPS）。

### ·*6.3.1  楼宇、小区安全防范系统组成*·

楼宇小区SPS由4个部分组成，如图6.5所示。

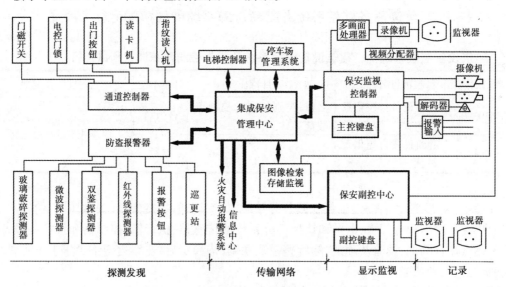

图6.5  安全防范系统组成示意

①前端发现侵犯行为部分——信息的传感或探测，如电磁、红外线、微波等传感器、探测器。

②输送信息线路部分——信息的传输网络。传输方式分为有线式和无线式。有线网络式是用传统布线或综合布线方式组成总线制、多线制网络传输信号；也可用电话线、电力线发送载波或音频传输音频信号，用同轴电缆传输图像信号。无线传输式是用无线发射机

发送信号。

③信号显示/处理/控制部分——通过控制主机,操作人员可发出指令,对信号进行处理。

④记录/储存/输送部分——将处理的信号进行记录并储存,并随时发送信号。

## · 6.3.2 SPS 设备安装工程量 ·

### 1)入侵探测设备安装

**楼宇、小区安全防范系统　　入侵探测设备**

| 项目编码 | 项目名称 | 项目特征 | 计量单位 | 工程量计算规则 |
|---|---|---|---|---|
| 030507001 | 入侵探测设备 | 名称;类别;探测范围;安装方式 | 套 | 按设计图示数量计算 |

【释名】入侵探测设备(Intrusion Detection):是 SPS 的前端装置,是第一道安全防线,是一种探测入侵者行为的设备。按使用场所分为两大类,即入侵保护区域(周界)探测装置和入侵室内探测装置,现今有十多种类型。

**▌清单项目工作内容▌** ①本体安装;②单体调试。

**▌定额工程量▌** 按"套"计量。

入侵探测设备种类很多,立项时请注意描述,如微波、超声波、驻波、红外线、激光、玻璃破碎、振动、泄漏电缆、无线报警等探测器;还有各种开关,如门磁、压力、卷帘门(闸)、紧急脚踏、紧急手动开关等,成套供应。安装完后单体做功能的检测与调试。

### 2)入侵报警控制器及报警中心显示设备安装

**楼宇、小区安全防范系统　　入侵报警控制器　报警中心显示设备**

| 项目编码 | 项目名称 | 项目特征 | 计量单位 | 工程量计算规则 |
|---|---|---|---|---|
| 030507002 | 入侵报警控制器 | 名称;类别;路数;安装方式 | 套 | 按设计图示数量计算 |
| 030507003 | 入侵报警中心显示设备 | 名称;类别;安装方式 | | |

【释名】SPS 入侵报警控制器(Intruder Alarm Controller):控制、管理本系统的工作状态,收集、判断并发出声光报警信号,还可驱动外围设备,如摄像机、录像机、打印机或照明设备等;还具备自检、故障报警和编程功能。安装方式有壁挂、嵌入、台式。

**▌清单项目工作内容▌** ①本体安装;②单体调试。

**▌定额工程量▌** 按"套"计量。

①报警控制器安装及调试,按多线制、总线制分类,以所连接的监控线路数量不同计算,安装完后进行功能的检测与调试。

②报警中心显示设备安装及调试,如报警灯、警铃、有线对讲机、报警电话、用户机等,安装后进行功能的检测与调试。

### 3)入侵报警信号传输设备安装

**楼宇、小区安全防范系统　　入侵报警信号传输设备**

| 项目编码 | 项目名称 | 项目特征 | 计量单位 | 工程量计算规则 |
|---|---|---|---|---|
| 030507004 | 入侵报警信号传输设备 | 名称;类别;功率;安装方式 | 套 | 按设计图示数量计算 |

【释名】SPS 报警信号传输设备(Signal Transmission):发送前端数据信号和接收终端信号的设备或器件,其发送和接收设备是相对应的。传输设备分有线和无线传输设备。有线报警传输设备,如专用线、电源线、电话线的发送器与接收机,以及网络接口;无线报警传输设备,也分发送器与接收机。

▌**清单项目工作内容**▌①本体安装;②单体调试。

▌**定额工程量**▌按"套"或"系统"计量。

有线报警信号传输设备安装,除线缆敷设另立项计算外,网络接口、专用线、电源线、电话线的发送器与接收机,分别计算;无线报警传输设备,无论发送与接收机,按功率大小不同计算。上述均要进行功能检测、性能测试、通信试验。

### 4)出入口目标识别及控制设备的安装

**楼宇、小区安全防范系统　　出入口目标识别设备　控制设备**

| 项目编码 | 项目名称 | 项目特征 | 计量单位 | 工程量计算规则 |
|---|---|---|---|---|
| 030507005 | 出入口目标识别设备 | 名称;规格 | 台 | 按设计图示数量计算 |
| 030507006 | 出入口控制设备 | | | |

【释名】SPS 出入口识别与控制设备设置目的:一是了解通行状态,如营业大厅门、通道门等;二是监视和控制,如对楼梯间、防火门等的监视或控制;三是对中心设备的监控,如对出入计算机房门、金库门、文博或配电房门等人员进行监控和身份的识别。

(1)SPS 目标识别设备(Target Recognition)

SPS 目标识别设备涉及多种识别技术,如自动、条码、生物、图像、语音、光字符、信息及目标等技术,识别设备常用以下两大类:

①生物特征识别技术的设备,如对人体指纹、掌纹、瞳孔、虹膜、面部、基因、静脉、步态以及语音甚至笔迹等识别的设备与装置。

②物体识别技术的设备,如键盘输入的通行密码、条码卡、磁卡、ID 卡、接触式 IC 卡、非接触式 IC 卡等,可单独设置,或其中的若干结合设置。

(2)SPS 出入口控制设备(Access Control)

SPS 出入口控制设备即门口戒备门禁,就是对出入口通道进行管制的系统;有单门、双门、四门及多门控制器,或者单向、双向控制器。

▌清单项目工作内容▌ ①本体安装；②系统调试。

▌定额工程量▌ 按"台"计量。

①出入口安全前端识别设备安装：出入口安全识别设备，如读卡器、写入器、指纹读入机、电锁、可视门镜、可视对讲主机及管理计算机等安装，如图6.6所示。

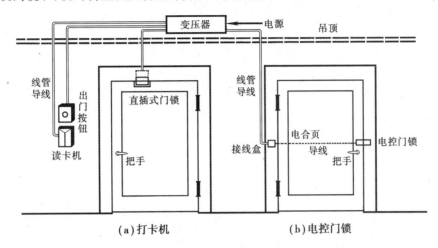

（a）打卡机　　　　　　　（b）电控门锁

图6.6 出入口前端识别设备组成示意

②出入口安全检查控制设备安装及测试：出入口安全检查控制设备，如门禁控制器、金属武器探测门、X射线安全检查等设备。安装完后用数字万用表，按产品说明书对各项技术指标的稳定性、可靠性以及功能进行测试。

### 5) 出入口执行机构设备安装

**楼宇、小区安全防范系统　　出入口执行机构设备**

| 项目编码 | 项目名称 | 项目特征 | 计量单位 | 工程量计算规则 |
|---|---|---|---|---|
| 030507007 | 出入口执行机构设备 | 名称；类别；规格 | 台 | 按设计图示数量计算 |

【释名】SPS出入口执行机构（Access Actuator）：识别信号后执行允许通行或拒绝通行的机构；用电动、气动、液压或手动，机构有杠杆、栏杆、门、挡板等。

▌清单项目工作内容▌ ①本体安装；②系统调试。

▌定额工程量▌ 按"台"计量。

出入口执行机构设备，一般有电控锁、电磁吸力锁、自动闭门（锁）器、杠杆、栏杆、门、挡板等，安装完后进行功能的检测与调试。

### 6) 电视监控摄像设备安装

**楼宇、小区安全防范系统　　电视监控摄像设备**

| 项目编码 | 项目名称 | 项目特征 | 计量单位 | 工程量计算规则 |
|---|---|---|---|---|
| 030507008 | 监控摄像设备 | 名称；类别；安装方式 | 台 | 按设计图示数量计算 |

【释名】SPS 监控摄像系统:属于闭路电视监控系统(Closed-Circuit Television,CCTV),是一种对入侵警戒区者的监视、显示并记录其行为的系列设备。它有 10 余种类型,主要有遥控摄像机、镜头及电动云台,观看行为的监视器和记录行为的录像机以及信号传输系统等组成。

■ **清单项目工作内容** ■ ①本体安装;②单体调试。

■ **定额工程量** ■ 按"台""套"计量。

(1)电视监控摄像机安装及调试

摄像机(Video Camera),电视监控采用黑白或彩色遥控摄像机(CCD),种类繁多,品种千差万别,均按"台"或"套"计量。如微光摄像机,在微弱光线下能清晰成像,比红外光源的摄像机更先进;摄录一体机,是将摄像机与录像机制成一体;带预置球形一体机,是摄像机和微电脑控制的云台放在球形防护罩中制成一体,巡视点数和路径可预先设置,提高了监视效率,如图 6.7 所示。安装方式有吸顶、壁挂、嵌入式,安装完后均要进行功能的检测与调试并试运行。

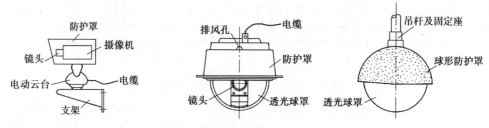

**图 6.7 监控摄像机组成及半球和球形摄像机**

(2)镜头、云台、防护罩、支架等安装及调试

①镜头安装,按焦距(定焦或变焦)、光圈(手动或电动)、明装或暗装等不同分别以"台"计量。

②云台安装及接线,按质量(kg)不同以"台"计量。

③防护罩、支架等安装,按"台""套"计量。

上述各项安装完后均进行施工质量检测、功能检测、调试并试运行。

**7)录像设备安装**

**楼宇、小区安全防范系统　　　录像设备**

| 项目编码 | 项目名称 | 项目特征 | 计量单位 | 工程量计算规则 |
|---|---|---|---|---|
| 030507013 | 录像设备 | 名称;类别;规格;存储容量、格式 | 台(套) | 按设计图示数量计算 |

【释名】录像机(Video Tape Recorder,VTR):闭路电视监视系统中记录和重放的装置。录像机由磁带式发展到数字硬盘式(DVR),硬盘式分为工控式和嵌入式两种。

■ **清单项目工作内容** ■ ①本体安装;②单体调试。

■ **定额工程量** ■ 按"台"计量。

录像机安装,按尺寸大小不同、按带编辑或不带编辑功能,分别按"台"计算。安装完后进行录放功能和录像清晰度的检查和调试。

### 8)显示设备安装

**楼宇、小区安全防范系统　　显示设备**

| 项目编码 | 项目名称 | 项目特征 | 计量单位 | 工程量计算规则 |
|---|---|---|---|---|
| 030507014 | 显示设备 | 名称;类别;规格 | 台<br>m² | 以台计量,按设计图示数量计算<br>以平方米计量,按设计图示面积计算 |

【释名】显示器(Display)作为监视用,称为监视器,是计算机的输入与输出(I/O)设备。监控系统常用阴极射线管显示器(CRT)和液晶(LCD)显示器。显示器的种类多样,分黑白、彩色,屏幕分纯平、普屏、球面屏、大屏、拼接屏、台式、挂式、机架式等。

▌**清单项目工作内容** ▌①本体安装;②单体调试。

▌**定额工程量** ▌按"台""m²"计量。

监视器安装,按屏面尺寸大小不同,分别按"台"计算;液晶显示屏,按屏面积"m²"计算。安装主要内容:调试色度、亮度和对比度,试运行。用定额电气工程相应子目,视频控制、传输等设备和装置等,也用相应子目。机架现场制作时,计算见前述内容。

## · 6.3.3　SPS调试及试运行工程量 ·

**楼宇、小区安全防范系统　　安全防范系统调试　　试运行**

| 项目编码 | 项目名称 | 项目特征 | 计量单位 | 工程量计算规则 |
|---|---|---|---|---|
| 030507017 | 安全防范分系统调试 | 名称;类别;通道数 | 系统 | 按设计内容 |
| 030507018 | 安全防范全系统调试 | 系统内容 | | |
| 030507019 | 安全防范系统工程试运行 | 名称;类别 | | |

【释名】SPS安全防范系统属于IB集成系统之一,因管理需要而独立。其系统调试,先分系统调试、联调,然后按设计和规范要求试运行,检查国家认证机构对产品和器材的认证书,对防范功能和范围及盲区、图像和报警记录的保存时间、防御系统被破坏后的恢复功能、软件的安全性及操作人员授权,以及操作信息存储记录等的检测与调试,连续运行周期不少于一个月的调试工作。

▌**清单项目工作内容** ▌•分系统调试:各分系统调试。

•全系统调试:①各分系统的联动、参数设置;②全系统联调。

•系统工程试运行:系统试运行。

▌**定额工程量** ▌按"系统"计量。

①分系统调试,进行相应指标测试、功能测试。如入侵报警系统以控制的点数,出入口系统以控制的门数,电视监控系统以安装摄像机的台数,其调试分别使用定额相应子目。

②全系统联动、联调,哪些分系统和内容需进行联动、联调,按设计和验收规范要求进行。以系统控制的"点"数不同,按"系统"计量。

③系统工程试运行,联调成功后,按验收规范要求连续运行无故障才能验收,试运行计算同②。

# 复习思考题 6

6.1 智能建筑一般控制哪些建筑设备? 用什么装置或元器件进行控制? 怎样计算工程量?

6.2 "智能表""安防""消防探测报警""CATV""扩声"或者 BAS 系统到每一个楼层,用什么设备进行分户连接? 安装怎么计算工程量?

6.3 "智能表""安防""CATV""扩声"以及 BAS 系统安装完后,是否需要调整或调试? 若要调整调试,内容有哪些? 怎样计算?

# 7 有线电视系统及扩声系统工程

## 7.1 有线电视系统设备安装工程量

### • 7.1.1 有线电视CATV系统的组成 •

有线电视系统也称为电缆电视系统(Cable Television CATV),是用射频电缆、光缆、多频道微波分配系统或其组合来传输、分配和交换声音、图像及数据信号的电视系统。

原模拟单向传输信号的有线电视系统,在"三网融合(电信、互联网、电视网)"的形势下,改造为数字信号传输的有线电视系统。系统由信号源、前端、干线传输和用户分配网络等组成,如图7.1所示。

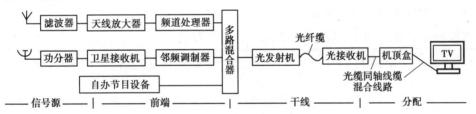

**图7.1 CATV系统主要结构**

①信号源,包括开路电视接收信号、调频广播、地面卫星、微波以及有线电视台自办节目等信号源。

②前端部分,是将信号源送来的信号进行滤波、变频、放大、调制、混合后,传输给干线传输系统。

③干线传输系统,将前端传来的高频电视信号用光纤、同轴电缆或微波不失真地传输给分配系统。

④用户分配系统,将电视信号分配给各用户,它由支线放大器、分配器、分支器、用户终端、支线及机顶盒等组成。

### 7.1.2 CATV系统前端射频设备安装工程量

**有线电视系统　　邻频前端**

| 项目编码 | 项目名称 | 项目特征 | 计量单位 | 工程量计算规则 |
|---|---|---|---|---|
| 030505003 | 前端机柜 | 名称;规格 | 个 | 按设计图示数量计算 |

**【释名】**CATV前端有多种,大中型CATV系统采用邻频前端,其频道多、质量好。它由信号处理器、邻频调制器、频道放大器及混合器等组成。作用是将信号源的信号加工处理成射频信号输出。它可单独安装在机房机架上,或组装在一个箱或柜中,可落地、壁挂,明装、暗装。

▌**清单项目工作内容**▌①本体安装;②连接电源;③接地。

▌**定额工程量**▌安装、调试按"套"计量。

邻频前端安装以12个频道为基准,每增加一个频道另计算;调试,使输出电平一致、视频图像清晰、音频不失真等指标为准。

### 7.1.3 CATV系统传输网络及设备安装工程量

#### 1) CATV系统干线网络线缆敷设

**有线电视系统　　射频同轴电缆敷设　　光纤缆敷设**

| 项目编码 | 项目名称 | 项目特征 | 计量单位 | 工程量计算规则 |
|---|---|---|---|---|
| 030505005 | 射频同轴电缆 | 名称;规格;敷设方式 | m | 按设计图示尺寸以长度计算 |

**【释名】**射频同轴电缆(RF Coaxial Cable):是导体和屏蔽层共轴心的电缆,因传输射频和微波信号的能量强,所以具有高频损耗低、屏蔽及抗干扰能力强、频带宽等特点,故名射频同轴电缆,简称为射频电缆或同轴电缆。射频电缆分半刚、半柔和柔性。常用SYV型、SBYFV型、SYK型,其阻性为50,75 Ω的射频电缆。

▌**清单项目工作内容**▌•线缆敷设。•电缆接头。

▌**定额工程量**▌电缆敷设按"m"计量。

①射频电缆敷设:室内敷设,按穿管、暗槽、线槽、桥架、支架、活动地板内明布放等敷设方式,分别计算;室外敷设,按电杆上、墙壁上架设方式,分别计算。

②光纤缆敷设,见5.3.4节的叙述。

### 2) CATV 系统干线设备安装及调试

**有线电视系统　干线设备安装及调试**

| 项目编码 | 项目名称 | 项目特征 | 计量单位 | 工程量计算规则 |
|---|---|---|---|---|
| 030505012 | 干线设备 | 名称;功能;安装位置 | 个 | 按设计图示数量计算 |

【释名】CATV 系统传输干线网络的设备,一般有线路放大器、供电器、光放大器、光接收机及无源器件等。安装主要是进行本体功能调试。

■ **清单项目工作内容** ■ ①本体安装;②系统调试。

■ **定额工程量** ■ 按"个"计量。

(1)放大器本体安装及调试

放大器(Amplifier)主要是将低场强区的天线信号放大,以提高电平。放大器按应用位置分为天线弱信号放大器、前端放大器、线路放大器(用于光缆中继放大的有源器件光放大器)。光放大器和线路放大器安装分为室外型(地面、架空)、室内型(明装、暗装)安装。均用场强仪测试电平、衰减及均衡等本体功能指标。

(2)光接收机本体安装及调试

光接收机(Optical Receiver):将从光纤传来的慢弱信号,转变为电平合适、低噪声、幅频平坦的电视信号,送入用户分配系统的一种光有源器件。其安装类型和调试同放大器。

(3)供电器本体安装及调试

供电器(Power over Ethernet)为各种网络有源器件提供电源,是一种即插即用的设备,按插口和容量分类。安装分室外型(地面、电杆上)、室内型(明装、暗装)。本体功能调试,主要是测量输入、输出的电流与电压等指标。

### 3) CATV 系统分配网络设备及终端设备安装、调试

**有线电视系统　分配网络设备安装　终端设备安装调试**

| 项目编码 | 项目名称 | 项目特征 | 计量单位 | 工程量计算规则 |
|---|---|---|---|---|
| 030505013 | 分配网络 | 名称;功能;规格;安装方式 | 个 | 按设计图示数量计算 |
| 030505014 | 终端调试 | 名称;功能 | | |

【释名】①CATV 系统分配网络设备(Distribution Network),一般有楼栋放大器、分支器、分配器、均衡器、衰减器及用户终端等设备。

②CATV 系统的终端,主要是用户电视机、机顶盒等。终端用彩色监视器、场强仪、测试放大器、服务器、FM 音箱等,调试频道、画面质量及 FM 音质等。

■ **清单项目工程内容** ■ • 分配网络:①本体安装;②电缆接头制作、布线;③单体调试。

• 终端调试:调试。

■ **定额工程量** ■ 按"个""户"计量。

(1)分配网络设备本体安装及调试

分配网络设备本体安装：楼栋放大器、分支器、分配器及用户终端等安装，无论明装还是暗装，均要计算"箱"或"盒"的安装。调试：同传输网络设备。

(2)用户终端安装、调试

①机顶盒安装按"台"计算；电视插座安装见5.3.6节的叙述。

②用户终端调试，用场强仪测试电平、调整图像等，按"户"计算。

# 7.2　扩声系统设备安装工程量

【集解】人们为了传播声音信号，现今主要使用电力扩声系统，也称为电声系统，一般分为扩声、公共广播及背景音乐系统。这里以室内扩声系统为主进行叙述。一般的扩声系统，发展到模拟音响第二代AM,FM系统，到现在的第三代数字多媒体移动广播系统(DMB)。扩声系统分5类，无论哪类，其扩声效果涉及合理、正确的系统设计和品质良好的音响设备，以及良好的声音传播环境(建声条件)和精确的现场调音，三者最佳结合相辅相成、缺一不可。这里不叙述建声条件的内容，只叙述有线扩声系统设备安装和调试等内容。

## · 7.2.1　扩声系统 ·

(1)扩声系统分类

①室外扩声系统：用于体育场、车站、公园、广场、音乐喷泉等室外场所。其特点是服务区域面积大、空间宽阔、场所有噪声，所以要求声压高，是直接到达式的传播系统。

②室内扩声系统：用于影剧院、歌舞厅、体育馆等室内场馆，专业性强，对音质要求很高，所以要考虑电声条件和建筑声学条件。例如以调音台为中心的扩声系统，如图7.2所示。

③公共扩声(广播)系统：应用广，如宾馆、商厦、港口、机场、地铁以及学校的广播节目和背景音乐系统，音质以中音与中高音为主。系统线路长，扬声器分散，要求能与紧急事故和消防报警系统切换，如图7.2所示。

④流动演出扩声系统：用于大型临时演出，要求结构紧凑，携带、搬运和安装方便，性能可靠，适应各种环境。

⑤会议扩声系统：计算机、网络的应用加快了系统的更新换代及扩大了系统的使用范围，系统基本元素有发言、表决、选举、评议、视频、远程跟踪、电话会议、同声传译、桌面显示、资料分配及储存等功能系统。此系统广泛用于国内、国际交流，集团、政府机构的会议及大学教学等。

(2)扩声系统设备的组成

扩声系统，无论是室内系统，还是室外系统或会议扩声系统，均是将声音信号转变为电信号，经过加工处理，由传输线路传给扬声器，再转变为声音信号播出，并和听众区的建筑声学环境共同产生音响效果的系统，所以都由下列4部分设备组成：

①节目信号源设备：传声器(话筒)、激光唱机(CD)、数字信息播放器或电子乐器，以及辅助设备(如电源及电源控制器、消防报警广播盘、监听检测盘等)组成。

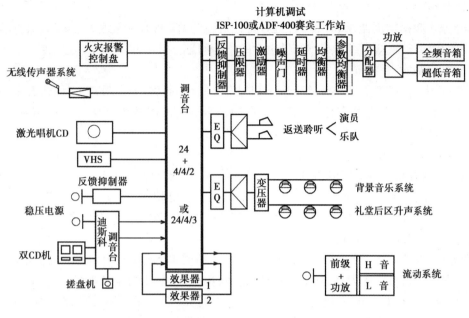

**图7.2 以调音台为中心的扩声系统组成**

②信号放大处理设备:功率放大器(功放)、均衡器、调音台(调音桌)及音响加工设备等。

③声音信号传输线路:为了减少信号传输损耗,用阻尼系数小的无氧铜 RVS(2×4)专用导线或 RVB 导线。

④声音播出设备:扬声器、音箱、音柱等。

## · *7.2.2 扩声系统设备安装工程量* ·

**扩声系统    扩声系统设备**

| 项目编码 | 项目名称 | 项目特征 | 计量单位 | 工程量计算规则 |
|---|---|---|---|---|
| 030506001 | 扩声系统设备 | 名称;类别;规格;安装方式 | 台 | 按设计图示数量计算 |

【释名】扩声系统的设备也称为音响设备(Hi-Fi Equipment),一般由4部分设备组成:音源(传声器及节目源)及电源;前级控制、音频处理、功率放大器(功放);扬声器及音箱;线缆。

■ **清单项目工作内容** ■ ①本体安装;②单体调试。

■ **定额工程量** ■ 按"台""只"计量。

(1)调音台

调音台(Mixer)又称为调音桌或前级增音机或控制台,是扩声系统控制中心的重要设备。它由前置放大器输入、母线及输出装置3个部分组成,如图7.2所示。国家标准程式为:输入路数/编组数/输出通道组数;立体声信号源程式为:路数+立体声/编组/输出。调音台输入可分8,12,16,24,32 等路;有4,8个编组;有2,3 等输出通道。调音台种类很多,可以满足多种功能需要,立项时注意描述。

（2）均衡器

均衡器（频率均衡器，Equalizer），是对高、中、低三段声频信号频率补偿或衰减，使频谱平衡的设备，以调整观众席声场高、中、低声音的均衡问题。常用的是 31 段均衡器。

（3）功率放大器

功率放大器（扩音机，Power Amplifier）是扩声系统心脏，分为定阻式、定压式两类，输出功率分 60~360 W 等。定阻式有 4,8,16 Ω 系列；定压式，国内常用 120,240 V，国际推荐 70, 100 V。室内扩声多用定阻式，远距离传声多用定压式。

（4）扬声器、音箱、音柱

扬声器或音箱是将扩声电信号转换成声音信号的终端设备。

①扬声器（喇叭）。扬声器（Loudspeakers）的类型有电动式（纸盆式、号筒式）、静电式、电磁式及离子式。标称功率 0.5~25 W/VA，阻抗 4~25 Ω。安装方式有天棚（吸顶、嵌入）、壁挂、嵌墙、支架式或阵列式等。

②音箱（组合式扬声器）。音箱（Speaker）将扬声器单元经过排列组合，放入特制的箱体内，即成音箱。它有频率宽、失真小、指向性宽、低音厚、音色柔、层次清晰及高音明亮等特点，故适用于家庭、影剧院、礼堂、会堂及场馆或室外等场所。室外音箱有全天候、草坪、水下式及号筒式等。

③音柱或声柱（Sound Column）。将扬声器单元按一定间距竖直排成一列，装入有一定强度材料制成的柱形箱内，即音柱。它具有声音幅射距离远、声场均匀、水平指向性宽、垂直指向性窄、能减少声反馈（啸叫）、传声增益高等特点，常用于广场、运动场、操场、大场馆等场合。

（5）传声器

传声器（话筒、麦克风，Microphone），按结构分为动圈式、晶体式、炭粒式、铝带式和电容式，常用动圈式及电容式，电容式价高但特性优良；按使用方式分为有线、无线及遥控式。

（6）稳压电源（Stabilized Voltage Supply）

系统用~220 V 供电电源、直流稳压电源、备用电源及紧急电源等设备，计算见前述内容。

（7）系统线路楼层分配箱（端子箱）

楼层分配箱（Distributor Box），其作用是将网络干线线路分配至每层各回路或各用户的汇集装置，分明装/暗装，用定额电气工程及建筑智能工程。

### 7.2.3　扩声系统调试及试运行工程量

**扩声系统　　扩声系统调试及试运行**

| 项目编码 | 项目名称 | 项目特征 | 计量单位 | 工程量计算规则 |
|---|---|---|---|---|
| 030506002 | 扩声系统调试 | 名称；类别；功能 | 只（副、系统） | 按设计图示数量计算 |
| 030506003 | 扩声系统试运行 | 名称；试运行时间 | 系统 | |

【释名】扩声系统的调试和试运行，是指安装完毕，对设备及安装现状按设计和规范要求，用预设的技术指标进行调整和调试，使其相互匹配协调，让系统工作稳定。试运行的目的是

对设计水平、设备器材制造和安装质量、系统安全和可靠性、操作和管理方便程度等进行检验。

■ **清单项目工程内容** ■ • 扩声系统调试：①设备连接构成系统；②调试、达标；③通过DSP 实现多功能。

• 扩声系统试运行：试运行。

■ **定额工程量** ■ 按"个""系统"计量。

①扩声系统级间调试：设备和器材虽经设计匹选，但必经调整才匹配。音源及话筒输入到放大器前级要调整电平、频率等，功放末级输出到音箱系统也必须调整电平、功率、阻抗及阻尼系数等级间才匹配，否则系统不能正常工作。调整调试按连接前级、末级的话筒、音箱及设备的"个"计算。

②扩声系统调试：无论是语言、多功能或演出系统的调试，系统开通正常后，在空场或满场情况下选点布置仪器，对传声和扬声器系统按规范标准和设计要求的技术指标调整至设定的最佳状态为止。

③扩声系统声学指标的测量：系统调整完毕且状态正常后，接入声级计等仪器，依序测试传输频率特性、声场不均匀度、最大声压级、传声增益、总噪声级及语言传输指数等声学指标，并打印测量报告。

④扩声系统试运行：语言、演出及多功能系统均要连续运行一个月以上，以检验系统的相关功能、安装质量、安全性和可靠性、最佳和最差状态、实施操作和管理方便程度等，借此评价设计的完美程度，并为验收提供可靠依据。

# 复习思考题 7

7.1　CATV 系统为什么要用同轴电缆？用光缆或一般铜线缆行不行？为什么？

7.2　CATV 系统、安防系统、火灾监视系统的射频电缆敷设，怎样使用定额？

7.3　电视、扩声、火灾事故广播等系统的配管、配线，怎样使用定额？

# 8 火灾自动报警及消防联动系统工程

【集解】火灾是最频繁、最具毁灭性的灾害之一,人们为了预防和消除火灾,就产生了火灾的探测、报警和灭火的消防工程系统。消防工程系统有 3 种形式:人工报警,人工灭火;自动报警,人工灭火;自动探测、自动报警、自动灭火联动系统。后一种形式是现代建筑必备的系统之一,当前广泛应用的水灭火系统、气体灭火系统和泡沫灭火系统都能达到这一要求。

## 8.1 火灾自动报警及消防联动系统

### 1)FAS 火灾自动报警及消防联动系统

火灾自动探测系统、自动报警系统和自动灭火系统的组合称为火灾自动报警或消防联动控制系统,简称为火灾联动系统(Fire Alarm System,FAS)。其中火灾探测与报警控制系统是系统的感测部分,消防控制系统是系统的执行部分。

FAS 技术换代很快:第一代,多线制开关量式;第二代,多线制可寻址开关量式;第三代及第四代,模拟量传输式发展到数字传输式智能化灭火联动系统。数字传输系统按控制方式有 4 种模式:区域报警系统、集中报警系统、区域-集中报警系统、控制中心报警系统。控制中心报警系统是一种火灾自动探测、自动报警与自动灭火消防联动一体化的控制系统,它适用于大型建筑群、大型综合楼、大型宾馆、饭店、商城及办公楼等的消防。

### 2)FAS 火灾自动联动控制系统的组成

FAS 由两大部分组成:探测报警和消防设施及设备;信号传输网络。

(1)FAS 设施及设备

FAS 设施及设备由火灾探测、火灾报警、火灾广播、火警电话、事故照明、灭火设施、防排烟设施、防火卷帘门、监视器、消防电梯及非消防电源的断电装置共 11 部分设施和设备组成,如图 8.1 所示。

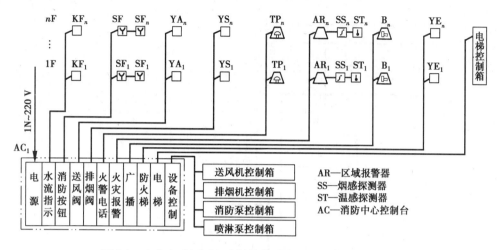

**图 8.1 火灾自动探测自动报警自动消防联动控制系统组成**

（2）FAS 信号传输网络

FAS 信号传输网络有多线制和总线制两类。多线制处于淘汰状态,而总线制采用地址编码技术,整个系统只用 2~4 根导线构成总线回路,所有探测器相互并联于总线回路上,系统构成极其简单,成本较低,施工量也大为减少,无论用传统布线方式或综合布线方式的传输网络系统都广泛采用这种线制,如图 8.2 所示。

3）FAS 的检测调试

FAS 是个总系统,安装完毕后各个分(子)系统检测合格后联通,再进行全系统的检测、调整及试验,要求达到设计和验收规范要求。进行检测和调试的单位有施工单位、业主或监理单位、专业检测单位、公安消防部门等,前后要进行 4 次检测调试。

FAS 检测调试主要是两大部分:火灾自动报警装置调试和自动灭火控制装置调试。当工程仅设置自动报警系统时,只进行自动报警装置调试;既有自动报警系统,又有自动灭火控制系统时,应计算自动报警装置和自动灭火控制装置的调试。

FAS 检测调试工程量按下述方式划分:自动报警系统装置,以控制的点数不同以"系统"计量;水灭火系统控制装置,以控制的点数不同以"系统"计量;气体灭火系统控制装置,以气体贮存容器的规格不同,以容器的"个"数计量;泡沫灭火系统控制装置,按批准的施工方案进行计算。

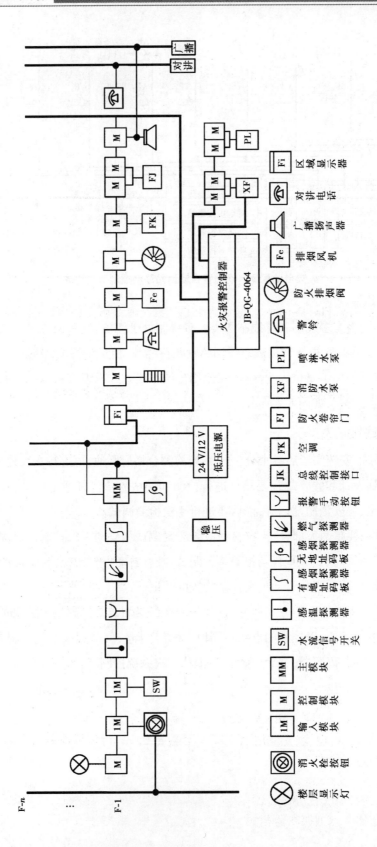

图8.2 某工程火灾自动报警与自动灭火系统

# 8.2 FAS控制系统设备安装工程量

## • 8.2.1 FAS探测器安装工程量 •

**火灾自动报警及消防联动控制系统　点型探测器　线型探测器**

| 项目编码 | 项目名称 | 项目特征 | 计量单位 | 工程量计算规则 |
|---|---|---|---|---|
| 030904001 | 点型探测器 | 名称;规格;线制;类型 | 个 | 按设计图示数量计算 |
| 030904002 | 线型探测器 | 名称;规格;安装方式 | m | |

【释名】火灾探测器(Fire Detector):是在火灾初期,能将烟、温度、火光的感受转换成电信号输出的一种敏感元件。其类型有点型与线型。

■**清单项目工作内容**■ •点型探测器:①底座安装;②探头安装;③校接线;④编码;⑤探测器调试。

•线型探测器:①探测器安装;②接口模块安装;③报警终端安装;④校接线。

■**定额工程量**■ 按"个""m"计量。

(1)点型探测器安装及调试

①感烟、感温、火焰、红外光束、可燃气体等型探测器安装,包括探头及底座安装、校线、挂锡及调测等工作。接线盒安装另计。安装如图8.3所示。

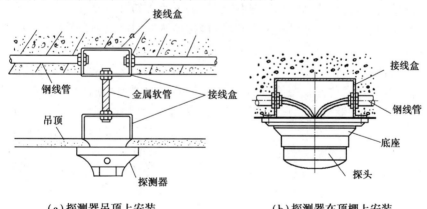

(a)探测器吊顶上安装　　　　(b)探测器在顶棚上安装

**图8.3　点型探测器组成及安装**

②探测器调试,用烟、温度、光或用燃气等探测器发生仪进行模拟检测与调试,也可用报警器自身功能逐一进行检查。

(2)线型探测器安装及调试

线型探测器柔软,可安装成环式、正弦式、直线式等形状,不分保护形式,均按设计长度计量。安装与调试工作与点型探测器相同。

### 8.2.2　FAS 警报装置安装及调试工程量

**1）火灾警报装置安装及调试**

火灾自动报警及消防联动控制系统　　火灾警报装置安装及调试

| 项目编码 | 项目名称 | 项目特征 | 计量单位 | 工程量计算规则 |
|---|---|---|---|---|
| 030904003 | 按　钮 | | 个 | |
| 030904004 | 消防警铃 | 名称；规格 | 个 | |
| 030904005 | 声光报警器 | | | 按设计图示数量计算 |
| 030904006 | 消防报警电话插孔（电话） | 名称；规格；安装方式 | 个（部） | |
| 030904007 | 消防广播（扬声器） | 名称；功率；安装方式 | 个 | |

【释名】火灾警报装置（Fire Warning Device）是火灾自动报警系统中一种最基本的装置。当火灾发生时，它以声、光音响方式向报警区域发出火灾警报信号，以警示人们采取安全疏散、灭火救灾等措施。警报装置类型很多，分为手动型和电动型，如报警按钮、警铃、声光报警器、火警电话、消防广播等，如图 8.1 至图 8.5 所示。

■ **清单项目工作内容** ■ ①安装；②校接线；③编码；④调试。

■ **定额工程量** ■ 按"个"计量。

①消防报警按钮为手动。在消防系统中，它是消防水泵的主令控制元件，设置在公共场所出入口处或消火栓箱上。消防报警按钮有流行的压片式和破玻璃式，又分为一般型和智能型。其调试简单，松动按钮玻璃盖板或压片，直接按动按钮即可明确报警部位，如图 8.4 所示。

②警铃大部分安装于建筑物的公共空间内，如走廊、大厅等。

③声光报警器又称为声光警号。当发生事故或火灾时，报警控制器发出控制信号，启动声光报警电路，发出声音和光报警信号，完成报警目的。配用手动报警按钮也能达到声、光报警目的。调试主要是功能检测。它分普通和防爆型、编码和非编码型，如图 8.5 所示。

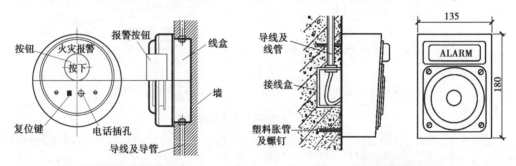

图 8.4　手动报警按钮组成　　　　图 8.5　声光报警器安装

④消防报警电话插孔（电话），一般设在各楼层手动报警按钮附近，或与手动报警按钮组成一个装置。值班人员巡视现场确认后，将手持电话分机插入电话插孔，即可与火灾控制室

人员进行通话,如图8.6所示。

图8.6 消防电话插孔与电话分机

⑤消防广播(扬声器)见7.2.2节的叙述。

**2)专用控制模块安装及调试**

**火灾自动报警及消防联动控制系统　专用控制模块(接口)**

| 项目编码 | 项目名称 | 项目特征 | 计量单位 | 工程量计算规则 |
|---|---|---|---|---|
| 030904008 | 模块(模块箱) | 名称;规格;类型;输出形式 | 个(台) | 按设计图示数量计算 |

【释名】模块(Module):用印刷电路插件板构成的一种连接件,用于网络中导线与设备、设备与设备之间的连接,所以又称为接口。模块(接口)要求防水防尘,装在盒或箱中称为模块箱(盒),如图8.2所示。

■ **清单项目工作内容** ■ ①安装;②校接线;③编码;④调试。

■ **定额工程量** ■ 模块按"个"、模块箱按"台"计量。

①控制模块,也称为中继器或地址码中继器,又称为输入输出模块(接口),连接排烟阀、送风阀、防火阀、警铃、声光报警器、阀门、电梯、广播切换等外部设备,一个模块可连接8个探测器。本体调试,测试信号的传输与接收是否畅通。按"输入""输出"不同计算。

②监视与报警编址模块安装,也称为报警接口,其分为单输出、多输出和报警编址模块,是控制器与被控制设备实现控制的连接桥梁,用于送风阀、排烟阀、防火阀和喷淋泵等被动型设备的控制。调试与计算同①。

### · 8.2.3　FAS报警控制箱安装及调试工程量 ·

**火灾自动报警及消防联动控制系统　报警控制箱　联动控制箱　报警联动一体机**

| 项目编码 | 项目名称 | 项目特征 | 计量单位 | 工程量计算规则 |
|---|---|---|---|---|
| 030704009 | 区域报警控制箱 | 多线制;总线制;安装方式;控制点数量;显示器类型 | 台 | 按设计图示数量计算 |
| 030704010 | 联动控制箱 | | | |
| 030704017 | 报警联动一体机 | 规格、线制;控制回路;安装方式 | | |

【释名】①报警控制箱(Alarm Controller):为探测器供电,接收、显示和传递火灾报警信号的报警装置。

②联动控制箱:能接收由报警控制器传来的报警信号,并对自动消防等装置发出控制信号的装置。

③报警联动一体机:简称为联动控制主机,能为探测器供电,接收、显示和传递火灾报警信号,又能对自动消防等装置发出控制信号,只适用于总线制的自动报警控制系统。它们是接收探测器的火警电信号,转换为声、光的报警信号,并显示着火部位或报警的区域,电子时钟记下报警时间,自动与火灾控制中心联系,以唤起人们尽快救火的一种装置。它们都由报警主机、电源和分线箱3个部分组成。报警控制箱、联动控制箱和报警联动一体机,安装方式有台式、壁挂式、落地式,如图8.7所示。

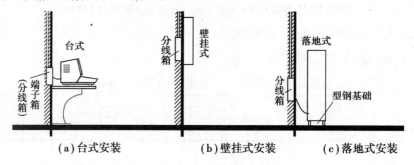

图8.7　火灾报警控制器安装

■ **清单项目工作内容** ■ •报警控制箱、联动控制箱:①多线制;②总线制;③安装方式;④控制点数量调试;⑤显示器类型。

•报警联动一体机:①安装;②校接线;③调试。

■ **定额工程量** ■ 按"台"计量。

区域报警控制箱、联动控制箱、火灾报警系统控制主机、联动控制主机、报警联动一体机均按设计图示控制的"点"量不同,即控制的探测器、报警按钮、水流指示器、压力开关、排烟阀、正压送风阀、电梯、电动防火门、防火卷帘门等的"个"数不同,按"台"进行计算。用万用表进行本体检测调试。

〔注意〕

上述设备安装时注意:
①台式、落地式、壁挂式的基础、支架的制作、油漆、镀锌、安装,见前面的叙述。
②每台控制箱的分线箱(端子箱),清单可用J4"模块箱"编码立项,定额用电气工程。

## • *8.2.4　FAS远程控制箱(柜)安装及调试工程量* •

**火灾自动报警及消防联动控制系统　　远程控制箱(柜)**

| 项目编码 | 项目名称 | 项目特征 | 计量单位 | 工程量计算规则 |
|---|---|---|---|---|
| 030904011 | 远程控制箱(柜) | 规格;控制回路 | 台 | 按设计图示数量计算 |

【**释名**】远程控制箱(柜)(Long-distance Controller):在火灾中,消防控制中心为了人员疏散、通风、排烟、灭火等,必须能在火灾场外远距离的消防中心控制正压送风阀、排烟阀、防火门、防火阀、排烟口等设施开启或关闭的一种装置。控制箱(柜)有无线型和有线型。

▌**清单项目工作内容**▌①本体安装;②校接线、摇测绝缘电阻;③排线、绑扎、导线标识;④显示器安装;⑤调试。

▌**定额工程量**▌按"台"计量。

防火阀、排烟阀、防火金属卷帘门、防火门的远程控制箱(柜)安装,如图8.8至图8.10所示。远程控制箱(柜)安装,按其控制回路的数量分别计量。卷帘门及防火门门体的制作、运输、安装及门体启动装置等的安装,清单按《房建规范》立项,用对应定额子目。远程控制箱(柜)都用模拟方式调试,均注意接线箱与盒的安装。

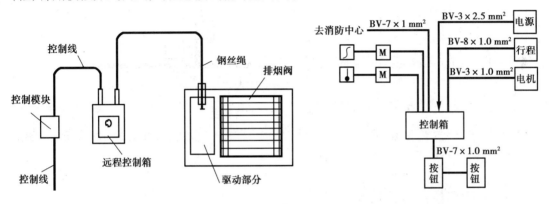

图8.8 排烟阀远程控制箱组成　　　　图8.9 金属卷帘门远程控制箱组成

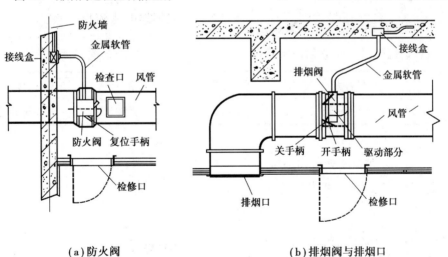

(a)防火阀　　　　　　　　　　(b)排烟阀与排烟口

图8.10 防火阀、排烟阀、排烟口组成

# 8.3 FAS控制系统装置调试工程量

## · 8.3.1 FAS控制系统装置调试要求 ·

消防系统要进行4项调试,即自动报警系统装置调试、防火控制系统装置调试、水灭火系统控制装置调试、气体灭火系统装置调试。后两项在后面相应章节中叙述。

自动报警系统装置调试、防火控制系统装置调试,涉及消防供电、火灾探测、火灾报警、消防供水、消防水泵、自动喷淋、通风排烟、通信广播、照明疏散、防火门和卷帘门以及消防电梯等系统,待这些系统安装调试达到要求后才能进行总系统联调。

调试程序:本系统调试→回路联调→开通运行。

①系统调试:整流电源与转换设备检测、单机调试、分系统调试正常。

②回路联调:系统回路模拟信号检查无误差,连锁与程控回路模拟信号试验协调等。

③开通运行:总系统在常温下连续运行120 h,并能连续排除发生的障碍,系统进入稳定状态后方可认为系统试运行正常,即可进行验收。

## · 8.3.2 FAS控制系统装置调试工程量 ·

### 1)自动探测自动报警系统装置调试

**火灾自动报警及消防联动控制系统　　自动探测自动报警系统装置调试**

| 项目编码 | 项目名称 | 项目特征 | 计量单位 | 工程量计算规则 |
|---|---|---|---|---|
| 030905001 | 自动报警系统调试 | 点数;线制 | 系统 | 按系统计算 |

【释名】自动报警系统调试(Experiment and Adjust),是指对系统中含有地址编码模块的探测器、报警按钮、报警器、报警控制器等装置进行调整,让这些"点"畅通无阻,使整个系统的控制功能和联动功能正常运行,连续协调运行120 h不发生故障的调试工作。

■ 清单项目工作内容 ■ 系统调试。

■ 定额工程量 ■ 按"系统"计量。

自动报警系统调试,其"系统"的划分是按集中控制器的台数划分的。系统中的"点"数是系统中探测器、报警按钮、报警器、报警控制器等装置,含有地址编码模块器件的即为调试"点"。火灾事故广播及消防通信系统的调试,是对喇叭、音箱、电话插孔及通信分机数量的计算。如图8.2所示。

2) 防火控制装置调试

**火灾自动报警及消防联动控制系统　　　防火控制装置调试**

| 项目编码 | 项目名称 | 项目特征 | 计量单位 | 工程量计算规则 |
|---|---|---|---|---|
| 030905003 | 防火控制装置调试 | 名称；类型 | 个（部） | 按设计图示数量计算 |

【释名】用模块控制防火设备或装置组成的系统,即为防火控制系统。其装置的调试工作,就是用万用表、火灾探测器试验仪检查调整它们的功能,是否能协调畅通、连续稳定的工作。

■ **清单项目工作内容** ■ 调试。

■ **定额工程量** ■ 按"点""部"计量。

防火控制系统装置的调试工作,就是对用模块控制的防火设备或装置进行调试,如电动正压送风阀、排烟阀、防火阀、电动防火门和防火卷帘门等的设置,防火电梯等的装置。必须对它们进行控制功能和联动功能的调整,保证系统能连续、稳定、协调和正常的连续运行120 h的调试工作。如图 8.2 所示。

# 8.4　FAS 控制系统安装的相关内容

【联想】如同 5.4 节"PDS 安装的相关内容"一样,列出一些项,作为提示。

除火灾自动联动控制系统的装置和设备安装及调试外,还涉及相关系统设备及装置的安装,如配电装置、配管配线、防雷接地、通信广播、通风排烟以及疏散照明等系统的安装、测试、调整和调试,可能列如下项:

①配管配线、线缆敷设、槽道或线道的砌筑及土石方等,参阅本书 3.7 节的叙述。

②供电电源系统、电源监控系统安装及调试,清单按规范附录 D 相关项目立项;定额用电气工程。

③事故照明、疏散标志系统安装及调试,清单与定额同②。

④正压送风阀、排烟阀、排烟口、防火阀或防火百叶窗等制作安装,如图 8.10 所示。清单按规范附录 G 相关项目立项;定额用通风空调工程。

⑤供水、供热管网及消防水泵的安装及调试,清单按规范附录 A、附录 J、附录 K 等相关项目立项;定额用机械设备工程、消防工程、给排水工程。

⑥电动防火门和防火卷帘门的制作安装,清单按《房建规范》立项;用对应定额。

⑦消防电梯、一般客用电梯电气系统调试,用定额消防工程。

⑧火灾事故广播、消防通信系统设备安装及调试,清单按规范附录 E、附录 J 相关项目立项;定额用消防工程。

# 复习思考题 8

8.1 报警控制箱安装以"台"计量,但是以控制的"点"数多少来划分,其"点"数怎样计算?

8.2 自动报警装置,水灭火系统控制装置,火灾事故广播、消防通信、消防电梯系统装置,电动防火门、防火卷帘门、正压风阀、排烟阀、防火阀控制装置,气体灭火装置这五类装置的调试均有相应定额子目计算,但泡沫灭火、干粉灭火控制装置调试没有相应定额子目,如果发生,怎样计算它们?

8.3 自动探测自动报警自动消防联动控制系统的工程量计算,除设备安装及其系统调试工程量外,系统涉及的相应工程量计算,你能列出多少项? 试列之。

# 9 消防工程

【集解】人们在与火灾的斗争中,采用了各种先进技术和设备,逐渐完善了消防工程——由人工报警、人工消防,到自动报警、人工消防,再发展到至今的自动探测、自动报警、自动灭火的联动消防系统。

火灾形成有三大要素:热源、可燃物及氧气,消除其中之一即可控制火势或灭火。根据燃烧物特性可以用水、气体、泡沫或干粉等作为灭火剂,用这些灭火剂组成各具特性的灭火系统,再配以防烟排烟系统、安全疏散系统等,就合成了消防(灭火)系统。消防系统组成的形式有固定式和移动式,这里以固定式系统为主进行叙述。

 〔注意〕

水灭火、气体灭火、泡沫灭火系统,它们共同的特点是由灭火剂贮存设备(罐、池)、管道系统、喷嘴及控制装置等组成,但需注意各自的特点,避免遗漏。

## 9.1 消防工程系统及其分类

### 1)消防系统分类

消防系统(Fire-Figfting System)根据使用的灭火剂不同,分类如下:

(1)水灭火系统(Water Extinguishing System,WES)

目前世界上广泛采用的是水灭火系统,其成本低、灭火效率高、施工方便,还可自动报警、自动灭火。它分为以下两大类:

①室内消火栓灭火系统:一般为人工消防,是低层和高层建筑室内主要灭火设备之一。设置简单,根据供水情况,消防、生活及生产给水管网可共用,也可分开。

②喷水灭火系统:分为3类,即按管网充水情况不同分为自动喷水湿式系统、干式系统、干湿两用系统;按喷头的形式不同分为自动喷水雨淋系统、自动水喷雾系统、水幕系统;按供水阀开启顺序不同分为自动喷水预作用系统、重复启闭预作用系统等。

(2)气体灭火系统(Gas Extinguishing System,GES)

气体灭火系统是利用气体灭火剂抑制燃烧化学反应而进行灭火的一种系统。它用于不能用水灭火的场所,如变压器室、电信、广播、计算机房、加油站、档案库、文物资料、船舶油轮等的灭火。气体灭火剂以二氧化碳（$CO_2$）、三氟甲烷（HFC-23）、七氟丙烷（HFC-227ea）或混合气体等为主。卤代烷（$CF_2CIBr$-1211、$CF_3Br$-1301）及哈龙灭火剂会破坏臭氧层,根据国际公约禁止使用,已退出市场。

（3）泡沫灭火系统（Foam Extinguishing System,FES）

泡沫灭火系统主要用于扑救非水溶性可燃体和一般固体火灾,如炼油厂、矿井、油库、机场及飞机库等的灭火。这种系统主要用空气泡沫剂（蛋白、氟蛋白类）、化学泡沫剂（水成泡沫类）,它们与水混合的液体吸入空气后,体积立即膨胀成20~1 000倍的泡沫,迅速淹没全部防护空间,或覆盖整个燃烧物的表面,以隔绝空气而灭火。所以,泡沫灭火系统具有安全可靠、灭火效率高的特点。根据泡沫产生的倍数不同,可分为低泡、中泡、高泡沫灭火系统;根据安装形式不同,分为固定式、半固定式及移动式泡沫灭火系统。

**2）消防系统的调试**

因灭火剂（水、气体、泡沫或干粉）不同,其系统的调试要求也不同,分别见本章相应各节的叙述。

# 9.2  水灭火系统设备安装工程量

## · 9.2.1  WES 安装工程 ·

**1）WES 的组成**

①消火栓灭火系统。消火栓灭火系统是一种固定式消防设施。它由给水管网、消火栓（箱）、消防水泵接合器、消防水泵、消防水池、消防水箱等组成,如图9.1所示。

②自动喷水灭火系统。自动喷水灭火系统一般为固定式消防设施。在一些发达国家的消防规范中,几乎所有的建筑都要求使用自动喷水灭火系统。它由给水管网、报警装置、水流指示器、水喷头、试水装置、消防水箱、消防水泵及消防水池等组成,如图9.2所示。

**2）WES 安装工程管道室内外界限的划分**

①消火栓系统与喷淋系统管道室内外界限的划分。室内外界限以建筑物外墙皮1.5 m处为界,入口处设阀门（井）者以阀门（井）为界。

②消防水泵间管道室内外界限的划分。高层建筑物内消防水泵间的管道以水泵间外墙皮处为界。

③水灭火管道与市政管道的界限划分。以与市政管道碰头后的计量井（水表井）为界,无计量井者,以碰头点为界。

**3）WES 检测调试**

①消火栓灭火系统检测调试,按消火栓的启动泵按钮能启动水泵则为合格。

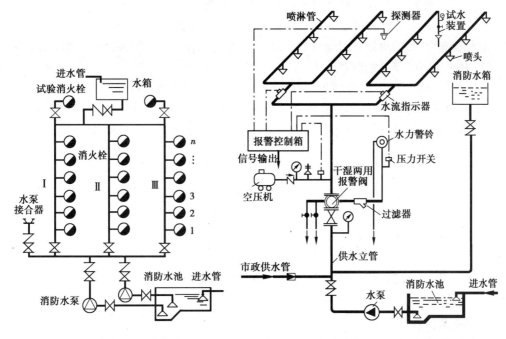

图9.1　消火栓系统组成　　　　图9.2　自动喷水干湿两用灭火系统组成

②自动喷水灭火系统是 FAS 三大系统之一。这里的检测调试是指系统管网试压、冲洗等检验合格后,打开试水装置,检查、调整水流指示器、报警阀、压力开关、水力警铃等动作到正常工作为止的检测调试。

## • 9.2.2　WES 管道安装工程量 •

**水灭火系统　　水喷淋钢管　消火栓钢管**

| 项目编码 | 项目名称 | 项目特征 | 计量单位 | 工程量计算规则 |
|---|---|---|---|---|
| 030901001 | 水喷淋钢管 | 安装部位;材质、规格;连接形式;钢管镀锌设计要求;压力试验及冲洗设计要求;管道标识设计要求 | m | 按设计图示管道中心线以长度计算 |
| 030901002 | 消火栓钢管 | | | |

【释名】水是最经济、最方便的灭火剂,但需要用材质及安装质量合格的管道输送到各个灭火点。水灭火管道用钢管(Steel Tube)或镀锌钢管安装,工程量计算与给水管道相同。

▌**清单项目工作内容** ▌①管道及管件安装;②钢管镀锌;③压力试验;④冲洗;⑤管道标识。

▌**定额工程量** ▌按"10 m"计量。

(1)管道及管件制作、安装

管道安装工程量,计算要领见 10.1.2 节的叙述,计算表达式如下:

管道安装计算工程量 = 按设计图示尺寸计算长度

管道安装报价工程量 = 管道计算工程量 × 定额消耗量

①水喷淋管道、消火栓管道均以镀锌钢管或无缝钢管为主,管件及材料损耗量见定额附录,计算方法见 10.1.2 节的叙述。

管道在"管廊"或"管道间"内施工时,应按定额规定的系数进行计取。

②管道阀门、套管、支架等制作安装,用给排水工程定额。

③管道除锈、刷油、防腐及涂刷管道标识,按设计图规定要求,用刷油工程定额。无缝钢管镀锌另立项计算。

(2)管道井及沟道

管道井及沟道土方、浇筑或砌筑等工程量计算,见 10.1.5 节的叙述。

(3)管网水冲洗、水压试验

管网水冲洗、水压试验,见 10.1.1 节的叙述。

## · *9.2.3 WES 报警装置及水喷淋头等安装工程量* ·

### 1)水喷头安装

**水灭火系统    水喷头**

| 项目编码 | 项目名称 | 项目特征 | 计量单位 | 工程量计算规则 |
|---|---|---|---|---|
| 030901003 | 水喷淋(雾)喷头 | 安装部位;材质、型号、规格;连接形式;装饰盘设计要求 | 个 | 按设计图示数量计算 |

【释名】水喷头(Sprinkler)也称为水灭火喷淋头,用螺纹或法兰与喷水管道连接。按喷头安装方向不同分为下垂型、直立型、边墙型和普通型;按安装方式不同分为吊顶式、无吊顶式;按结构类型不同分为易熔合金锁片支撑型、双金属片型、玻璃球支撑型;按喷水口不同分为有堵水支撑闭式、无堵水支撑开式、向侧面开口式的水幕喷头等。喷头用色彩表示额定温度,易熔合金闭式喷头以本色、白色、蓝色表示;玻璃球支撑型水喷头被广泛应用,在玻璃球中充满橙、红、黄、绿、蓝等色液体来表示不同的额定温度,如图 9.3 所示。

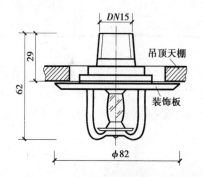
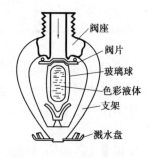

**图 9.3 吊顶式玻璃球喷水头**

▌**清单项目工作内容**▌①安装;②装饰盘安装;③密封性试验。

▌**定额工程量**▌按"个"计量。

水喷头安装以吊顶式、无吊顶式分别计量。计价时可取1%损耗。

水喷头待管网水压试验及水冲洗后,用专用工具安装。

**2)报警装置安装**

**水灭火系统 报警装置**

| 项目编码 | 项目名称 | 项目特征 | 计量单位 | 工程量计算规则 |
|---|---|---|---|---|
| 030901004 | 报警装置 | 名称;型号;规格 | 组 | 按设计图示数量计算 |

【释名】报警装置(Alarum)也称为"报警阀",这里仅指水灭火系统的报警装置,不指8.2节的自动火灾报警控制装置。它是自动喷水灭火系统中的重要组成设备,平时可作为检修、测试系统可靠性的装置。报警装置成套供应,现今有以下几种类型:湿式报警装置、干湿两用报警装置、电动雨淋报警装置、预作用报警装置等,以湿式报警装置最为常用。

▌**清单项目工作内容**▌①安装;②电气接线;③调试。

▌**定额工程量**▌按"组"计量。

(1)湿式报警装置安装

湿式报警装置(型号ZSS)每组包括湿式阀、蝶阀、装配管、供水压力表、装置压力表、试验阀、泄放试验阀、泄放试验管、试验管流量计、过滤器、延时器、水力警铃、报警截止阀、漏斗、压力开关等,如图9.2和图9.4所示。

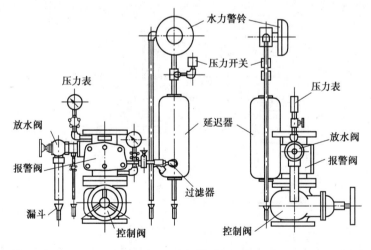

图9.4 湿式报警装置组成

(2)其他报警装置安装

干湿两用报警装置(型号ZSL)、电动雨淋报警装置(ZSYL)、预作用报警装置(ZSU),与湿式报警装置相比,除主体阀各不同外,其他部件大致相似,安装工作也相同。

〔提示〕

水灭火管网系统中,如各种电动仪表的安装,带电信号的阀门、水流指示器、压力开关、驱动装置、泄漏报警开关等的接线及校线,用自动化仪表工程定额。

### 3)水流指示器、减压孔板安装

**水灭火系统　水流指示器　减压孔板**

| 项目编码 | 项目名称 | 项目特征 | 计量单位 | 工程量计算规则 |
|---|---|---|---|---|
| 030901006 | 水流指示器 | 规格、型号;连接方式 | 个 | 按设计图示数量计算 |
| 030901007 | 减压孔板 | 材质、规格;连接方式 | | |

【释名】水流指示器(流量指示器)(Flow Rate Indicator):水灭火系统组件之一,安装于水平管道上。当喷头喷水时,指示器传出电信号,传至消防控制中心的控制箱进行报警,可启动报警阀供水灭火,也可启动消防水泵控制开关启泵供水。

■ **清单项目工作内容** ■ ①安装;②电气接线;③调试。

■ **定额工程量** ■ 按"个"计量。

①水流指示器安装。安装方式有马鞍型或法兰型,如图9.5所示。电气接线计算见报警装置。

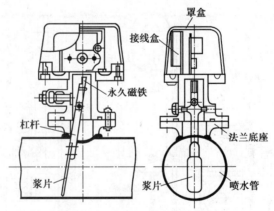

**图9.5　浆式叶片水流指示器**

②减压孔板安装。减压孔板是用来调整流体压力至需要压力的管道附件,故又称为调压板,用铝合金或不锈钢制成。安装每个减压板,包括一副平板法兰的安装。

4) 末端试水装置安装

**水灭火系统　　末端试水装置**

| 项目编码 | 项目名称 | 项目特征 | 计量单位 | 工程量计算规则 |
|---|---|---|---|---|
| 030901008 | 末端试水装置 | 规格;组装形式 | 组 | 按设计图示数量计算 |

【释名】末端试水装置( End Water-Test Equipments):用于对水灭火系统功能的检验与测试,以及维修和检查用。喷水灭火系统是一个完整的系统,不便拆开水流指示器或喷水头进行系统喷水的检验与调试,所以在系统末端设置一个专用的试水装置。

■ 清单项目工作内容 ■ ①安装;②电气接线;③调试。

■ 定额工程量 ■ 按"组"计量。

末端试水装置,每组包括连接管、压力表、控制阀、排水管及水漏斗等组件,如图 9.2 所示。

· *9.2.4　WES 消火栓及水泵接合器等安装工程量* ·

1) 消火栓安装

**水灭火系统　　消火栓**

| 项目编码 | 项目名称 | 项目特征 | 计量单位 | 工程量计算规则 |
|---|---|---|---|---|
| 030901010 | 室内消火栓 | 安装方式;型号、规格;附件材质、规格 | 套 | 按设计图示数量计算 |
| 030901011 | 室外消火栓 | | | |

【释名】消火栓(Fire Hydrant):也称为消火栓结门,俗称为消防龙头。一般建筑或构筑物设置消火栓灭火系统。10 层及以上的高层建筑,不能以消防车直接灭火,失火时以"自救"为主,其自救设备主要是消火栓。所以,高层建筑除了设置自动喷水灭火系统外,还必须设置消火栓系统。消火栓分室内与室外消火栓,可分为单出口和双出口,还有可旋转型消火栓等。

■ 清单项目工作内容 ■ •室内消火栓:①箱体及消火栓安装;②配件安装。

•室外消火栓:①安装;②配件安装。

■ 定额工程量 ■ 按"套"计量。

(1)室内消火栓安装

室内消火栓安装分明装、暗装、半暗装。类型分单出口、双出口。单出口每套组成包括:单出口消火栓结门 *SN*65、水龙带架、苎蔴质水龙带 20 m、消火栓接扣、水枪 *DN*50 一支、消火栓箱体、消防按钮等,成套供应。

（2）室外消火栓安装

①室外消火栓，成组供应。室外消水栓按安装形式不同分为地上式 SS、地下式 SX 两类；按压力不同分为 1.0 MPa 及 1.6 MPa；按埋设深度不同分为浅型或深型。地上式 SS 每组包括：消火栓本体、法兰接管、弯管带底座；地下式 SX 每组包括：消火栓本体、法兰接管、弯管带底座或消火栓三通。室外地下式浅型消火栓组成，如图 9.6 所示。室外消火栓的法兰接管、弯管带底座或消火栓三通的价值另计算。

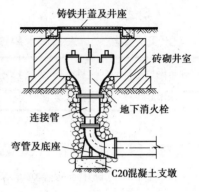

图 9.6　室外消火栓组成

②室外消火栓井砌筑及浇筑，参阅 10.1.5 节的叙述。

**2）水泵接合器安装**

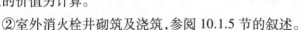

水灭火系统　　消防水泵接合器

| 项目编码 | 项目名称 | 项目特征 | 计量单位 | 工程量计算规则 |
|---|---|---|---|---|
| 030901012 | 消防水泵接合器 | 安装部位；型号、规格；附件材质、规格 | 套 | 按设计图示数量计算 |

**【释名】**消防水泵接合器（Fire Department Connection）：作为便于消防车取水弥补消防水量不足的应急备用装置。

■ **清单项目工作内容** ■ ①安装；②附件安装。

■ **定额工程量** ■ 按"套"计量。

（1）消防水泵接合器安装

接合器安装分地上式、地下式和墙壁式。每套包括：接合器本体、止回阀、安全阀、闸阀、弯管带底座、放水阀、标牌等，如图 9.7 所示。其中，法兰接管、弯管带底座或三通及设计要求安装短管时均应另计价。

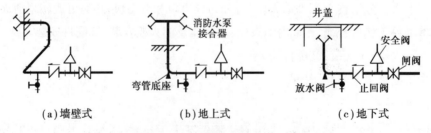

（a）墙壁式　　　　（b）地上式　　　　（c）地下式

图 9.7　水泵接合器组成

（2）消防水泵接合器井砌筑

参阅《给水排水标准图集》S203，计算方法见本书 10.1.5 节的叙述。

## • *9.2.5 WES控制装置调试工程量* •

**水灭火系统　　水灭火系统控制装置调试**

| 项目编码 | 项目名称 | 项目特征 | 计量单位 | 工程量计算规则 |
|---|---|---|---|---|
| 030905002 | 水灭火控制装置调试 | 系统形式 | 点 | 按控制装置的点数计算 |

【释名】水灭火系统控制装置分为消火栓灭火系统、自动喷水灭火系统,其装置调试、清单都用本编码立项计算。

■ **清单项目工作内容** ■ 调试。

■ **定额工程量** ■ 按"点"计量。

①消火栓灭火系统装置调试,以消火栓消防水泵启动按钮的数量为"点"计算。

②自动喷水灭火系统控制装置调试,以水流指示器的数量为"点"计算。

# 9.3　水泵间设备安装工程量

〔提示〕

**水泵间设备安装**

水泵间(Fire Pump Room):安装有水泵、管道和控制装置,为生活、生产和消防供水用的房间。如给水、供热、采暖、消防及空调水系统的水泵间,其安装均按本节所述内容和方法立项计算。

高层建筑用水量很大,生活或消防无法直接从市政供水管网抽水时,必须设置水泵间供水。生活、生产与消防可共用一个水泵间,但必须满足消防用水,从消防角度称为消防水泵间。

建筑内的水泵间,其范围以水泵间外墙皮为界。水泵间内设有水池或水箱、水位计、水泵、管道系统、配电控制箱柜、变频控制柜以及自动控制仪表等设备和装置,可立如下各项计量。

**1) 水泵间管道系统安装**

①管道安装、管件制作安装、支架制作安装、阀门安装、法兰安装、套管制作安装等,清单按规范附录 H 相关项目立项,用工业管道工程定额。除锈刷油用刷油工程定额。

②管道严密性试验、强度试验、冲洗、消毒等,清单按规范附录 H 立项,用工业管道工程定额。

**2) 水泵安装**

消防、生活水泵一般采用离心式清水泵、稳压泵或潜水泵,现今楼宇供水多用变频泵。

（1）水泵安装

①水泵安装包括水泵本体、泵体拆装检查、电动机安装及底座二次灌浆。清单按规范附录 A.9 立项编码计算，用机械设备工程定额。

②水泵电机调试及检查接线，清单按规范附录 D.6 立项，用电气工程定额。

（2）水泵、管道隔震与消声器安装

①水泵基础隔震，采用橡胶、软木和砂垫层（0.15~0.20 m）隔震。橡胶、软木、砂垫层防震安装，按《房建定额》计算，或按实计算，如图 9.8 所示。

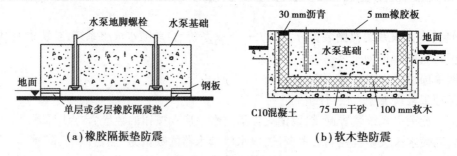

(a) 橡胶隔振垫防震　　　　　　　　(b) 软木垫防震

图 9.8　水泵基础隔震组成

②安装减震器防震，如阻尼钢弹簧式、剪切圆锥形式、橡胶隔震垫等。减震器安装，设备自带时不计算，设计另要求时按实计算，如图 9.9 所示。

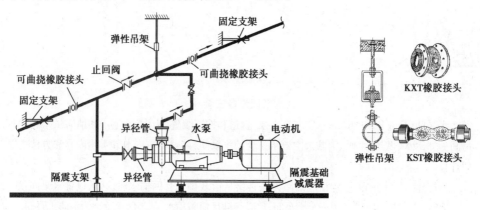

图 9.9　水泵安装及组成

③水泵进出口管道隔震，采用 KXT 或 KST 可挠曲橡胶接头，及弹性吊架、隔震支架以及固定支架，如图 9.9 所示，用工业管道工程或给排水工程定额。

④消除水泵水锤噪声，可安装水锤消除器（消声器），清单按规范附录 K 相关项目立项，用给排水工程定额。

（3）水泵进出口组件安装

水泵进口与接口处安装闸阀、止回阀、法兰及钢制异径管（大小头）制作安装，如图 9.9 所示。清单按规范附录 H 立项，用工业管道工程定额。

**3）水泵仪表安装**

仪表、传感器和执行器等安装，清单按规范附录 E 和 F 立项，用建筑智能工程、自动化仪表工程定额。

### 4) 水箱及水池的水位计安装

水位计、传感器和执行器等安装,清单按规范附录 D,E,F 立项,用电气工程、建筑智能工程、自动化仪表工程定额。水箱制作、安装,见 10.2.7 节的叙述。

### 5) 配电设备及水泵变频控制柜的安装、调试、配管配线及 BAS 控制装置安装

清单按规范附录 D,E,F 立项,用电气工程、建筑智能工程、自动化仪表工程定额。

### 6) 防雷接地安装及调试

清单按规范附录 D,E 立项,用电气工程、建筑智能工程定额。

### 7) 有关定额系数的取费

按工业管道或给排水工程的定额规定计取,系数计算方法见 2.1 节的叙述。

# 9.4 气体灭火系统设备安装工程量

【集解】气体灭火系统(Gas Extinguishing System,GES),其灭火介质以二氧化碳和卤代烷气体为主。但因卤代烷会破坏臭氧层而被迅速淘汰,被七氟丙烷(HFC-227ea)、三氟甲烷(HFC-23)及 IG541 所代替。故我国目前的气体灭火剂多为二氧化碳、卤代烷替代物以及由氮气、氩气和二氧化碳气体按一定比例混合而成的混合气体。气体灭火系统用于自备发电机房、变配电间、计算机房、通信机房、图书馆、档案馆、珍本文物室等不宜用水或泡沫来扑救火灾的房屋和场所。

## · 9.4.1  气体灭火系统的组成 ·

### 1) GES 分类

气体灭火系统按气体充满程度不同分为全充满灭火系统和局部灭火系统;按操作启动方式不同分为全自动灭火系统、半自动灭火系统和手动灭火系统;按设备的形式不同分为固定式灭火系统、半固定式灭火系统和移动式灭火设备;按气体输送方式不同分为有管网与无管网自动灭火系统。这里以有管网全自动固定式灭火系统为主进行叙述,如图 9.10 所示。

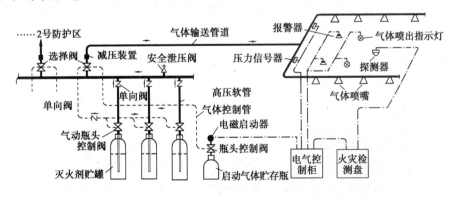

**图 9.10  气体自动灭火系统组成**

2) GES 组成

气体自动灭火系统由火灾探测器、监控设备、灭火剂贮罐、管网和灭火剂喷嘴等组成,如图 9.10 所示。现今市场流行气体灭火控制器,专用于气体自动灭火系统中,它融自动探测、自动报警、自动灭火为一体,可以连接感烟、感温火灾探测器,紧急启停按钮,手及自动转换开关,气体喷洒指示灯,声光警报器等设备,并且提供驱动电磁阀的接口,用于启动气体灭火设备等功能。

## · 9.4.2 GES 管道安装工程量 ·

**气体灭火系统　　无缝钢管**

| 项目编码 | 项目名称 | 项目特征 | 计量单位 | 工程量计算规则 |
|---|---|---|---|---|
| 030902001 | 无缝钢管 | 介质;材质、遗漏等级;规格;焊接方法;钢管镀锌设计要求;压力试验及吹扫的设计要求;管道标识设计要求 | m | 按设计图示管道中心线以长度计算 |

【释名】GES 管道充满气体灭火剂,防止气体腐蚀管道,不用镀锌管道。气体灭火管道系统要进行气压严密性和水压强度试验,用气流不小于 20 m/s 的气体对管网进行吹扫。

▌**清单项目工作内容**▌ ①管道安装;②管件安装;③钢管镀锌;④压力试验;⑤吹扫;⑥管道标识。

▌**定额工程量**▌ 按"10 m"计量。

①无缝钢管安装,中压加厚无缝钢管 DN80 及以内用螺纹连接,DN100 以上用焊接法兰连接。管道及管件安装用消防工程定额,法兰、管道支架用给排水工程定额。除锈、刷油、防腐等,无缝钢管及管件镀锌、场外运输另立项按实计算,见前述内容。

②不锈钢管、铜管及管件安装,清单按规范附录 H.1 立项,用工业管道工程定额。

③气体驱动装置管道安装,用紫铜管安装,用卡套连接或焊接。清单按规范附录 J.2 编码 030902004 立项,用消防工程定额。

④管网系统压力试验,管网充氮气进行严密性试验,用消防工程定额相应子目。氮气消耗量另行计算。

## · 9.4.3 GES 系统组件安装工程量 ·

1) 选择阀安装

**气体灭火系统　　选择阀**

| 项目编码 | 项目名称 | 项目特征 | 计量单位 | 工程量计算规则 |
|---|---|---|---|---|
| 030902005 | 选择阀 | 材质;型号、规格;连接方式 | 个 | 按设计图示数量计算 |

【释名】选择阀(Choice Valve)有电动、气动两类。当有多个灭火剂贮罐、多条管路装置，在灭火时根据实际情况，可以打开电磁阀选择本路贮罐直接向火灾房间送气体灭火，也可打开气动阀由另一贮罐管路送气进行灭火，故称为选择阀。选择阀有螺纹和法兰连接两种方式，如图9.10所示。

■ **清单项目工作内容** ■ ①安装；②压力试验。

■ **定额工程量** ■ 按"个"计量。

①选择阀或单向阀安装：用螺纹连接安装包括活接头一个；用法兰连接安装包括一片法兰。

②选择阀或单向阀试验：安装前阀体做水压强度及气压严密性试验，还要与管网联合试验。

### 2) 气体喷头安装

**气体灭火系统　　气体喷头**

| 项目编码 | 项目名称 | 项目特征 | 计量单位 | 工程量计算规则 |
|---|---|---|---|---|
| 030902006 | 气体喷头 | 材质；型号、规格；连接方式 | 个 | 按设计图示数量计算 |

【释名】气体喷头也称为喷嘴(Sprinkler)。气体喷头不同于水灭火喷头，如ZTS型气体喷头有单孔、双孔和四孔等规格，一般用螺纹连接，如图9.10所示。

■ **清单项目工作内容** ■ 喷头安装。

■ **定额工程量** ■ 按"个"计量。

气体喷头用专用工具安装，与管网联合试验。

### 3) 气体贮存装置

**气体灭火系统　　贮存装置**

| 项目编码 | 项目名称 | 项目特征 | 计量单位 | 工程量计算规则 |
|---|---|---|---|---|
| 030902007 | 贮存装置 | 介质、类别；型号、规格；气体增压设计要求 | 套 | 按设计图示数量计算 |

【释名】气体灭火剂贮存器(罐)装置和配套的驱动装置，无论单罐配独立喷气管道，或多罐集中向同一喷气管道的布置方式，其贮存装置都是成套供应。每套由贮存装置和阀驱动装置两部分组成，包括灭火剂贮存器、驱动气瓶、集流阀、容器阀、单向阀、安全阀、高压软管及支框架等，如图9.10所示。

■ **清单项目工作内容** ■ ①贮存装置安装；②系统组件安装；③气体增压。

■ **定额工程量** ■ 按"套"计量。

①贮存器安装，包括贮存装置和驱动装置安装，以及氮气增压工作。驱动装置中驱动气瓶(启动小钢瓶)是一个主件，内装压力氮气，用瓶头单向阀(驱动阀)冲开贮存器的容器阀，灭火剂通过管道及喷嘴即可进行灭火，如图9.10所示。驱动阀可自动或手动，驱动力用气动

或电动。不需要氮气增压时,扣除高纯氮气费,其余不变。

②驱动装置与气体泄漏报警开关的电气接线和校线,用自动化仪表工程定额。

## 9.4.4 GES二氧化碳称重检漏装置安装工程量

**气体灭火系统　　二氧化碳称重检漏装置**

| 项目编码 | 项目名称 | 项目特征 | 计量单位 | 工程量计算规则 |
|---|---|---|---|---|
| 030902008 | 二氧化碳称重检漏装置 | 型号;规格 | 套 | 按设计图示数量计算 |

【释名】二氧化碳称重检漏装置:二氧化碳的贮存量按设计质量要求充入贮存器中,充气数量的称重中和贮存中防止二氧化碳气体泄漏而进行泄漏检测的一种装置。每套装置包括泄漏开关、配重、支架等。

**▌清单项目工作内容▌** ①安装;②调试。

**▌定额工程量▌** 按"套"计量。

二氧化碳称重检漏装置安装,包括检查装配、试动调整。

## 9.4.5 GES系统装置调试工程量

**气体灭火系统　　气体灭火系统装置调试**

| 项目编码 | 项目名称 | 项目特征 | 计量单位 | 工程量计算规则 |
|---|---|---|---|---|
| 030905004 | 气体灭火系统装置调试 | 试验容器规格;气体试喷 | 个 | 按调试、检验和验收所消耗的试验容器总数计算 |

【释名】气体灭火系统由管网、贮存装置、驱动装置等组成。其灭火剂一般贮存在多个容器(罐体)内,用灭火贮存器做模拟喷气试验进行功能调试,保证贮存容器切换操作灭火快速可靠。

**▌清单项目工作内容▌** ①模拟喷气试验;②备用灭火器贮存容器切换操作试验;③气体试喷。

**▌定额工程量▌** 按"点"计量。

①模拟喷气试验。气体灭火系统的每个贮存器、驱动器罐都要进行灭火模拟试验,调整"每个器、罐"的功能,必须相互协调一致,共同灭火。

②切换协调试验。每个贮存容器用选择阀或单向阀做互相切换操作试验,切换协调、快速,保证灭火功能。

气体灭火系统调试,由七氟丙烷、IG541、二氧化碳等组成的灭火系统,清单与定额均按气体灭火系统装置的瓶头阀个数以"点"计算。

# 9.5 泡沫灭火系统设备安装工程量

【集解】泡沫灭火系统(Foam Extinguishing System,FES),是指用泡沫灭火剂产生的泡沫,凝聚在燃烧物体上,隔绝空气和冷却而灭火。泡沫灭火剂能在液体表面生成凝聚的泡沫漂浮层,起窒息和冷却作用,是扑救可燃、易燃液体的有效灭火剂,所以多用于油类、化工类灭火。泡沫灭火剂分为化学泡沫 MP、空气泡沫 MPE、氟蛋白泡沫 MPF、水成膜泡沫 MPQ 和抗溶性泡沫 MPK 等。

## · 9.5.1 泡沫灭火系统的组成 ·

### 1)FES 类型

FES 按发泡倍数不同,可分为低、中、高倍泡沫灭火系统;按泡沫灭火剂的使用特点不同,可分为 A 类、B 类、非水溶性及抗溶性泡沫灭火剂系统;按泡沫喷射的位置不同,分为液上喷射和液下喷射泡沫灭火系统;按设备安装的使用方式不同,分为固定式、半固定式和移动式灭火系统。FES 与水系统可组成泡沫-水湿式、泡沫-水预作用式、泡沫-水干式、泡沫-雨淋式等系统。

### 2)FES 组成

FES 包括泡沫液输送管网、水池(半固定式及移动式水源消火栓)、泡沫液消防泵、泡沫液贮罐、泡沫液比例混合器、泡沫发生器、泡沫消火栓及控制阀门等,如图 9.11 所示。

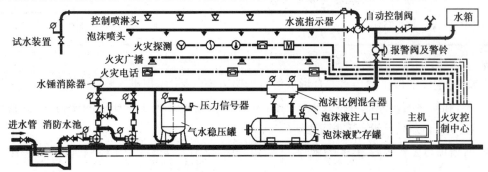

图 9.11 泡沫-水喷淋自动灭火系统组成

〔提示〕

FES 计算不包括下列内容:

①泡沫灭火系统控制装置的调试。定额和清单均未立项,按批准的施工方案另行计算,计算方法可以参照水灭火系统控制装置和气体灭火系统控制装置的调试进行计算。

②泡沫贮罐的泡沫液应由生产厂家充灌,在现场由施工单位充灌时,应另行计算。

③泡沫贮罐属于压力容器,其安装定额未立项编目,可用静置设备工程定额相应子目计算。

## · *9.5.2  FES 管道安装工程量* ·

**泡沫灭火系统　碳钢管　不锈钢管　铜管　管件**

| 项目编码 | 项目名称 | 项目特征 | 计量单位 | 工程量计算规则 |
|---|---|---|---|---|
| 030903001 | 碳钢管 | 材质、压力等级;规格;无缝钢管镀锌设计要求;压力试验、吹扫设计要求;管道标识设计要求 | m | 按设计图示管道中心线以长度计算 |
| 030903002 | 不锈钢管 | 材质、压力等级;规格;焊接方法;充氩保护方式、部位;压力试验、吹扫设计要求;管道标识设计要求 | | |
| 030903004 | 不锈钢管管件 | 材质、压力等级;规格;焊接方法;充氩保护方式、部位 | 个 | 按设计图示数量计算 |
| 030903003 | 铜管 | 材质、压力等级;规格;焊接方法;压力试验、吹扫设计要求;管道标识设计要求 | m | 按设计图示管道中心线以长度计算 |
| 030903005 | 铜管管件 | 材质、压力试验等级;规格;焊接方法 | 个 | 按设计图示数量计算 |

　　**【释名】**泡沫剂按比例与水混合形成混合液吸入空气后,体积迅速膨胀 20~1 000 倍,用泡沫泵、管道和喷嘴喷出泡沫进行灭火。因此,泡沫灭火管道必须承受相应的压力,故其管道强度和安装质量必须满足设计和规范要求。

　　▌**清单项目工作内容** ▌·碳钢管:①管道安装;②管件安装;③无缝钢管镀锌;④压力试验;⑤吹扫;⑥管道标识。

　　·不锈钢管:①管道安装;②焊口充氩保护;③压力试验;④吹扫;⑤管道标识。

　　·不锈钢管管件:①管件安装;②管件焊口充氩保护。

　　·铜管:①管道安装;②压力试验;③吹扫;④管道标识。

　　·铜管管件:管件安装。

　　▌**定额工程量** ▌按"10 m"计量,用工业管道工程及消防工程定额。

　　①泡沫灭火系统管道安装,管道、管件、法兰、阀门及系统组件(泡沫喷淋头等),管道及设备支吊架、套管制作安装,管道除锈刷油、防腐以及镀锌,气压水罐等,按水灭火系统管道安装要求进行安装,其工程量计算方法见 9.2.2 节、9.2.3 节及 9.4.2 节的叙述。

　　②泡沫喷淋管道系统水冲洗、吹扫,强度试验及严密性试验等内容,计算方法同水灭火系统。

③泡沫液消防泵安装及二次灌浆,用机械设备工程定额;电机检查接线调试,用电气工程定额,并见9.3节的叙述。

### • *9.5.3 FES设备安装工程量* •

#### 1)泡沫发生器安装

**泡沫灭火系统　　泡沫发生器**

| 项目编码 | 项目名称 | 项目特征 | 计量单位 | 工程量计算规则 |
|---|---|---|---|---|
| 030903006 | 泡沫发生器 | 类型;型号、规格;二次灌浆材料 | 台 | 按设计图示数量计算 |

【释名】泡沫发生器(Generator)由泡沫产生器、泡沫室及导板等组成。它可将输送来的混合液与空气充分混合形成泡沫。发生器按搅动混合液的方式不同,分为水轮机式、电动机带搅拌器式两类。固定安装在油罐上的泡沫发生器,有立式和横式两种安装方式。

▊清单项目工作内容▊ ①安装;②调试;③二次灌浆。

▊定额工程量▊ 按"台"计量。

①泡沫发生器安装及单体调试。管道系统试压时隔离本体的人工、材料等另行计算。发生器安装应计算一片法兰安装,如图9.11所示。

②发生器除锈、刷油及设备支架制作、安装、除锈、刷油,见前面的叙述。

③发生器底座二次灌浆,用机械设备工程定额。

④发生器在油罐上安装时,用静置设备工程定额进行计算。

#### 2)泡沫比例混合器

**泡沫灭火系统　　泡沫比例混合器**

| 项目编码 | 项目名称 | 项目特征 | 计量单位 | 工程量计算规则 |
|---|---|---|---|---|
| 030903007 | 泡沫比例混合器 | 类型;型号、规格;二次灌浆材料 | 台 | 按设计图示数量计算 |

【释名】泡沫比例混合器(Admixer)是将水与泡沫液按一定比例自动混合,形成泡沫混合液的一种设备。混合器根据压力不同,分为正压类比例混合器(压力式、平衡压力式)和负压类比例混合器(环泵式、管线式)两大类。

▊清单项目工作内容▊ ①安装;②调试;③二次灌浆。

▊定额工程量▊ 按"台"计量。

①泡沫比例混合器安装,包括单体调试,正压类比例混合器安装应计算1~3片法兰安装;

负压类比例混合器安装应计算三片法兰安装,如图9.11所示。

②混合器除锈、刷油及支架制作、安装、除锈、刷油、防腐,见前面的叙述。

③混合器底座二次灌浆,用机械设备工程定额。

### 3)泡沫液贮存罐安装

**泡沫灭火系统　　泡沫液贮存罐**

| 项目编码 | 项目名称 | 项目特征 | 计量单位 | 工程量计算规则 |
|---|---|---|---|---|
| 030903008 | 泡沫液贮存罐 | 质量/容量;型号、规格;二次灌浆材料 | 台 | 按设计图示数量计算 |

【释名】泡沫液贮存罐(器)(Tank)是用于贮存及供给泡沫液的装置。罐体圆柱形,有立式及卧式两种。上面安装有安全阀、呼吸阀、液位计、进料孔、取样孔、排渣孔、人孔等部件。用于压力式泡沫比例混合器的贮存罐是承压罐体,应注意进行压力检验。其他泡沫贮存罐是常压罐体,如图9.11所示。

■ **清单项目工作内容** ■ ①安装;②调试;③二次灌浆。

■ **定额工程量** ■ 按"台"计量。

①泡沫液贮存罐安装:定额未立项编目,可用静置设备工程定额相应子目。

②泡沫液贮存罐底座二次灌浆:用机械设备工程定额。

③现场充灌泡沫液:由生产厂在施工现场充灌,由施工单位充灌时,另立项计算。

· **9.5.4 FES控制装置调试** ·

清单和定额均未立项,它们都按施工组织设计批准的施工方案另行计算。

# 复习思考题 9

9.1　水灭火系统、气体灭火系统管网安装均有自己的定额子目,泡沫灭火系统、干粉灭火系统的管网安装没有定额子目,用什么定额子目来进行计算呢?

9.2　水灭火管网、气体灭火管网、干粉灭火管网以及泡沫灭火管网安装,定额均包括强度试验、严密性试验以及水冲洗内容吗?请分别说明。

9.3　哪些工程系统涉及水泵间的安装?水泵间可列哪些工程量项目(子目)进行计算?试列之。

# 10　给排水、采暖工程

【集解】给排水、采暖工程系统,是建筑物不可分割的附属设施,也是楼宇自动化系统监控的重要对象。这些系统都必须满足流量、压力、水质、无噪声、畅通及运行安全等的要求;系统管网均要做水压试验,系统及监控装置均要作检测调试和试运行。它们的工程量计算方法相同,但使用的计量规范和定额却不相同,虽有共同点,但也各具特点,请注意各章节的叙述。

## 10.1　给水排水系统安装工程量

### · *10.1.1　给水排水系统组成* ·

1) 建筑物给水系统(Water Supply System)

将市政给水管网或自备水源的水,在满足用户对水质、水量、水压的要求下,输送到各用水点,这个系统称为给(供)水系统。它可分为室内与室外系统;按用途不同又分为生活、生产及消防给水系统。生活、生产和消防可设立单独系统,也可采用共用给水系统。

(1)室内给水系统的组成

室内给水系统一般由6大部分组成,不包括高层建筑内的加压泵间变频控制供水设备及管道系统,如图10.1所示。

(2)室外给水系统的组成

室外给水系统由管道、控制阀门井、水表井、室外消火栓或水泵接合器等组成,如图10.2所示。

2) 建筑物排水系统(Drainage System)

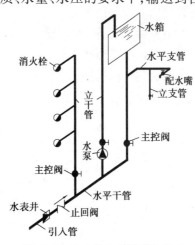

图 10.1　室内给水系统基本组成

建筑物排水系统分为室内排水系统与室外排水系统。室内排水系统,要求在气压波动情况下保证系统水封不被破坏,能将工业污水和生活废水或雨水迅速畅通地排到室外。排水系统设置,现今多为合流制。分流制最好,可将污废水、雨水分流排除,能充分利用自然雨水资源,减少环境污染。

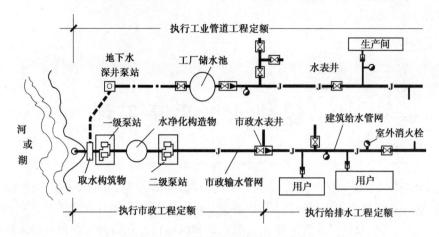

图 10.2　室外给水系统组成及范围

（1）室内排水系统的组成

室内排水系统一般由排水管网、卫生设备、通气管及清通设备 4 部分组成，如图 10.3 所示。

（2）室外排水系统的组成

室外排水系统由雨水及污水管道、检查井、雨水井、雨水口、跌水井、化粪池等组成，如图 10.4 所示。

**3）室内外管道系统界限的划分**

（1）给水管道

①室内、室外管道界限以外墙皮 1.5 m 处为界，入口处设阀门者以阀门为界。

②室外给水管道与市政管道以水表井为界，无水表井者以与市政管道碰头处为界。

③高层建筑内的加压泵间管道，以泵间外墙面为界，水泵间安装用工业管道工程定额。

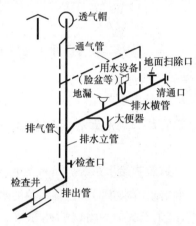

图 10.3　室内排水系统基本组成

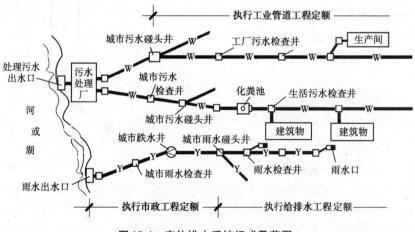

图 10.4　室外排水系统组成及范围

（2）排水管道

①室内排水管道与室外管道界线以出户第一个检查井为界。

②室外排水（污水、雨水）管道与市政管道界线以与市政管道碰头井为界。

**4）给水系统、排水系统检验和检测内容**

管道系统检验及检测按《建筑给水排水及采暖工程施工质量验收规范》（GB 50242—2002）要求执行。

①承压及给水、采暖、供热等管道系统和设备及阀门等附件，定额子目包括分层分段一次性水压试验，发生非常情况要求管道系统另进行水压试验时，用给排水工程定额"管道压力试验"子目计算。

②给水管道：定额子目包括水压试验及冲洗，若另要求消毒、冲洗检测时，用给排水工程定额相应"管道消毒、冲洗"子目计算。

③安全阀、流量计、温度计、热表、传感器及压力表等表计的检测、试验，用建筑智能工程和自动化仪表工程定额计算。

④排水管道：灌水、通球及通水试验。

⑤雨水管道：灌水及通水试验。

⑥卫生器具：通水试验，具有溢流功能的器具做满水试验。

⑦地漏及地面清扫口做排水试验。

## · *10.1.2　室内外给水、排水系统管道安装工程量* ·

**1）管道系统工程量计算要领**

计算顺序：由入（出）口起，先主干，后支管；先进入，后排出；先设备，后附件。

计算要领：以管道系统为单元，按小系统或按建筑楼层或按建筑平面特点划片进行计算。水平管的长度借用建筑物平面图轴线尺寸和设备位置尺寸进行计算；立管长度用管道系统图、剖面图的标高进行计算。管道通用计算式如下：

$$管道计算工程量 = \sum 设计管道图示中心线长度$$

$$管道报价工程量 = 管道计算工程量 \times 定额消耗量$$

**2）给排水管道安装**

**给排水管道　　镀锌钢管　　钢管　　塑料管等**

| 项目编码 | 项目名称 | 项目特征 | | 计量单位 | 工程量计算规则 |
|---|---|---|---|---|---|
| 031001001 | 镀锌钢管 | 安装部位；介质；连接形式；压力试验及吹、洗设计要求；警示带形式 | 规格、压力等级 | m | 按设计图示管道中心线以长度计算 |
| 031001002 | 钢管 | | | | |
| 031001003 | 不锈钢管 | | | | |
| 031001004 | 铜管 | | | | |
| 031001005 | 铸铁管 | | 材料、规格 | | |
| 031001006 | 塑料管 | | | | |
| 031001007 | 复合管 | | | | |
| 031001008 | 直埋式预制保温管 | | | | |

**【释名】**管道(Pipe)：主要服务于建筑工程、工业、农业、石化等生活与生产输送液体、气体或固体颗粒流体介质等,可按压力、温度、材质以及加工制造等进行分类。管道用各种管件以螺纹、法兰、承插、卡接、焊接、粘接及熔接等方式连接。管道内介质可利用流体自身重力输送,或用泵、压缩机等增压输送。管道用阀门、传感器等控制和测量管内介质的输送情况。管道敷设有明敷、埋设、架空、沟道等方式。

■ **清单项目工作内容** ■ ● 镀锌钢管、钢管、不锈钢管、铜管：①管道安装；②管件制作、安装；③压力试验；④吹扫、冲洗；⑤警示带铺设。

● 铸铁管：①管道安装；②管件安装；③压力试验；④吹扫、冲洗；⑤警示带铺设。

● 塑料管：①管道安装；②管件安装；③塑料卡固定；④阻火圈安装；⑤压力试验；⑥吹扫、冲洗；⑦警示带铺设。

● 复合管：①管道安装；②管件安装；③塑料卡固定；④压力试验；⑤吹扫、冲洗；⑥警示带铺设。

● 直埋式预制保温管：①管道安装；②管件安装；③接口保温；④压力试验；⑤吹扫、冲洗；⑥警示带铺设。

■ **定额工程量** ■ 按"10 m"计量。

(1)室内给水管道安装工程量

①给水镀锌管安装：用螺纹或法兰连接,不除锈刷油。法兰连接计算螺纹、法兰一副,清单按规范附录 K.3 立项,定额用相应子目。

②给水钢管安装：按连接方式立项计算。钢管除锈、刷油及防腐,按管道展开表面积计算,计算式如下：

$$F = \pi DL$$

式中　$D$——钢管外径或内径；

　　　$L$——钢管长度(安装工程量)。

刷油种类、防腐措施按设计要求,无规定时,地上部分刷防锈漆一遍、调合漆两遍；埋地部分刷沥清漆两遍。均用刷油工程定额。

③铸铁给水管安装：材质有球墨铸铁、灰口铸铁及高硅铁管；管道连接有柔性(胶圈)和刚性(水泥)接口。柔性接口抗震性较好,应用较广,构造有机械型与滑入式接口两种,如图10.5所示。

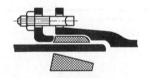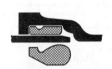

　　(a)机械型接口　　　(b)T型滑入式接口　　　(c)楔型滑入式接口　　　(d)梯唇型滑入式接口

图 10.5　承插铸铁管柔性接口

④塑料给水管安装：室内塑料给水管(UPVC,PP-C,PP-R,PE 等,含铅 PVC 管禁用)及塑料复合管,按连接方式立项计算。

⑤给水不锈钢管、铜管安装：按连接方式立项计算。

⑥复合管安装：一般用钢管,孔网钢带或钢丝骨架,涂以高密度聚乙烯(HDPE)而成,按连

接方式立项计算。

⑦直埋式预制保温管（新技术）安装。直埋式预制保温管广泛用于供热、制冷、输气、输油。结构类型很多，一般由4部分组成：工作管，可用有缝或无缝钢管、螺旋焊接钢管等；保温层，硬质聚氨酯泡沫塑料；保护壳，高密度聚乙烯或玻璃钢；渗漏报警线，埋设在保温层中。该类管因有良好的保护壳和保温层，只需在现场接头，可直接埋入地下，不砌筑保温地沟，可减少土方开挖，大幅度缩短工期。管道连接和补口分别立项计算。

⑧警示带铺设。为了防止情况不明的开挖，以免伤害埋地的自来水、燃气等管道或电缆，需要在管道或电缆上方沿线路铺埋警示带。警示带用不易腐蚀的高密度聚乙烯制成，颜色鲜艳，一般为黄底红字或红底黄字，带上标注如"燃气管道，严禁开挖"等字样。警示带有两种：普通型，用于金属管道警示；示踪带，带中夹有金属箔，用于PE,PVC,PPR等非金属管道，便于用探测器探测。警示带铺设按"m"计算，铺设工料融合在管道安装中进行计算。

（2）室内排水管道安装工程量

①柔性接口铸铁管，因抗震性好，广泛用于高层建筑排水、雨水管的安装。建筑排水、雨水铸铁管刚性接口已被淘汰。

②塑料排水、雨水管，按连接方式计算。注意管道的伸缩节、止水圈（环）、透气帽的价值计算；阻火圈、防火套管及防水套管等管件的安装计算。

（3）室外给水及排水管道安装工程量

①室外给水管道安装，计算方法与室内管道相同。

②室外排水管道与室内管道不同点：铸铁管道接轮件按定额计算外，与塑料管道相同管件均另计价。

（4）管道管件的计算

管件的用量，室内多、室外少。因管网组成不同，其管件数量也不同，定额所列管件数量为综合取定值。所以在计价时，管件数量应按图纸及施工方案计数，并参照定额附录"管件数量取定表"计取。

**3）室外管道碰头**

**给排水管道　室外管道碰头**

| 项目编码 | 项目名称 | 项目特征 | 计量单位 | 工程量计算规则 |
|---------|---------|---------|---------|--------------|
| 031001011 | 室外管道碰头 | 介质；碰头形式；材质、规格；连接形式；防腐、绝热设计要求 | 处 | 按设计图示以处计算 |

【释名】在新建或扩建工程中，水源、热源、气源需与原有管道或者与市政管道碰头，产生土方挖填、拆除沟井、临时管线、碰头连接、防腐绝热、沟井砌筑等工作，发生工料机的消耗，必须进行计算。

▮**清单项目工作内容** ▮ ①挖填工作坑或暖气沟拆除及修复；②碰头；③接口处防腐；④接口处绝热及保护层。

【定额工程量】按"处"计量。

碰头工作中分为带介质与不带介质碰头，用定额相应子目。

## • *10.1.3 管道支架制作安装* •

**给排水管道　　管道支架**

| 项目编码 | 项目名称 | 项目特征 | 计量单位 | 工程量计算规则 |
|---|---|---|---|---|
| 031002001 | 管道支架 | 材质;管架形式 | kg;套 | 按设计图示质量计算 |

【释名】支架(Support):给水与排水管道因位移、震动较小,一般采用固定型支持式或吊式支架,如钩形管卡、角钢加抱箍等;热力及气体管道因热应力及机械运转产生位移和震动,要求支架能减少摩擦、震动和承受一定的负荷,除采用固定型支架外,大量采用活动型支架,如滑动、滚动、弹簧、吊式等。支架的形式由设计确定。

■ **清单项目工作内容** ■ ①制作;②安装。

■ **定额工程量** ■ 制作、安装分别按"100 kg"计量。

管道两支架间跨距:钢管一般为 2~4 m,车间内部最大不超过 6 m;塑料管及复合管的冷水水平管为 0.4~1.5 m,热水管为 0.2~0.8 m;铜管水平管为 1.2~2.4 m。支架和成品管卡的消耗量,可以参考定额附录所列的参考表使用。支架涂刷耐酸、耐碱、耐腐蚀等油漆或镀锌,根据设计要求计算。

## • *10.1.4 给水系统管道附件安装工程量* •

### 1)管道阀门安装

**给水管道附件　　　阀门**

| 项目编码 | 项目名称 | 项目特征 | 计量单位 | 工程量计算规则 |
|---|---|---|---|---|
| 031003001 | 螺纹阀门 | 类型;材质;规格、压力等级;连接形式;焊接方法 | 个 | 按设计图示数量计算 |
| 031003002 | 螺纹法兰阀门 | | | |
| 031003003 | 焊接法兰阀门 | | | |
| 031003004 | 带短管甲乙的法兰阀门 | 材质;规格、压力等级;连接形式;接口方式及材质 | | |
| 031003005 | 塑料阀门 | 规格;连接形式 | | |
| 031003012 | 倒流防止器 | 材质;型号、规格;连接形式 | | |

【释名】阀门(Penstock)是与管道系统配用的控制器件,其作用是设备和管道系统的隔离、调节流量、防止回流、调节和排泄压力或改变流路方向等。其类型主要有闸阀、截止阀、球阀、蝶阀、止回阀、防倒流阀、隔膜阀、安全阀、减压阀等 12 大类;结构形式主要有两通、三通和多通阀门;材质有金属和非金属两大类;操作方式分为手动、电动、气动和液动。通过传感器、执行器等配合,可自动控制阀门开启。各类阀门在安装前,用水对阀门壳体强度和严密性进

行检测试验,持续时间不少于 15 s。

▌**清单项目工作内容**▌ ①安装;②电气接线;③测试。

▌**定额工程量**▌ 按"个"计量。

①螺纹阀门安装:常用灰口铸铁、可锻铸铁或铜合金等制作阀体,一般为内螺纹连接。每个螺纹阀前面包括安装一个活接头,注意其价值计算。

②螺纹法兰阀门安装:应计算一副铸铁螺纹法兰,或碳钢螺纹法兰的价值。

③焊接法兰阀门安装:应计算一副碳钢平焊法兰(1.6 MPa)的价值。

④带短管甲乙的法兰阀门安装:承插给水铸铁和塑料管路中,每个法兰阀门应计算与阀门同管径的短管甲及短管乙(承插盘法兰)的价值。

⑤塑料阀门安装:塑料主要有 ABS,PVC-U,PVC-C,PB,PE,PP 和 PVDF 等,连接方式与管道安装相配。

⑥倒流防止器(阀)安装:它由两个隔开的止回阀和一个安全泄水阀组合而成,安装在过滤器和水表之后,比止回阀、单向阀或逆止阀功能更强,能有效地防止被污染的水倒流回市政管网。倒流防止器用螺纹或法兰盘连接,是水表组成之一,见《倒流防止器选用及安装》图集 12S108-1,如图 10.6 所示。

2)法兰和水表安装

**给水管道附件　法兰　水表**

| 项目编码 | 项目名称 | 项目特征 | 计量单位 | 工程量计算规则 |
|---|---|---|---|---|
| 031003011 | 法兰 | 材质;规格、压力等级;连接形式 | 副(片) | 按设计图示数量计算 |
| 031003013 | 水表 | 安装部位(室内外);型号、规格;连接方式;附件配置 | 组(个) | |

【释名】①法兰(Flange):是管道连接和拆卸非常方便的一种管件,用钢、铸铁或增强塑料制成。法兰的类型很多,给排水系统中常用平面法兰,用焊接或螺纹与管道连接。

②水表(Water Meter)属流量仪表之一,表体用铸铁、铸钢、铜合金等铸造或锻造而成。水表的类型有很多,分民用和工业用;按测量原理不同分为容积式和速度式两类;按介质不同分为冷水、热水;按介质压力不同分为普通和高压;按计数器不同分为指针、字轮式;按计数器浸水方式不同分为干式、湿式;按连接方式不同分为螺纹式、法兰式;按自动化程度不同分为普通、智能式水表。常用速度式类的旋翼式、螺翼式水表。产品形式有单个及水表箱。

▌**清单项目工作内容**▌ ●法兰:安装。 ●水表:组装。

【定额工程量】法兰按"副""片",水表按"组""个"计量。

(1)冷热水管道法兰安装

冷热水管道常用碳钢焊接平面法兰或铸铁螺纹平面法兰,两片为一"副",注意相配的精制六角带帽螺栓的价值,法兰密封垫常用石棉橡胶板。

(2)冷热水管道水表安装

冷热水管道水表单独安装按"个"计算,由其他件组成水表组按"组"计量。

①螺纹水表组:由水表及表前闸阀(Z15T-10K)及止回阀组成,如图 10.6(a)所示。

②焊接法兰带旁通管水表组：由 1 个法兰水表、3 个法兰闸阀（Z45T-10）、1 个止回阀（H44T-10）、三通、弯头、旁通管、平焊法兰（1.6 MPa）及相应的精制六角带帽螺栓等组成，如图 10.6（b）所示。

图 10.6　水表组组成

 〔注意〕

①水表组成以设计图为准，如设计不安装旁通管或止回阀时，其旁通闸阀、止回阀和旁通管、弯头等不计算；设计要求安装滤清器（过滤器）时，另立项编码计算。

②本章 10.2.4 采暖供热系统的法兰、水表安装，清单按此立项编码计算。

## 10.1.5　室内外给排水管沟土方及井道工程量

### 1）管沟土方量及砌筑量立项

管沟土方量及砌筑量应立如下项：

①管沟及管道井土石方挖、填及土石方运输等工作。

②沟道及管道井（水表井、阀门井、消火栓井、接合器井、检查井、碰头井、跌水井及雨水口）的垫层、基础、沟壁、井体、管道支墩的砌筑或浇筑，抹灰，井盖预制安装及运输，路面开挖及修复等工作。

上述各项，清单按《市政规范》《房建规范》立项，用对应定额计算。

### 2）管沟土石方量的计算

（1）管沟土石方挖方量

管沟土石方挖方量，计算式如下：

$$V = h(b + 0.3h)l$$

式中　$h$——沟深，按设计管底标高计算；

　　　$b$——沟底宽；

　　　$l$——沟长；

　　　0.3——放坡系数。

沟底按设计尺寸取值，无设计尺寸时，可按表 10.1 取值。

表 10.1　管道沟底宽取值表　　　　　　　　单位:m

| 公称管径/mm | 铸铁、钢、石棉水泥管道沟底宽/m | 混凝土、钢筋混凝土管道沟底宽/m |
|---|---|---|
| 50~75 | 0.60 | 0.80 |
| 100~200 | 0.70 | 0.90 |
| 250~350 | 0.80 | 1.00 |
| 400~450 | 1.00 | 1.30 |
| 500~600 | 1.30 | 1.50 |
| 700~800 | 1.60 | 1.80 |
| 900~1 000 | 1.80 | 2.00 |

 〔注意〕

计算管沟土石方量时,因各种检查井和排水管道接口处的加宽而多挖的土石方量不增加。但铸铁给水管道或其他材质给水管道接口处的操作坑工程量应增加,按全部给水管沟土方量的 2.5% 计算增加量。

(2)管道沟回填土方工程量

①DN500 以下的管沟回填不扣除管道所占体积。

②DN500 以上的管沟回填按表 10.2 所列数值扣除管道所占体积。

表 10.2　管道占回填土方量扣除表

| 公称管径/mm | 钢管道占回填土方量 /(m³·m⁻¹) | 铸铁管道占回填土方量 /(m³·m⁻¹) | 混凝土、钢筋混凝土管占回填土方量/(m³·m⁻¹) |
|---|---|---|---|
| 500~600 | 0.21 | 0.24 | 0.33 |
| 700~800 | 0.44 | 0.49 | 0.60 |
| 900~1 000 | 0.71 | 0.77 | 0.92 |

## 10.1.6　卫生器具制作安装工程量

### 1)卫生盆类安装

**卫生器具制作安装　卫生盆类**

| 项目编码 | 项目名称 | 项目特征 | 计量单位 | 工程量计算规则 |
|---|---|---|---|---|
| 031004001 | 浴缸 | 材质;规格、类型;组装形式;附件名称、数量 | 组 | 按设计图示数量计算 |
| 031004002 | 净身盆 | | | |
| 031004003 | 洗脸盆 | | | |
| 031004004 | 洗涤盆 | | | |
| 031004005 | 化验盆 | | | |

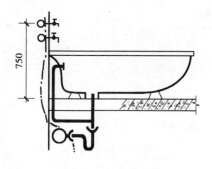

图 10.7　浴盆安装范围

**【释名】**洗浴设施和各种洗浴器的类型很多,如房、盆、池、器等。公共场所、机关、学校、家庭等都安装有洗浴器,安装完后试水。

**■ 清单项目工作内容 ■**　①器具安装;②附件安装。

**■ 定额工程量 ■**　按"组"计量。

(1)浴盆安装

浴盆的型号类型繁多,分大号、小号。每组安装范围如图 10.7 所示。按设计要求计算配水附件,如冷水、冷热水、冷热水带混合水喷头、排水配件铜活、蛇形软管、喷头卡架或挂钩、存水弯 *DN*50、相应长度的 *DN*15 管道等。

〔注意〕

浴盆支座及四周侧面砌砖、瓷砖粘贴,清单按《房建规范》立项,用对应定额计算。功能性浴盆的接线调试按规范附录 D 相关项目编码立项。

(2)妇女净身盆安装

妇女净身盆用于医院或女职工较多的单位,分直喷式和下喷式。安装范围如图 10.8 所示,组成包括净身陶瓷盆体、全套铜活、存水弯及相应长度的 *DN*15 管道。

(3)洗脸盆、洗手盆安装

洗脸(手)盆的类型繁多,安装范围如图 10.9 所示。安装分为钢管组成型、铜(不锈钢)管组成型;又分立式、台式、挂式;供水分冷水、热水、冷热水式;用途分理发用、医院用(肘式开关)、公共场所用(脚踏开关)。

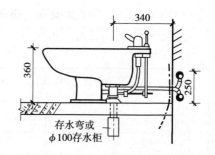

图 10.8　妇女净身盆安装范围

洗脸(手)盆组成包括:盆本体、配水龙头(全铜磨光冷、热水嘴 *DN*15)、各类开关(肘式开关、脚踏开关、铜截止阀 *DN*15 等)、排水配件(铜下水口即排水栓 *DN*32、存水弯 *DN*32、压盖等)、洗脸盆托架、相应长度 *DN*15 的管道等。大理石、花岗石等台板或台架,清单按《房建规范》立项,用对应定额计算。

(4)洗涤盆安装

洗涤盆,陶瓷、不锈钢等盆体,用于医院、餐饮、厨房以及需洗涤的场所,如图 10.10 所示。用开关龙头来分类,如单水嘴、双水嘴,肘式开关(单把、双把),脚踏开关,回转龙头,混合回转龙头等。

洗涤盆组成包括盆、开关、水嘴、铜或铝合金排水栓带链堵 *DN*50、存水弯 *DN*50、托架、相应长度 *DN*15 管道等。不包括地漏安装,需另立项计算。

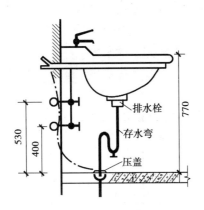

图 10.9 洗脸(手)盆安装范围

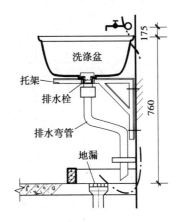

图 10.10 洗涤盆安装范围

（5）化验盆安装

化验盆，陶瓷、不锈钢等盆体，用于医院、工厂、科研、学校的理化计量室等场所，固定在实验台上。安装的形式分为单联、双联、三联；按龙头分为脚踏开关、鹅颈水嘴等式。

化验盆组成包括：盆，单联、双联、三联化验水嘴，鹅颈水嘴，铜或铝合金排水栓带链堵 DN50，托架，相应长度 DN15 的管道等。

### 2) 便器及小便槽冲洗管制作安装

**卫生器具制作安装　大便器　小便器　冲洗管**

| 项目编码 | 项目名称 | 项目特征 | 计量单位 | 工程量计算规则 |
|---|---|---|---|---|
| 031004006 | 大便器 | 材质；规格、类型；组织形式；附件名称、数量 | 组 | 按设计图示数量计算 |
| 031004007 | 小便器 | | | |
| 031004015 | 小便槽冲洗管制作安装 | 材质；规格 | m | 按设计图示长度计算 |

【释名】便器（Closel Bowl）：按解便方式不同分为蹲式和坐式；按冲洗部件构造不同分为高水箱、低水箱及直冲式；按冲洗方式不同分为手动和自动。安装完后试水。

▌**清单项目工作内容**▌①器具安装；②附件安装。

▌**定额工程量**▌按"10 套"计量。

（1）大便器安装

①蹲式大便器，家庭流行低水箱直冲式，公共场所用手押及脚踏延时自闭阀直冲式和感应自动冲洗式。安装范围包括水平管、冲洗管 DN25、冲洗阀（如螺纹球阀、螺纹闸阀、手押阀、手押或脚踏延时自闭阀等）、冲水皮碗、便器、DN100 存水弯，如图 10.11 所示。定额不包括存水弯上面穿过楼板的直管段，应计入排水管道工程量中。

②坐式大便器，分为低水箱、带水箱、连体箱等形式。其组成包括水箱、坐便器、角型阀 DN15 及自闭冲洗阀、配件、便器盖及便器存水弯 DN100 等，如图 10.12 所示。

③蹲式、坐式便器感应式自动冲洗阀安装，应进行水压试验、敏感性调试。

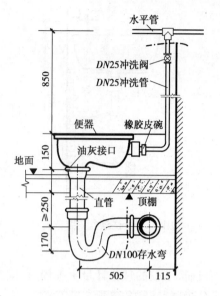

图 10.11　直冲式蹲式便器安装范围

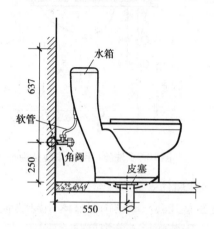

图 10.12　坐式大便器安装范围

（2）小便器安装

小便器（小便斗）分为挂式及立式（落地式）；冲洗方式分为手动与自动式冲洗。

①普通手动冲洗小便器：包括便器、角型阀（手轮式、按压式）DN15，挂式由存水弯 DN32、压盖等组成，如图 10.13 所示。

②自动冲洗小便器：冲洗阀为自动洗阀，类型有插电式、电磁感应式。在公共场所广泛应用，可节约用水。

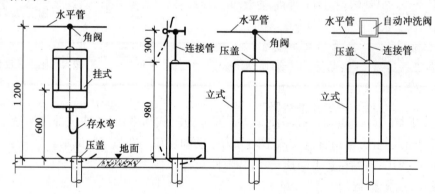

图 10.13　挂式及立式、手动与自动冲洗小便器安装范围

〔注意〕

　　自动冲洗阀电气安装，应计算暗盒及端子板外接线校线，用电气工程定额及自动化仪表工程定额。

③小便槽冲洗管:冲洗管用 *DN*15,*DN*20 或 *DN*25 镀锌钢管或塑料管钻 $\phi$2 孔制作,再连接给水管、冲洗阀,由地漏排出,分别立项计量,如图 10.14 所示。

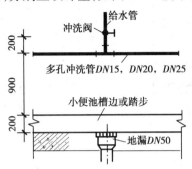

图 10.14　小便槽冲洗管组成

### 3)淋浴器、桑拿浴房制作安装

**卫生器具制作安装　淋浴器　桑拿浴房**

| 项目编码 | 项目名称 | 项目特征 | 计量单位 | 工程量计算规则 |
|---|---|---|---|---|
| 031004009 | 烘手器 | 材质;型号、规格 | 个 | 按设计图示数量计算 |
| 031004010 | 淋浴器 | 材质、规格;组织形式;附件名称、数量 | 套 | |
| 031004011 | 淋浴间 | | | |
| 031004012 | 桑拿浴房 | | | |

【**释名**】近年来,洗浴设施中增加了淋浴间、桑拿浴房和按摩浴缸等,均系成品,现场安装,安装完后试水。

■ **清单项目工作内容** ■ ①器具安装;②附件安装。

■ **定额工程量** ■ 淋浴器按"10 套",桑拿浴房按"座"计量。

(1)淋浴器组成安装

①组成淋浴器也称为"管件淋浴器",用镀锌钢管或塑料管、管件、阀门、莲蓬头现场安装而成,分冷水式、冷热水式两种,但这种淋浴器已处于淘汰状态。

②成品铜管或不锈钢钢管淋浴器,由金属软管、莲蓬头(花洒)及冷热水阀门组成,称为整体淋浴器,分冷水式与冷热水式两种。

(2)淋浴间安装

淋浴间类型有多种,成套供应,用铝合金、不锈钢或塑钢为框,镶嵌钢化玻璃板而成,分为单面式、围合式两种。

(3)桑拿浴房及按摩浴缸安装

①桑拿浴房适宜医院、宾馆、饭店、娱乐场所或家庭之用,按功能、用途可分为多种类型,如远红外线型、光波型、芬兰型等。桑拿浴房由板壁、水盆、加热器等组成。

②按摩浴缸,用喷流发生器将水气混合后由喷嘴喷出水流,在浴缸内循环,对人体进行"按摩"。其组成有浴缸体、喷流发生器及附件等。附件有冷热水开关、花洒、排水口等。周边的瓷砖等装饰,用《房建定额》立项计算。

（4）烘手器安装

烘手器适宜医院、宾馆、饭店、科研机构、娱乐场所的卫生间干手之用。

〔注意〕

电热水器、淋浴间、桑拿浴房、按摩浴缸、烘手器等，电气部分按电气工程定额计量。

### 4）给排水附（配）件安装

**卫生器具制作安装　排水栓　水龙头　地漏　地面扫除口**

| 项目编码 | 项目名称 | 项目特征 | 计量单位 | 工程量计算规则 |
|---|---|---|---|---|
| 031004014 | 给、排水附（配）件 | 材质；型号、规格；安装方式 | 个（组） | 按设计图示数量计算 |

**【释名】**本编码项目是指独立安装的给排水管道附（配）件。如排水栓，为盆、池排水孔堵水或放水的器具；水嘴（Cock Tap）为配水管网中的主要用水附件；地漏为地面排水部件；扫除口为排水管道的清堵部件。

▌**清单项目工作内容**▌安装。

▌**定额工程量**▌按"10个"计量。

（1）排水栓安装

排水栓也称为下水口，用铜、铝合金、橡胶或塑料制作，用于洗涤盆、洗菜池、拖布池、盥洗池或储水池的堵水与放水之用，如图10.15所示。排水栓的规格有 $DN32,DN40$ 及 $DN50$。水泥制作的盆、池安装排水栓时，应计算相应规格的镀锌管箍及250 mm长的一段镀锌钢管。

（2）水龙头安装

水龙头也称为水嘴，用铜、铝合金、不锈钢或塑料制作，规格有 $DN15,DN20$ 及 $DN25$。安装各种电磁感应、调温式感应水龙头时，应注意电气部分的安装，见前面的叙述。

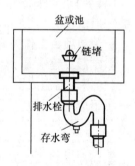
图10.15　排水栓组成

（3）地漏安装

地漏用铸铁、不锈钢、铝合金、塑料等制作，规格有 $DN50\sim DN150$。地漏有钟罩式、筒式及浮球式，均设置漏水算子。地漏用于厕所、盥洗间、浴室及需要排出地面污水的房间。

（4）地面扫除口安装

地面扫除口也称为清扫口，本体用铸铁或塑料制作，面盖用青铜做成。地面扫除口安装于地面以下水平排水主管的尾端，用于清通管道堵塞，也称为清通口。其规格有 $DN50\sim DN150$。

5) 蒸汽-水加热器与冷热水混合器安装

热水供应器具制作安装　　蒸汽-水加热器　冷热水混合器

| 项目编码 | 项目名称 | 项目特征 | 计量单位 | 工程量计算规则 |
|---|---|---|---|---|
| 031004016 | 蒸汽-水加热器 | 类型;型号、规格;连接方式 | 套 | 按设计图示数量计算 |
| 031004017 | 冷热水混合器 | | | |

【释名】生活与生产工艺中需要大量的热水,制备热水的方法有很多,可用蒸汽喷射器等装置直接将水加热,也可通过容积式等设备用热交换方式间接将水加热。根据热水需用量来选择制备热水的装置或设备。本处是指洗浴用的热水卫生器具,用给排水工程定额相应子目,如图 10.16 所示;不是指集中产生大量热水的容积式之类的装置与设备。

(1) 蒸汽-水加热器

这类水加热器有间接加热式、直接加热式两大类。间接加热式水加热器,用蒸汽或高温水为热媒,经金属表面传递给水或被加热物质,也称为热交换器。其按结构不同分为管壳式、套管式、板式、单管式、多管式。小型单管式加热器如图 10.16(a) 所示。

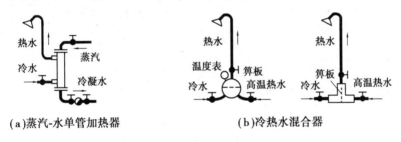

(a) 蒸汽-水单管加热器　　　　(b) 冷热水混合器

图 10.16　小型蒸汽-水单管加热器、冷热水混合器组成

(2) 冷热水混合器

①小型冷热水混合器:单阀门小型手控式用于家庭或单位的淋浴器装置,如挡板三通式、算板三通式、多孔管三通式等,与燃气、电能和太阳能热水器配合使用,如图 10.16(b) 所示。

②大型自控冷热水混合器:由自动控制柜、电磁阀、水温传感器、混合水罐等组成,用 60 ℃ 热水混合,温度可调节,冷水断流时能自动关闭,防止烫伤。

■ 清单项目工作内容 ■ ①制作;②安装。

■ 定额工程量 ■ 按"10 套"计量。

①蒸汽-水加热器安装:加热器用膨胀螺钉安装在墙上,接上冷水、蒸汽管道,即可试水。

②冷热水混合器安装:小型、大型冷热水混合器用膨胀螺钉安装在墙上,接上冷水、热水管道,即可试水。

# 10.2　采暖供热系统安装工程量

【集解】人们在生活与生产中需要热能。提供热能以进行采暖的技术,称为采暖供热工程。

热能从燃料、电力、太阳能、地热等中获取。现今为了节能和环保,用热泵(水源、地源、空气源、太阳能热泵)技术从低品位热源中吸取热能。供热方式以集中供热较为合理,以热水、蒸汽或空气为热媒,用管网输送最为方便。在采暖供热使用中,发现低能耗地板辐射热采暖最好,因其节能与舒适,目前已在我国迅速发展起来。

### · 10.2.1　采暖供热系统基本组成 ·

采暖系统(Heating System)及热水供应系统(Hot Water Supply System)都由热源、热网和热用户3大部分组成,如图10.17所示。

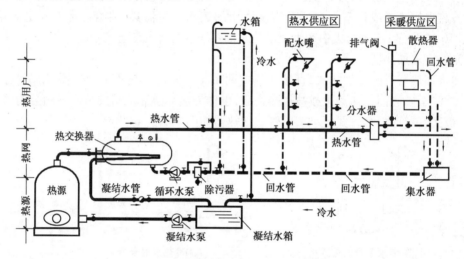

**图 10.17　采暖系统及热水供应系统组成**

①热源:是制备热媒(热介质)的场所,一般以热水或蒸汽为热媒。目前,热源为燃煤、燃油或燃气为能源的锅炉房和热电厂,可利用的最好的工业余热是电能、地热和太阳能、核能等热源。

②热网:由热源向热用户输送和分配热介质的管道系统,主要由管道、管件、阀门、补偿器、支座及相应器具等附件组成。

③热用户:是指从供热系统中获得热能的终端装置,如散热器、热风机及热水龙头等。

### · 10.2.2　采暖供热系统管道安装要求 ·

**1)采暖供热系统管道界线的划分**

①室内外界线,以建筑物外墙皮外1.5 m处为界,入口处设阀门者以阀门为界。

②与工业管道的界线,以锅炉房或泵站外墙皮外1.5 m处为界。

**2)采暖供热管道系统安装一般要求**

采暖供热管道因输送热介质,管网产生热应力,管道安装要求与给水管道不同,如下:

（1）管道安装要求

①管道连接因热应力关系，多用焊接，少用螺纹连接。管道 $DN \leqslant 32$ mm 用螺纹连接，32 mm$<DN<$57 mm 用气焊，$DN \geqslant 57$ mm 可用电弧焊。低温热水地面辐射采暖管道一般用 PB,PERT 及 PP-R 铝塑等管，连接按产品要求。

②分支立管做成来回弯、鹅颈弯（灯叉弯）等，以减少热张力。

③管件：管道转向用压制弯头、现场煨弯或焊接虾弯，可用挖眼、焊接、摔制等方法将管道分支或变径。

④管道敷设，室内用支架明装，室外用低、中、高支架架空敷设，地下用通行地沟、半通行地沟、不通行地沟及直接埋地敷设。

（2）管道系统吹扫、试压与检查

管道系统用水进行强度和严密性试验，用压缩空气、清水或蒸汽吹扫冲洗。

（3）管道支架、吊架

因减释热应力关系，管道固定支架较少，活动支架较多。

（4）管道穿墙过楼板

管道穿墙过楼板时应安装套管，以利管道自由伸缩，一般套管用镀锌铁皮、钢管制作，穿越地下室墙、外墙基础、储水池壁等重要结构时用柔性与刚性防水套管。

（5）补偿器（伸缩器）制作、安装

为了减释管道热张力，管网设置补偿器。补偿器有自然补偿器与人工补偿器（方形补偿器、波型补偿器、填料式套筒伸缩器等）。

（6）管道除锈、刷油

按设计要求刷油，设计无规定时可按下述要求施工：

①室内采暖、热水管道：除锈→底漆（防锈漆或红丹漆）一遍→银粉漆两遍。

②浴厕采暖、热水管道：除锈→底漆两遍→银粉漆两遍（或耐酸漆一遍，或快干漆两遍）。

③散热器要求：铸铁散热器除锈→底漆两遍→银粉漆两遍。工厂成品不刷漆。

（7）管道绝热、保温及保护

管道保温结构：防腐层→保温层→保护层→识别层。

（8）水箱制作、安装

采暖供热系统水箱繁多，如给水箱、补水箱、蓄水箱、冷水箱、热水箱、膨胀水箱、凝结水箱及循环水箱以及给水池（箱），可用钢板、不锈钢板、木板或者钢筋混凝土制作。

（9）热用户入口装置

热用户入口装置是为了进行计量、控制和保护安全的装置，需安装在建筑物入口处。

（10）散热片（器）

散热片（器）安装程序：组对→试压→就位→配管。工厂成组产品直接安装。

（11）采暖系统调试与调整

按现行《建筑给水排水及采暖工程施工质量验收规范》的要求和设计要求进行调整与调试。

### 10.2.3 采暖供热系统管道安装工程量

管道安装、管道碰头、支架制安、水压试验、冲洗吹扫、除锈刷油、绝热保温、管沟土方及井道浇筑等工程量,除系统的调整试验不同外,其余与给水管网计算相同,见10.1.2节的叙述。管道除锈刷油、绝热保温见第13章的叙述。

### 10.2.4 采暖供热系统管道附件安装工程量

#### 1)减压器等安装

**采暖供热管道附件　　减压器等组件　软接头**

| 项目编码 | 项目名称 | 项目特征 | 计量单位 | 工程量计算规则 |
|---|---|---|---|---|
| 031003006 | 减压器 | 材质;规格、压力等级;连接形式;附件配置 | 组 | 按设计图示数量计算 |
| 031003007 | 疏水器 | | | |
| 031003008 | 除污器(过滤器) | 材质;规格、压力等级;连接形式 | | |
| 031003010 | 软接头(软管) | 材质;规格;连接形式 | 个(组) | |

**【释名】**采暖供热系统中,在热用户的入口处设置由管道附件组成的,可进行热计量、控制及安全保护的入口装置,如设置安全阀、减压阀、疏水器、压力表及热量表等管道附件。

①减压器(阀)(Reducing Valve):按结构不同分为活塞式、波纹式、膜片式、外弹簧薄片式等,靠启闭阀孔对蒸汽进行节流以维持管网压力的管道附件。

②疏水器(阀)(Steam Trap Valve):蒸汽系统或气体系统中,排放凝结水的器具。在采暖系统中一般用机械式疏水器。

③安全阀(Safety Valve):按结构不同分为弹簧式、杠杆式与脉冲式。弹簧及杠杆式可平衡管网中不大于2 000 N压力;脉冲式用于高压和大口径管道中。

④除污器:又称为过滤器、滤清器,用其中的滤网滤除流体中的杂质,使机器设备(压缩机、泵等)、仪表能正常工作和运转的管道附件。

⑤软接头,如图9.9水泵安装及组成图中所示。

**▊清单项目工作内容▊** •减压器:组装。•疏水器:组装。•软接头:安装。

**▊定额工程量▊** 按"组"计量。

(1)减压器组成安装

①螺纹减压器组成。它由螺纹减压器1个、螺纹截止阀3个、弹簧安全阀1个、弹簧压力表2块(包括压力表气门DN15、压力表弯管DN15)、旁通管及相应长度的钢管等组成,如图10.18所示。

②焊接法兰减压器组成。因为减压器、截止阀为法兰连接,与螺纹减压器相比,只增加了平焊法兰1.6 MPa及相应的精制六角带帽螺栓。

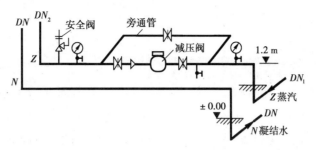

**图 10.18　减压器组成的入口装置**

（2）疏水器组成安装

①螺纹疏水器组成。它由疏水器 1 个、螺纹截止阀 2 个或 3 个、螺纹旋塞 $DN15$ 两个及相应长度的钢管等组成，如图 10.19 所示。

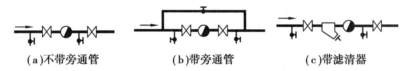

（a）不带旁通管　　　　（b）带旁通管　　　　（c）带滤清器

**图 10.19　疏水器组成**

②焊接法兰疏水器组成。疏水器、截止阀为法兰型，与螺纹疏水器组成不同之处是增加了 1.6 MPa 平焊法兰 2~8 片及相应的精制六角带帽螺栓。

（3）过滤器安装

过滤器又称为滤清器，同阀门一样，用螺纹或法兰连接，如图 10.20 所示。

（4）安全阀安装

安全阀用法兰与内螺纹连接。安装前进行壳体压力试验及严密性检测，还要进行压力调试。用工业管道工程定额。

（5）软接头安装

KXT、KST 型橡胶软接头，分法兰、螺纹、卡接等式，用定额相应子目计算，如图 9.9 所示。

**2）补偿器安装**

**采暖供热管道附件　　补偿器**

| 项目编码 | 项目名称 | 项目特征 | 计量单位 | 工程量计算规则 |
|---|---|---|---|---|
| 031003009 | 补偿器 | 类型；材质；规格、压力等级；连接方式 | 个 | 按设计图示数量计算 |

【释名】补偿器（Expansion Beend）也称为伸缩器。为了减释管道受热膨胀所产生的热应力，在管道中隔一定距离设置补偿装置，以保证管道系统在热状态下能稳定和安全工作的附件，称为补偿器。补偿器有自然与人工补偿器两大类。自然补偿器如图 10.20 中的（a），（b）所示；人工补偿器如图 10.20（c），（d），（e）所示，均在现场加工制作。成品的套管（筒）式、波型式、旋转式等伸缩器，只计算安装。

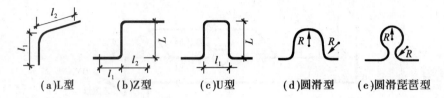

**图 10.20　自然补偿器与人工补偿器**

▌ **清单项目工作内容** ▌ 安装。

▌ **定额工程量** ▌ 按"个"计量。

（1）成品补偿器安装

①螺纹套管（筒）式补偿器，用于管径 *DN*25~*DN*40 的管道中；焊接法兰套管（筒）式补偿器，用于管径 *DN*50~*DN*500 的管道中，计算一副平焊法兰（1.6 MPa）及相应带帽螺栓。

②波型补偿器，用于管径 *DN*200~*DN*600 的管道中，计算一副平焊法兰（1.6 MPa）及相应带帽螺栓。

（2）人工补偿器制作、安装

在现场用热煨法加工而成，用于管径 *DN*32~*DN*400 的管道中。计算工程量时，补偿器的长度按设计图示长度计入管道工程量中，当设计未标注尺寸时，可按表 10.3 所列数值计取。

**表 10.3　方形伸缩器每个长度表**　　　　　　　　　　单位：m

| 公称直径/mm | 25 | 50 | 100 | 150 | 200 | 250 | 300 |
|---|---|---|---|---|---|---|---|
| ⊓ | 0.6 | 1.2 | 2.2 | 3.5 | 5.0 | 6.5 | 8.5 |
| Ω | 0.6 | 1.1 | 2.0 | 3.0 | 4.0 | 5.0 | 6.0 |

### 3）热量表安装

**采暖供热管道附件　　热量表**

| 项目编码 | 项目名称 | 项目特征 | 计量单位 | 工程量计算规则 |
|---|---|---|---|---|
| 031003014 | 热量表 | 类型；型号、规格；连接方式 | 块 | 按设计图示数量计算 |

【释名】热量表（Heat Meter）：以流量计为基表，再配置温度传感器和积算器而成的热能流量计算表。其类型有机械式（涡轮式、孔板式、涡街式）、电磁式、超声波式等。

▌ **清单项目工作内容** ▌ 安装。

【定额工程量】按入口、用户分别以"组"计量。

热量表在管网冲洗吹扫合格后安装，与管网系统同时进行水压试验。用于采暖系统的热量表与热水表不同，也与空调系统的热（冷）量表不同，注意区别，不要混淆。

### • *10.2.5 采暖工程系统供暖器具安装工程量* •

#### 1)铸铁及钢制散热器安装

**供暖器具 铸铁及钢制散热器**

| 项目编码 | 项目名称 | 项目特征 | 计量单位 | 工程量计算规则 |
|---|---|---|---|---|
| 031005001 | 铸铁散热器 | 型号;规格;安装方式;托架形式;器具、托架除锈、刷油设计要求 | 片(组) | 按设计图示数量计算 |
| 031005002 | 钢制散热器 | 结构形式;型号、规格;安装方式;托架刷油设计要求 | 组(片) | |
| 031005003 | 其他产品散热器 | 材质;类型;型号、规格;托架刷油设计要求 | | |

【释名】散热器(Heating Radiator)是用来传导、释放热量的装置,这里是指家庭供暖系统的终端装置,用热传导、辐射、对流方式散出热量以此提升室温。散热器种类很多,传统的铸铁散热器,其灰铸铁长翼型、圆翼型散热器因污染环境、热效率低而被淘汰。其后广泛使用钢制、铝制、铜制、不锈钢、铜铝复合等散热器。

▌**清单项目工作内容**▌ • 铸铁散热器:①组对、安装;②水压试验;③托架制作、安装;④除锈、刷油。

• 钢制散热器、其他产品散热器:①安装;②托架安装;③托架刷油。

▌**定额工程量**▌ 按"组"或"片"计量。

(1)铸铁散热器安装

①铸铁散热器趋于淘汰,有四柱、五柱、翼型、M132 等型。安装包括散热片、托钩、挂钩及拉杆,如图 10.21 所示。按片组成的数量不同,以"组"计算。因托钩、挂钩钢材用量较大,必须算量,可按表 10.4 计取。

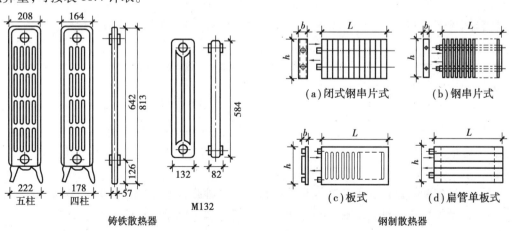

**图 10.21 采暖散热器**

表 10.4　散热片配托钩数量

| | 散热片类型 | | | | | | | | |
|---|---|---|---|---|---|---|---|---|---|
| | M132 型 | | | | 柱　型 | | | | |
| 散热片/个 | 3~5 | 6~10 | 11~15 | 16~20 | 3~8 | 9~12 | 13~15 | 16~20 | 21~25 |
| 托钩/个 | 3 | 3 | 3 | 5 | 3 | 3 | 3 | 5 | 5 |

②铸铁散热器除锈、油漆,其面积及质量可按表10.5所列数值计取,用刷油工程定额。

表 10.5　铸铁散热片散热面积及质量

| 型　号 | 散热面积/(m²·片⁻¹) | 质量/(kg·片⁻¹) |
|---|---|---|
| 四柱 813 | 0.28 | 7.99(有足)　7.55(无足) |
| 五柱 813 | 0.37 | 9.50(有足)　8.50(无足) |
| M132 | 0.24 | 6.5 |

（2）钢制类散热器安装

钢制、不锈钢及铝制类散热器的类型有很多,如闭式、板式、翅(串)片式、柱式,以及复合型、艺术造型散热器等,如图10.21所示。它们比铸铁散热器的优点多,广泛用于不潮湿的房间或高温水采暖系统中。此类散热器为成品,不再计算除锈、刷油。

2)光排管散热器制作、安装

**供暖器具　光排管散热器**

| 项目编码 | 项目名称 | 项目特征 | 计量单位 | 工程量计算规则 |
|---|---|---|---|---|
| 031005004 | 光排管散热器 | 材质、类型;型号、规格;托架形式及做法;器具、托架除锈、刷油设计要求 | m | 按设计图示排管长度计算 |

【释名】光排管散热器用焊接钢管或无缝钢管 $DN50 \sim DN150$ 有序排列焊接而成,有 A 型及 B 型。

■ 清单项目工作内容 ■ ①制作、安装;②水压试验;③除锈、刷油。

■ 定额工程量 ■ 制作按"10 m"、安装按"组"计量。

（1）光排管散热器制作与安装

光排管散热器 A 型和 B 型都按排管管径大小及长度不同分别计量。制作安装包括:排管、联管、堵板的焊接,管箍及托钩等的制安和水压试验,如图10.22所示。其工程量计算如下:

$$光排管散热器计算工程量 = 排管单根长 L_1 \times 排管根数 n \times 排管散热器个数 N$$

$$光排管散热器报价工程量 = 光排管散热器计算工程量 \times 定额消耗量$$

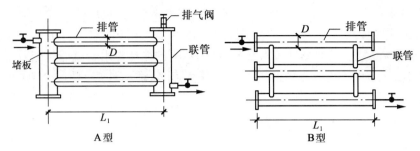

**图 10.22　光排管散热器组成**

（2）光排管散热器除锈、油漆

光排管散热器除锈、油漆，油漆类别按设计要求，工程量按排管表面积计算，用刷油工程定额。

### 3）暖风机及空气幕安装

**供暖器具　暖风机　空气幕安装**

| 项目编码 | 项目名称 | 项目特征 | 计量单位 | 工程量计算规则 |
|---|---|---|---|---|
| 031005005 | 暖风机 | 质量；型号、规格；安装方式 | 台 | 按设计图示数量计算 |

【释名】①暖风机（Air Heating Radiator）：凭借强行对流式的暖风，可迅速提高室温的设备。暖风机由通风机（风轮）、电动机和空气加热器等组成。蒸汽、热水为热源的暖风机，多用于工厂；电源暖风机，多用于宾馆、饭店、公共场所或者家庭。新型暖风机具有恒温、加湿、灭菌、除尘等功能。安装方式有台式、立式和壁挂式。

②空气幕（Air Curtain）：也称为风幕机、风帘机、风闸。它用特制的高速电机，带动贯流式、离心式或轴流式风轮运转，产生强大的气流屏障，阻止室内外空气对流，保持室内空气环境，减少能耗，防止灰尘、有害气体及昆虫等的侵入，从而提供较好的工作、购物等环境。空气幕按结构不同分为贯流式、轴流式、离心式；按功能不同分为自然风幕、热风幕、冷风幕、水热幕、电热空气幕等。冷风源可用制冷机产生，热风源可用蒸汽、热水和电能等。

■ **清单项目工作内容** ■ 安装。

■ **定额工程量** ■ 按重量不同以"台"计量。

①暖风机、空气幕本体安装。暖风机、空气幕为成品，整体安装，与热源相连接的管、截止阀、疏水器、过滤器或软接头等安装，应另立项计量；支架制作与安装、除锈、油漆均见前述内容。暖风机用给排水工程定额，空气幕用通风空调工程定额。

②暖风机、空气幕电动机的配管、配线、接线箱、电动机检查接线等均见前述内容。

### 4）地板辐射采暖安装工程量

**供暖器具　地板辐射采暖**

| 项目编码 | 项目名称 | 项目特征 | 计量单位 | 工程量计算规则 |
|---|---|---|---|---|
| 031005006 | 地板辐射采暖 | 保温层材质、厚度；<br>钢丝网设计要求；<br>管道材质、规格；<br>压力试验及吹扫设计要求 | 1.m²<br>2.m | 1.以平方米计量，按设计图示采暖房间净面积计算<br>2.以米计量，按设计图示管道长度计算 |

【**释名**】地板辐射采暖(Radiant Floor Heating)简称为地暖,指用热能加热地板,以辐射和对流的方式向室内传热,装有这类末端装置的采暖系统。地暖的类型有很多,根据热源不同分为电能、热水两大类。在地板下安装流动 60 ℃以下的循环热水管就能达到效果,与普通采暖及空调相比,可节约 50%～70% 的能源。因其优点多、适应性广,是现今节能环保建筑的首选。

(1)电能地面辐射采暖

电能地面辐射采暖有三大类:

①发热电缆类:金属发热电缆、长丝碳纤维发热电缆。

②电热膜类:油墨电热膜、碳晶电热膜、硅晶发热板(膜)。

③电发热板类:远红外碳纤维发热板、复合暖芯自热地板等。

(2)热水地板辐射采暖

热水可集中提供,家庭可用电热水器、燃气热水器或空气源热泵等方式提供。装置有两种,即毛细管式和集(加)热管式。

①毛细管:用 PE-RT 等塑料制成管径 3.4～4.3 mm 超薄弹性的细管网,热水在网片中以与人体毛细管相似的压力和流速进行输送和分配,故名毛细管。其效果好,水质要求高,但维修不便,难推广。

②集热管:用高温塑料管 PE-RT,PB,PE-X,PP-R,规格 $\phi16$,$\phi20$,$\phi25$,$\phi32$,现场盘曲而成,故又称为盘管,应用较广。

(3)热水地暖末端装置及地面结构方式

①末端装置的组成有集(分)水器、温控装置、阀门及连接件等,如图 10.23 所示。

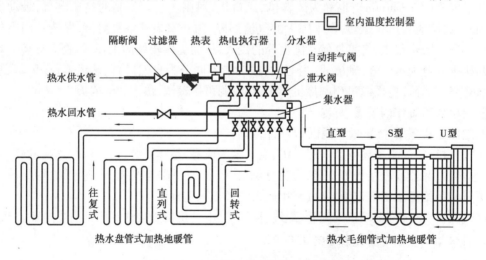

图 10.23　集热管与毛细管地暖装置示意

②地面结构分湿式和干式两种。湿式铺填混凝土或砂浆,用于瓷砖、大理石等地面;干式铺设地楞木,用于实木、强化地板、地毯等地面。湿式结构如图 10.24 所示。

■ **清单项目工作内容** ■ ①保温层及钢丝网铺设;②管道排布、绑扎、固定;③与分集水器连接;④水压试验;⑤配合比地面浇筑。

■ **定额工程量** ■ 集热塑料管敷设按"10 m"、保温隔热层按"m²"计量。

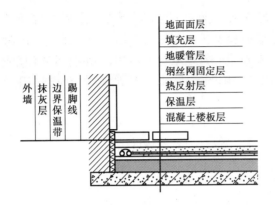

**图 10.24　地暖湿式地面结构层次**

①分、集水器安装。分、集水器是地暖末端装置的中心部件。分水器向各支管路分配热水,集水器汇集各支管路的回水。本体用铜、不锈钢、合金或高温塑料制成,与主要阀件、仪表等成套供应,分为基本、标准和功能 3 种类型。其规格有 $DN25 \sim DN40$,阀件和仪表有球阀或流量调节阀、手动或自动排气阀、支路关断阀、过滤器、泄水阀、热量表、室内液晶显示温控器、热电执行器等。功能型可对其温度、流量的调节和显示进行智能自控、远程遥控等。

分、集水器用自带的支架,带箱或不带箱,明装或暗装在每户入口处或厨房内墙上。按"组"计量,用给排水工程定额。

②集热管敷设及水压试验。集热管中间不能接头,将管材按设计规定尺寸盘曲成直列式、回转式或往复式,并用卡子将其固定在地板上,如图 10.23 所示。管道施工完后与分、集水器连接,冲洗吹扫,进行第一次水压试验;储热层施工完后再次进行水压试验。按《建筑给排水及采暖工程施工质量验收规范》( GB 50242)的要求,试验压力为工作压力 1.5 倍,不低于0.6 MPa,2~3 min 不降压、不渗漏。然后通热水连续 24 h 保温试运行,并对温控器进行功能检测和调整等工作。

③保温隔热层铺设。铝箔反射保护层、隔热板、钢丝网按"$m^2$"计算,边界保温带按"m"计算,用给排水工程定额。

④地面结构各层工程量。根据湿式和干式的设计要求,除③项所列层之外的组合层按设计图示尺寸,按《房建定额》计算,如图 10.24 所示。

⑤室内液晶显示温度控制器、热电执行器的配管、配线、底盒及面板的安装,不要遗漏,用电气工程及建筑智能工程定额。

## · *10.2.6　采暖工程系统调试工程量* ·

**采暖工程系统　　采暖工程系统调试**

| 项目编码 | 项目名称 | 项目特征 | 计量单位 | 工程量计算规则 |
|---|---|---|---|---|
| 031009001 | 采暖工程系统调试 | 系统形式;采暖(空调水)系统管道工程量 | 系统 | 按采暖工程系统计算 |

【释名】采暖工程系统调试:管网在强度和严密性检验及清洗、吹扫合格后,进行试运行及调整。当为集中采暖系统时,待锅炉、水泵、风机运转正常后,按"先外后内,先远后近"原则,缓慢供热,反复排气、补水,待室外管道运行正常后,逐渐打开阀门"先远后近"向室内分配流量,达到各散热器放热均匀,管路畅通,热工仪表、管道及支架伸缩正常,没有噪声时为止。

▌**清单项目工作内容** ▌系统调试。

▌**定额工程量** ▌按"系统"计量。

①采暖系统调试的划分:一般有独立供热进出口装置的采暖建筑,即视为一个系统。

②采暖系统调试费,按定额规定计取。

### · *10.2.7　给排水、采暖设备安装工程量* ·

1)变频给水设备安装

**给排水采暖设备　　变频给水设备**

| 项目编码 | 项目名称 | 项目特征 | 计量单位 | 工程量计算规则 |
|---|---|---|---|---|
| 031006003 | 无负压给水设备 | 设备名称;型号、规格;水泵主要技术参数;附件名称、规格、数量;减震装置形式 | 套 | 按设计图示数量计算 |

【释名】无负压给水设备。现今多用无负压变频给水设备,它是变频恒压给水设备和无负压给水设备的综合与延伸。当市政管网产生负压或流量不足时,控制器启动水泵进行补压、补量,以恒持管网压力和流量的一种供水设备。用于生活、生产与消防给水系统,如小区、高层建筑、宾馆以及恒压用水的工业工艺生产等。它无传统的水箱、水塔,占地小,全封闭,不锈钢机组,无污染,节能50%。

无负压变频给水设备(机组)由稳压(流)补偿器(灌)、气压罐、压力水泵、附件、仪表和变频调速控制柜等组装在一个底架上,成为机组,如图10.25所示。

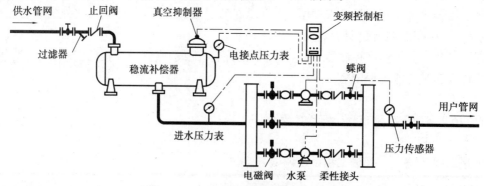

**图10.25　无负压变频给水机组组成**

▌**清单项目工作内容** ▌①设备安装;②附件安装;③调试;④减震装置制作、安装。

【定额工程量】按"台"计量。

①无负压机组安装包括:泵体及配套的管道、部件、附件安装,单体试运转,用给排水工程定额;连接市政管网和用户管网,需要接管碰头时,见10.1.2节的叙述。

②减震装置安装、基础灌浆、地脚螺栓埋设,用机械设备工程定额。

③控制柜管线敷设,接地,电机检查接线、调试等,用电气工程定额。

④机组调试,按产品说明书要求操作,首先稳压补偿器(灌)、气压罐充水定压,然后开机运行直至无异常为止。

2) 太阳能集热装置安装

**给排水采暖设备　　太阳能集热装置**

| 项目编码 | 项目名称 | 项目特征 | 计量单位 | 工程量计算规则 |
|---|---|---|---|---|
| 031006005 | 太阳能集热装置 | 型号、规格;安装方式;附件名称、规格、数量 | 组 | 按设计图示数量计算 |

【释名】太阳能集热器(Solar Collector):将太阳的辐射能转换为热能的一种装置,由收集和吸收两部分组成,是利用太阳能源的关键部件。现有平板型、管型(热管、真空管)和陶瓷扁盒型三大类。它可作为热水、太阳房、生产工艺的干燥器、熔炼金属的熔炉、海水淡化器或热电站等工程中的绿色热源。

■**清单项目工作内容**■ ①安装;②附件安装。

■**定额工程量**■ 平板式、全玻璃真空管式,按"m²"计算。

太阳能集热装置(器)因用途不同,其匹配组合成的工程系统也不同,这里主要针对热水工程系统进行叙述。在计价时,除按设计图纸的要求外,请仔细阅读太阳能集热装置的相关图集,以利于计价。

①集热器组的安装。当安装多片(个)集热器时,按设计的个数,用连接管按串联、并联和串并联的方式连接成组,或组连成阵列式。均要计算连接管的长度、调节阀和管件的安装。

②集热器冷热水管网系统的安装。冷热水管道、水箱、水泵、分集水器、排污器、水表、热表、电磁阀、阀门、电气控制箱、电气配管配线、传感器等的安装、加工制作,见前面相关章节的叙述。

③集热装置安装相关计算。集热装置支撑架由集热装置自带,另加工时,计算见前述内容。在屋面、外墙上或高支架上安装时,均要注意操作超高、脚手架搭拆,预埋件、支墩浇筑,挂件的制作与安装,另立项计算。

3) 地源、水源、气源热泵机组安装

**给排水采暖设备　　地源　水源　气源热泵机组**

| 项目编码 | 项目名称 | 项目特征 | 计量单位 | 工程量计算规则 |
|---|---|---|---|---|
| 031006006 | 地源热泵机组(水源、气源) | 型号、规格;安装方式;减震装置形式 | 组 | 按设计图示数量计算 |

【释名】热泵(Heat Pump)是21世纪能源技术之一。它基于"逆卡诺"原理,用电能驱动压

缩机,通过传热工质,将自然界中的空气、水、土壤、城市污水或其他低温热源中无法被利用的低品位热能,进行有效吸收,并提升到高品位热能的一种能量转换装置。热泵一般不单独设置,针对使用对象,与相关附属装置组成热泵机组,如热水机组、空调机组等,也便于安装、操作和管理。

（1）热泵分类

热泵的类型很多,主要类型有:

①按热源不同,分为水源热泵（溪江河湖海水、污水、地下水、地表水等）、地源热泵（土壤、地下水、地热等）、空气源热泵以及太阳能热泵。

②按压缩机类型不同,分为往复活塞式、涡旋式、滚动转子式、螺杆式、离心式等。

③按安装形式不同,分为单元式、分体式、现场安装式热泵机组。

（2）热泵机组组成

①热泵机组由压缩机、工质存储器、蒸发器、冷凝器、节流装置（膨胀阀）和电气控制箱等组成。

②热泵工质,主要用 R417A,134A 或 $CO_2$。

③热泵传热介质,主要是水或者空气。

（3）热泵用途

热泵是空调机组、热水机组的核心部件,替代燃油、燃气、燃煤锅炉,在生活与生产中用于制热、制冷、制备热水、烘干、除湿、发电等,广泛用于家庭、学校、医院、洗浴中心及宾馆等的采暖、热水、冷冻与保鲜等,如图 10.26 所示。

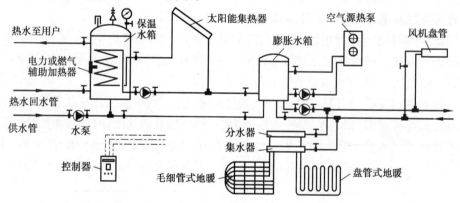

**图 10.26 太阳能及热泵的热水、采暖与空调共网系统**

■ **清单项目工作内容** ■ ①安装;②减震装置制作、安装。

■ **定额工程量** ■ 按整体机组质量（kg）不同,以"组"计量。

（1）地源与水源热泵机组安装

地源、水源与气源热泵机组安装,均用给排水工程定额。

地源与水源热泵机组,一般将压缩机、工质存储器、蒸发器、冷凝器、节流装置和控制箱等组装在一个底架上整体安装,容量大的机组可分成几部分在现场安装。

①安装包括:一般垫铁制作、安装;螺孔灌浆和底座二次灌浆,用无垫铁坐浆法施工时,只调整灌浆材料价差,人工、机械消耗量不调整;机组调试,包括单机检查、调整及空负荷单机试运转。

②安装不包括：介质的充灌；机组未带循环油时的灌注；机组管道接口以外的阀门、过滤器、软接头和法兰另立项计算；减震装置，当机组自带时，不计算，需现场加工时，按设计图纸计算；机组基础浇筑另计算；电机检查接线、调试，也另计算。

（2）空气源热泵机组安装

空气源热泵机组也称为空气能热泵、风冷热泵。其组成与地源和水源热泵机组相同，只是多一个保温水箱。因以空气为能源，它与水源、地源热泵相比，最不受环境条件限制，又制冷又制热，不污染环境，又节能。所以，广泛用于家庭的热水制备、采暖和空调系统，占市场主导地位。当作为空调器时，安装用规范附录 G.1 相应项目计算，用通风空调工程定额。如图10.26 所示。

**4）热水器安装**

**给排水采暖设备    热水器**

| 项目编码 | 项目名称 | 项目特征 | 计量单位 | 工程量计算规则 |
|---|---|---|---|---|
| 031006012 | 热水器 | 能源种类；型号、容积；安装方式 | 台 | 按设计图示数量计算 |

【释名】热水器（Hot Water Calorifier Heater）。人们在日常生活、生产中用热水器制备热水。按能源可分为电、燃气、太阳能和低温热泵热水器。现今使用最多的是燃气（天然气、煤气、液化气）和电热水器。而太阳能和空气低温热泵热水器，节能无污染，也被广泛使用。

▌**清单项目工作内容**▐ ①安装；②附件安装。

【定额工程量】按"台"计量。

燃气、电热水器，容积较小的为卧式或立式，挂壁安装；容积较大的为立式，落地安装。与热水器相接的冷、热水截止阀及软管接头，以及电源和接地部分安装，另立项计量。

**5）水箱制作、安装**

**给排水采暖设备    水箱**

| 项目编码 | 项目名称 | 项目特征 | 计量单位 | 工程量计算规则 |
|---|---|---|---|---|
| 031006015 | 水箱 | 材质、类型；型号、规格 | 台 | 按设计图示数量计算 |

【释名】水箱（Fire Water Storage Tank）：用于公共生活场所、消防和工业用水的储水设施。

它在正常状态下维持管网压力，当给水管网流量或压力不足时，进行补充，在灭火初期为管网提供灭火用水。水箱一般用钢板、不锈钢板、玻璃钢或混凝土浇筑制作，分为循环和非循环水箱两大类，有矩形、圆形或球形。

水箱组成：水箱本体、水箱盖、带防虫网的通气管、进出水管、溢流管、排污管、内外爬梯、液位计，或配置远传液位监控系统、水箱自动清洗系统以及水箱自洁消毒器等。

采暖供热系统中的给水箱、补水箱、蓄水箱、循环水箱、膨胀水箱、热水箱、凝结水箱及冷水箱等的制作与安装，均按此进行计算。

▌**清单项目工作内容**▐ ①制作；②安装。

【定额工程量】金属水箱按"100 kg"计量。

（1）水箱制作

①包括：水箱本体制作，满水 2~3 h 试漏，用铅锤敲击检查焊缝。

②不包括：内外人梯、法兰、通气管及防虫网的制作安装，另立项计算；按设计要求进行除锈、刷油，计算见前述内容。

钢板、不锈钢板水箱工程量计算式如下：

$$钢板水箱计算工程量 = \sum 按图示各组件材料净质量(100\ kg)$$

$$钢板水箱报价工程量 = 钢板水箱计算工程量 \times 定额消耗量$$

（2）水箱安装

水箱安装，按容积不同，以"台"计算。当安装操作高度超过 3.6 m 时，应计算超高增加费。

（3）水箱支架制作、安装、除锈、刷油

①型钢支架制作、安装。生活及消防系统水箱支架用给排水工程定额；除锈、刷油均用刷油工程定额。

②枕木支架制作、安装，浸热沥青防腐，用刷油工程定额。

③混凝土支墩，浇筑用《房建定额》。

（4）水箱水位计安装

水位远传监控系统及水箱自动清洗系统安装，用电气工程、建筑智能工程及给排水工程定额。

# 10.3　给排水及采暖供热系统安装相关内容

〔提示〕

给排水系统具有将水输送、分配，将污水排出的功能；而蒸汽和热水为热媒的采暖供热系统，具有对水汽进行分配、控制，对凝结水收集并排出空气的功能。它们除设置相应的设备和装置外，还涉及一些内容（采暖供热锅炉设备安装及筑炉不涉及），避免计算遗漏，现列举如下。

## 1）水泵及水泵间安装

给排水系统及采暖供热系统的变频泵、循环水泵、补水泵、混水泵、凝结水泵、中继泵等安装及热泵机组水泵间的安装，见 9.3 节的叙述。

## 2）水箱制作、安装

消防水箱、给水箱、冷水箱、热水箱、补水箱、蓄水箱、膨胀水箱、凝结水箱、循环水箱等制作安装，见 10.2.7 节的叙述。

**3）变频机组及气压给水设备安装**

现今建筑物多不设置供水水池或高位水箱，而配置无负压变频给水机组或气压给水设备，解决供水流量及压力问题，安装见 10.2.7 节的叙述。

**4）计量仪表装置安装**

给排水工程系统和采暖供热工程系统中的仪表如：

①锁闭阀、关断阀，实为闸阀、截止阀、球阀或蝶阀，因起管路的打开与关闭作用，故得名；分两通式及三通式；用螺纹或法兰安装连接。清单按规范附录 K.3 立项，用工业管道工程、给排水工程定额。

②调节阀，用于调节和控制流量、压力及温度的阀门；按阀门的开启分为自力和外力（手动、气动、电动、液动等）调节阀。清单按规范附录 K.3 立项，用工业管道工程、给排水工程定额。

③热量表（又称热表）及压力表，由流量计、温度传感器和积算仪组成的机电一体化仪表。它们安装在热水供水管上，表前必须安装过滤器。热表规格、型号很多，用螺纹或法兰连接。清单按规范附录 F.1 立项，用给排水工程定额。

上述阀门和仪表安装注意电气部分的计量，用电气工程及自动化仪表工程定额。

**5）散热器温度控制器（阀）安装**

散热器温控器（阀）由阀体、感温控制元件等组成，控制散热器的散热温度在 13~28 ℃，误差为 ±1 ℃，所以具有恒定室温的功能。清单按规范附录 F 立项，用自动化仪表工程、工业管道工程、给排水工程定额。

**6）分集水器、分集汽缸、除污器及套管等制作与安装**

①分水器、集水器，用于热水的分配及热水的汇集，有成品，现场制作时，用无缝钢管加工制作、安装，用螺纹或法兰连接，注意计算一副平焊法兰，用工业管道工程、给排水工程定额，不包括放风阀及放风管的安装；除锈、刷油用刷油工程定额。

②分汽（气）缸、集汽（气）灌，用于蒸汽或压缩空气的分配，以及蒸汽、余汽或压缩空气的汇集。其余同上。

③除污器，分立式与卧式，用无缝钢管制作。制作、安装用工业管道工程定额；安装注意计算一副平焊法兰。计算除锈、刷油。

④刚性与柔性套管，用无缝钢管制作，制作、安装用给排水工程定额。

**7）配电装置、配管配线、防雷接地等安装**

采暖供热系统当涉及配电装置、配管配线、管道系统防雷接地等相关安装内容时，参阅本书第 3 章及第 5 章的叙述。

# 复习思考题 10

10.1　水表组、消火栓组、消防水泵接合器组、供热低压器具组、淋浴器组、疏水器组、散热器组、卫生器具组、湿式报警阀组等,这些"组"的安装范围和所包括的内容各是什么? 你能逐一解答清楚吗?

10.2 铸铁散热器(片)组对成散热器组,需要什么管件、零件和材料才能将它们组对起来?

10.3 在同一幢楼里的给水管道、采暖供热管道、燃气管道、灭火喷淋管道、水泵间管道,同样是管道安装,为什么要分别使用定额? 同材质、同规格、同管径以及连接方式都相同的管道,为什么子目不能互相串用? 但是有的又可以借用,为什么呢? 你能列出可以借用的子目来吗?

10.4 试比较给水管道、采暖供热管道、燃气管道、水泵间管道、消防灭火喷淋管道,它们的强度试验及严密性试验、系统调整及调试,你能列出它们的相同点与不同点吗?

10.5 市场采购的阀件、设备与定额规定的型号规格不同时,该怎样处理?

10.6 定额第十册《给排水、采暖、燃气工程》中,室外承插铸铁给水管道与室内承插铸铁给排水管道,同样是石棉水泥接口,为什么前者管道主材消耗量如 DN75 为 10.1 m,而后者为9.9 m? 室外承插铸铁排水管道为 9.93 m,室内为 9.55 m,为什么?

10.7 采暖系统调整费包括哪些内容? 采暖系统调整费属综合系数吗? 为什么? 安装工程中有几个系统调整调试费属于综合系数?

10.8 锅炉供热采暖系统、单独热泵(水源、地源、空气源)供热采暖系统、热泵空调采暖系统,它们的相同点与不同点,你能列举多少?

10.9 锅炉热水工程系统、太阳能热水工程系统,它们的相同点与不同点,你能列举多少?

# 11 通风工程与空调工程

**【集解】**通风工程与空调工程

● 通风工程(Ventilation Works):采用净化、排除或稀释的技术,以保证环境空间空气品质良好的工程技术,也是送风、排风、除尘、气力输送以及消防防排烟系统工程的总称。

● 空调工程(Air conditioning Works):即空气调节工程的简称。为了满足生产和生活上的要求,以改善劳动卫生条件,用人为的方法使室内空气的"四度"(温度、湿度、洁净度及气流速度)等达到一定要求的技术。

● 通风工程与空调系统:这种系统除具有空调功能外,还兼作通风功能,用以改善生活与生产空间环境,但大量消耗能源,甚至污染环境。热泵和地暖系统装置的出现,使通风与空调系统节能、高效、安全、环保,还一机多用,夏送冷,冬供暖,还能制备热水,其发展获国家政策性支持。

## 11.1 通风工程与空调工程系统

### · 11.1.1 通风工程系统分类与组成 ·

#### 1)通风工程系统及分类

通风系统(Ventilation Engineering System),是为了给生产和生活环境空间输送安全、卫生、品质良好的空气,而设置的系列设备和装置。

通风工程系统的分类:按介质传输方向不同,分为送风(给风或进风 J)和排风(P);按工作动力不同,分为自然通风和机械通风;按通风范围不同,分为局部通风及全面通风;按功能、性质不同,分为一般(换气)通风、工业通风、事故通风、消防通风、人防通风和净化通风等。

#### 2)通风工程系统的组成

①送风(给风 J)系统:把新鲜空气送入室内,稀释有害气体的浓度,满足人们对新鲜空气的需求,其组成有风管、设备、控制装置、电力装置及管线等,如图 11.1 所示。

②排风(P)系统:把生活或生产产生的有害气体收集、净化处理后排出室外,其组成同送风系统,如图 11.2 所示。

#### 3)通风工程系统主要设备

通风工程系统主要设备有送排风机或风机组、除尘器、消声器、监控及报警信号装置、电力控制箱柜及其管线等。

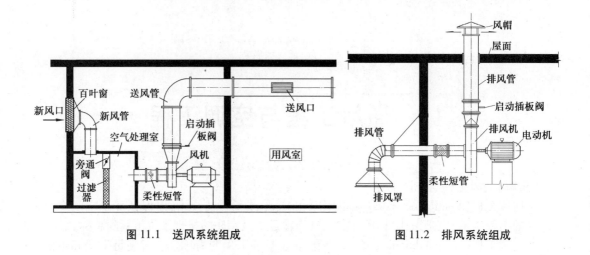

图 11.1　送风系统组成　　　　图 11.2　排风系统组成

## · *11.1.2　空调工程系统分类与组成* ·

### 1)空调工程系统及分类

空调工程系统(Air-conditioning System)是为了使空气达到"四度"要求,所设置的系列设备和装置。

空调工程系统分类:按用途不同,分为舒适性、工艺性空调系统;按冷热介质不同,分为全空气系统、全水系统、空气-水系统及冷剂系统;按空气来源不同,分为直流式、封闭式、回风式系统;按空气处理集中程度不同,分为集中式空调、半集中式空调及分散式空调系统。

### 2)空调工程系统的组成

①按功能性组成不同,分为 7 个子系统,即送排风系统、防排烟系统、除尘系统、空调风系统、净化空调系统、制冷设备系统及空调水系统。

②按实物性组成不同,分为风道、空调及附属设备、水管网及池塔、监控及报警装置、电力控制设备及线缆等(见图 11.15)。

### 3)空调工程系统的主要设备

①热源和冷源设备:有天然源与人工源,以人工冷热源为主。热源,如锅炉(热水、蒸汽)、电加热器、工厂余热等;冷源,有电动压缩机冷水机组及热泵机组(活塞式、离心式、螺杆式)、溴化锂吸收式冷水机组(热水型、蒸汽型、直燃型)等。

②空气处理设备:空气加热器或冷却器、加湿器或去湿器和空气净化器等。

③风系统:有风机(轴流、离心)、风管及部件等。

④水系统:水管(冷冻水、热水、冷却水、供水)、水泵、水箱、水池及冷却塔等。

⑤末端装置:风机盘管、柜式空调器、空气处理机等,或者冷热水毛细管网。

⑥控制与调节装置:对系统的冷量、热量、风量、风压及流速等进行监控、报警和调节的传感器、执行器或风阀等装置。

⑦电力控制箱柜及管线等。

## • *11.1.3　通风工程与空调工程系统的检测与试验* •

### 1)通风工程与空调工程验收项目的划分

《建筑工程施工质量验收统一标准》(GB 50300—2013)将通风工程与空调工程作为建筑工程的第八分部,划分为 7 个分项工程(7 个子系统):送排风系统、防排烟系统、除尘系统、空调风系统、净化空调系统、制冷设备系统及空调水系统,以此进行检测、试验与验收。

### 2)通风工程与空调工程系统的检测与试验

①风管系统制作、安装的检查与检验:低压风管道系统进行漏光检测,中压系统进行漏光检测合格后再做漏风量抽检,高压系统全数进行漏风量测试。

②风机安装:包括检查、组装及单体调试。

③通风与空调工程系统的检测及调试:

• 施工单位按《通风与空调工程施工质量验收规范》(GB 50243—2016)要求的检验项目进行,包括风量测定与调整、单机试运转、系统无生产负荷联合试运转及调试,并进行季节性调试(夏制冷、冬制热),验证合格即可验收。

• 带生产负荷综合效能的试验,由建设单位负责组织,设计、施工或制造等单位配合试验,其费用另行计算或按实计算。

# 11.2　通风与空调工程系统空气输送风管制作安装工程量

## • *11.2.1　通风与空调工程系统空气输送风道* •

### 1)通风与空调系统空气输送风道

风道(Air Duct)是通风与空调系统输送空气的路道,统称为风道。用砖石或混凝土浇筑的空气路道,称为风道;用金属或非金属板制作的空气路道,应称为风管。

### 2)空气输送风管断面形状

风管断面有圆形和矩形两类。圆形周长短,耗材量小,强度大,但占有效空间大。矩形占有效空间小,易于布置,明装美观,但产生局部涡流,风压损失较大,因其便于与建筑物配合的优点,大多采用矩形。一些特殊场合采用异形断面,如螺旋形、椭圆形(扁管)或铝箔伸缩软管等。圆形、矩形风管的各种管件及其组合情况,如图 11.3 及图 11.4 所示。

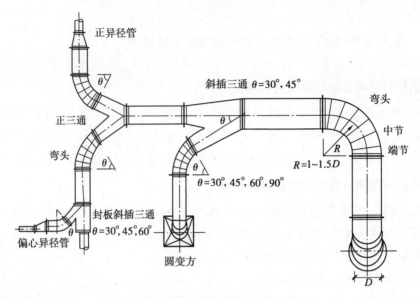

图 11.3 圆风管管件形状及组合示意

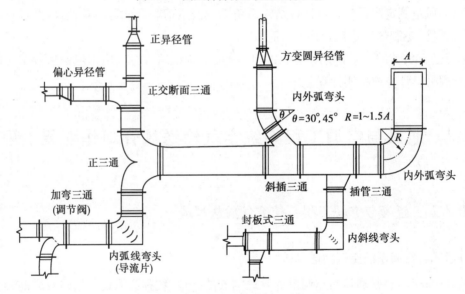

图 11.4 矩形风管管件形状及组合示意

## • *11.2.2 通风与空调风管工程量计算要领* •

**1)通风与空调系统风管制作安装工程量计算要领**

(1)风管工程量计算

无论用钢板、塑料板或复合材料等板材制作的圆形断面或矩形断面风管,均以风管展开面积"m²"计算,计算式如下:

$$风管制作安装计算工程量 = \sum 按风管各断面设计图示中心线长度展开面积$$

风管制作安装报价工程量 = 风管计算面积 × 定额消耗量

式中,定额消耗量可参照通风空调工程定额附录或企业定额计取。

(2)风管管件工程量计算

①圆形风管斜三通、直三通、加弯三通,如图 11.5 所示,按下式计算:

圆形斜三通展开面积:　　主管 $F_1 = \pi D_1 L_1$;　　支管 $F_2 = \pi D_2 L_2$

圆形直三通展开面积:　　主管 $F_1 = \pi D_1 L_1$;　　支管 $F_2 = \pi D_2 L_2$

圆形加弯三通展开面积:　主管 $F_1 = \pi D_1 L_1$;　　支管 $1 F_2 = \pi D_2 L_2$

支管 $2 F_3 = \pi D_3 (L_{31} + L_{32} + 2\pi r\theta)$

式中　$\theta$——弧度,$\theta$ = 角度 × 0.017 45;

　　　角度——风管中心线夹角;

　　　$r$——加弯风管弯曲半径。

②矩形风管管件工程量计算,不进行叙述。

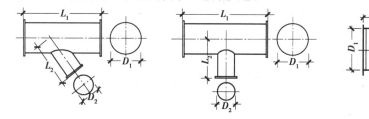

图 11.5　圆形斜三通、圆形直三通、圆形加弯三通展开面积

**2)通风与空调系统风管相应支架及保温等制作安装工程量计算要领**

(1)风管连接及密封

①风管连接,定额规定用法兰,法兰用角钢或扁钢制作。用无法兰连接技术省工省料,但定额工料机不调整。

②法兰密封垫,定额用厚度 $\delta$ = 1~3 mm 橡胶板。防排烟用石棉橡胶板;腐蚀性气体用耐酸橡胶板、软聚氯乙烯板;洁净系统空调用软橡胶板、闭孔海绵橡胶板;新型垫料粘胶型泡沫氯丁橡胶垫等,按"kg"换量换价,人工费不变。

(2)风管支架、吊架、加固

定额包括制作、安装,因数量大,要计算材料量。除锈、刷油另计。风管加固措施如下:

①在风管外壁或风管内壁加支撑或加固框。

②风管壁上铆 1~1.5 mm 镀锌钢板制作的加固条。

③用滚筋机械在风管壁上滚楞筋,增加风管壁的刚度。

(3)过跨风管落地支架制作、安装、除锈、刷油

当风管跨距较大,无法安装支吊架时,用落地支架支撑,用通风空调工程定额"设备支架"子目。

(4)风管绝热、保温及保护层

风管绝热、保温及保护层,按设计要求计算,方法见本书第13章的叙述。

3)通风与空调系统风管、部件及非标准设备加工或场外加工工程量计算要领

(1)生产方式

风管可采用现场半机械手工制作、简易生产流水线制作、工厂自动生产流水线制作3种形式。因生产方式不同,效率和成本也不同,对计量与计价,定额均不作调整。

(2)场外运输

因施工场地或其他原因,必须在场外加工生产,施工组织设计方案经过审批,同意后,风管、管件、部件及其非标准设备发生的运输费用可按下式计算:

$$运费 = 运输车次数 \times 车核定吨位 \times 吨千米单价 \times 里程$$

$$运输车次数 = 加工件总质量(kg) / 车核定吨位 \times 装载系数$$

式中,装载系数:非标准设备及风管部件为0.7,风管及管件为0.5。不足一车按一车计算。

## 11.2.3  通风与空调系统风管制作安装工程量 ·

1)碳钢通风管道制作安装

通风与空调系统风管制作安装    碳钢通风管道

| 项目编码 | 项目名称 | 项目特征 | 计量单位 | 工程量计算规则 |
|---|---|---|---|---|
| 030702001 | 碳钢通风管道 | 名称;材质;形状;规格;板材厚度;管件、法兰等附件及支架设计要求;接口形式 | $m^2$ | 按设计图示内径尺寸以展开面积计算 |

【释名】碳钢风管(Air Conduit)是最常用的一种空气输送管道。一般用厚度$\delta = 0.75 \sim 3$ mm的普通钢板或镀锌钢板制作。

▊ 清单项目工作内容 ▊ ①风管、管件、法兰、零件、支架制作安装;②过跨风管落地支架制作安装。

▊ 定额工程量 ▊ 按"10 $m^2$"计量。

①风管及管件制作安装。定额包括风管、管件、法兰、零件、支吊架、加固框制作安装。$\delta = 0.5 \sim 1.2$ mm的钢板拼缝用咬口、铆接,$\delta = 1.2$ mm以上用焊接;风管用法兰连接。风管工程量计算时,咬口风管损耗率可取13.8%,焊接风管可取8.00%,见定额附录,由报价人确定。

②其余各项的计算见11.2.2节"要领"。

2)净化通风管道制作安装

通风与空调系统风管制作安装    净化通风管道

| 项目编码 | 项目名称 | 项目特征 | 计量单位 | 工程量计算规则 |
|---|---|---|---|---|
| 030702002 | 净化通风管道 | 项目特征同碳钢通风管道 | $m^2$ | 计算规则同碳钢通风管道 |

【释名】空气净化（Air Purification）：在科学实验和生产中，对一定空间范围内空气中的微粒子、细菌、有害空气等污染物，以及空气的温度、压力、气流速度、气流分布、静电量、噪声振动等，必须进行排除和整治，使空气洁净度达到要求的技术。空气洁净度现行标准为 N1～N9 级。洁净技术和方法有很多，一般需要洁净通风系统，洁净通风要求洁净施工，系统最低要求是通风管道清洗后能顺利排除清洗的废水，不积尘、不滋生细菌等。计价时注意洁净施工要求带来的技术措施和费用等的计算。

▌**清单项目工作内容** ▌工作内容同碳钢通风管道。

▌**定额工程量** ▌按"10 m²"计量。

①净化通风管、管件制作安装。净化通风管，定额按洁净度 100 000 级编制的，设计洁净度不同时，应另计算；定额用优质镀锌钢板编制的，其他板材按设计计算。工程量计算见"要领"，制作损耗可取 14.90%。"洁净度"要求"洁净施工"：施工场地相对封闭，地面、墙面不产尘、不积尘、易清扫。施工地面铺设橡胶板、塑料板或其他不生尘的防护材料。定额包括：板材下料前及制成的风管、管件及部件，均用无腐蚀性清洁剂、酒精清洗，用白绸（不用棉布）擦干净；所有咬口、铆接、翻边等处必须填涂规定的密封胶（定额为 KS 型胶），检查认可后，用聚氯乙烯薄膜密封待安装。

②净化通风管过墙处理。净化通风管过墙处理的材料、密封胶等工料，按设计要求另立项计算。

③净化通风管法兰、支架、吊架、加固框，包括制作、安装，不包括除锈、刷油、镀锌，铝制品的电化处理，按设计要求另计算。

④净化通风管系统的检验。净化通风管系统一般要求为中压及高压系统，要求全部进行不漏风检验。

⑤其余各项的计算见 11.2.2 节"要领"，空气过滤器安装见 11.3.2 节的叙述。

3）不锈钢板通风管制作安装

**通风与空调系统风管制作安装　　不锈钢板通风管道**

| 项目编码 | 项目名称 | 项目特征 | 计量单位 | 工程量计算规则 |
|---|---|---|---|---|
| 030702003 | 不锈钢板通风管道 | 名称；形状；规格；板材厚度；管件、法兰等附件及支架设计要求；接口形式 | m² | 计算规则同碳钢通风管道 |

【释名】不锈钢（Stainless Steel）耐空气、蒸汽、水等弱腐蚀介质和酸、碱、盐等化学侵蚀性介质的腐蚀，可以满足医药、食品、化工等需要，能满足设备与通风管道不锈腐、耐热不起皮等的要求。

▌**清单项目工作内容** ▌工作内容同碳钢通风管道。

▌**定额工程量**▌ 按"10 m²"计量。

①不锈钢风管、管件制作安装。工程量计算见 11.2.2 节"要领"。不锈钢因堆放、冷加工及焊接等不当,产生晶间腐蚀、点腐蚀及应力等腐蚀。所以,堆场及加工桌面措施:铺设木板、橡胶或塑料板,不与碳素钢接触;用木、铜或不锈钢等材质的工具;用油毡、纸板放样下料;不锈钢板厚度 $\delta = 0.5 \sim 1$ mm 用咬接,大于 1 mm 用电弧焊或氩弧焊,不用气焊,焊条应与主体金属相配。定额包括:油污用煤油、汽油或丙酮清洗;焊缝用铜丝刷刷出光泽,并用 10% 的硝酸溶液及热水冲净。

②风管法兰、支架、吊架、加固框制作安装。定额不包括法兰、支架、吊架制作安装,除锈、刷油、镀锌等按设计另计算。碳素钢支架与风管不直接接触,垫不锈钢块,或垫含氯离子不超过 $50 \times 10^{-6}$ 的非金属垫块,或刷绝缘漆等。法兰垫片用耐酸橡胶板,或含氯离子不超过 $50 \times 10^{-6}$ 的非金属垫片制作。

③其余各项的计算见 11.2.2 节"要领"。

4)铝板通风管道制作安装

**通风与空调系统风管制作安装　　铝板通风管道**

| 项目编码 | 项目名称 | 项目特征 | 计量单位 | 工程量计算规则 |
|---|---|---|---|---|
| 030702004 | 铝板通风管道 | 项目特征同不锈钢通风管道 | m² | 计算规则同碳钢通风管道 |

【**释名**】铝(Aluminum)具有质轻、强度高、易加工、耐氧化、抗腐蚀等性能,被广泛用于化工、轻工或食品等生产或实验室的通风与空调系统的风管系统。

▌**清单项目工作内容**▌ 工作内容同不锈钢通风管道。

▌**定额工程量**▌ 按"10 m²"计量。

①铝板风管、管件制作安装。工程量计算见 11.2.2 节"要领"。铝板较柔软,堆场及加工桌面措施同不锈钢风管;加工制作,放样下料要求也相同。厚度 $\delta = 1.5$ mm 以内用咬接,大于 1.5 mm 用气焊或氩弧焊。定额包括:油污用清洗剂如航空汽油、工业酒精、丙酮、松香水、四氯化碳及木精等清洗脱脂(一般用酒精)。焊后,用不锈钢丝刷清除氧化膜,用热水清洗焊缝等。铝板风管保温材料和法兰垫片不允许使用石棉制品和玻璃棉等带碱性的材料。

②铝板风管过墙处理。铝及铝合金风管穿过砖、石材或混凝土墙时,因石灰质能腐蚀铝,所以在风管上刷油漆或做绝缘层与墙隔绝等防腐蚀措施,按设计要求或按实计算。

③风管法兰、支架、吊架、加固框制作安装。定额不包括:法兰、支吊架制作安装,除锈、刷油、镀锌、铝制品的电化处理等,按设计另计算,同不锈钢通风管要求。铝及铝合金与碳素钢、铜等金属接触产生电化学腐蚀,所以铝板风管法兰采用铝板制作,若用碳钢法兰必须镀锌或进行防腐绝缘处理。钢支架或风管抱箍也必须镀锌,或进行防腐绝缘以及其他措施处理,按设计要求计算。

④其余各项的计算见 11.2.2 节"要领"。

### 5)塑料通风管道制作安装

| 通风与空调系统风管制作安装 | | 塑料通风管道 | | |
|---|---|---|---|---|
| 项目编码 | 项目名称 | 项目特征 | 计量单位 | 工程量计算规则 |
| 030702005 | 塑料通风管道 | 项目特征同不锈钢通风管道 | m² | 计算规则同碳钢通风管道 |

【释名】塑料(Plastics)质轻、绝缘、耐腐蚀、耐磨、美观、易加工,但易脆,用于化工、轻工等通风空调系统。塑料是高分子化合物经过塑化而成的一种材料,分为热塑性与热固性两大类。通风用热塑性塑料,如聚氯乙烯、纤维素塑料等。

■ **清单项目工作内容** ■ 工作内容同不锈钢通风管道。

■ **定额工程量** ■ 按"10 m²"计量。

(1)塑料风管、管件制作安装

①工程量计算见 11.2.2 节"要领"。风管用 $\delta = 2 \sim 15$ mm 硬聚氯乙烯板制作,因其易脆、易划伤,堆场及加工桌面措施同不锈钢风管。下料用剪床、圆盘锯或普通木工锯切割,加热塑料后借助于胎具成型。加热法,用电热炉、蒸汽或热空气。板料拼接及连接,用热风焊或热挤压法。热风焊,先加工焊接坡口,然后用热风加热塑料焊条(丝)与板体互熔,填满坡口而连接,热风焊装置如图 11.6 所示。热挤压法,用电烙板加热到 210 ~ 220 ℃,超热熔状态迅速挤压将板粘合。塑料加热后收缩量较大,要加大下料量,制作损耗率可取 16%。

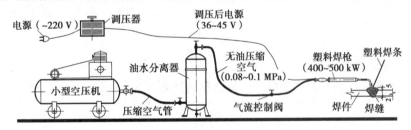

**图 11.6 热风焊装置组成**

②塑料风管、管件制作的胎具摊销费。塑料风管成型必须借助于胎具,并用帆布缠裹加水冷却定型,胎具用木材加工。木材摊销量计算:风管工程量在 30 m² 以上者,每 10 m² 风管摊销一等木材 0.06 m³;风管在 30 m² 以下者,每 10 m² 风管摊销一等木材 0.09 m³。

(2)塑料风管过墙处理

因塑料易脆,塑料风管穿墙或过楼板时,用不小于 2 mm 厚的钢板做套管,缝隙用柔软不燃材料密封处理,按设计要求计算。

(3)风管法兰、支架、吊架、加固框制作安装

塑料风管的法兰,用厚塑料板($\delta = 20$ mm 以上)锯成条再用热风焊接而成,法兰垫用软聚氯乙烯板制作;不包括支架、吊架、加固框制作安装及除锈、刷油,见 11.2.2 节计算"要领"。塑料较硬脆,支架、抱箍与风管之间垫橡胶板、软塑料板或木块等柔软材料。

其余各项的计算见 11.2.2 节"要领"。

### 6) 玻璃钢通风管道制作安装

**通风与空调系统风管制作安装　　玻璃钢通风管道**

| 项目编码 | 项目名称 | 项目特征 | 计量单位 | 工程量计算规则 |
|---|---|---|---|---|
| 030702006 | 玻璃钢通风管道 | 名称；形状；规格；板材厚度；接口形式；支架形式、材质 | m² | 按设计图示外径尺寸以展开面积计算 |

【释名】玻璃钢（Fiber Glass Reinforced Piastics，FRP 或 GRP），又称为玻璃纤维增强塑料，质轻而坚硬，机械强度可与钢材相比，不导电，耐化学腐蚀，用于化工或腐蚀性气体的通风系统；分为有机玻璃钢与无机玻璃钢，通风用无机玻璃钢；用玻璃纤维和环氧与酚醛等树脂，用手糊、喷射、模压、缠绕等方法生产。

■ **清单项目工作内容** ■ ①风管、管件安装；②支吊架制作安装；③过跨风管落地支架制作安装。

■ **定额工程量** ■ 按"10 m²"计量。

①玻璃钢风管、管件安装。玻璃钢风管、管件一般在工厂加工，现场安装，计算方法见11.2.2 节"要领"。风管壁厚一般为 1.0~3.5 mm，法兰与风管制成整体，法兰垫片按设计要求制作安装。

②风管支架、吊架、加固框制作安装，定额包括，但除锈、刷油、镀锌等另计。

③其余各项的计算见 11.2.2 节"要领"。

### 7) 复合型通风管制作安装

**通风与空调系统风管制作安装　　复合型通风管**

| 项目编码 | 项目名称 | 项目特征 | 计量单位 | 工程量计算规则 |
|---|---|---|---|---|
| 030702007 | 复合型风管 | 名称；材质；形状；规格；板材厚度；接口形式；支架形式、材质 | m² | 按设计图示外径尺寸以展开面积计算 |

【释名】复合型材料（Composite Materials）：是以一种基材（金属或非金属）为主，将其他几种材料用物理或化学方法形成另一种特性的材料。它能克服单一材料的弱点，发挥各组分材料的优点，因此提高了材料的综合性能。其具有绝热、消声、质轻、寿命长、易施工、便于维修、卫生美观等优点，在航天、汽车、化工、电气、建筑等领域大量应用。复合风管基材一般用树脂，如酚醛、聚氨酯、聚苯乙烯、玻璃纤维等材料复合。其不燃性无机复合板可做成 A 级要求的防火排烟风管，广泛用于各种通风系统。

■ **清单项目工作内容** ■ ①风管、管件制作安装；②支吊架制作安装；③过跨风管落地支架制作安装。

■**定额工程量**■ 按"10 m²"计量。

①复合型风管、管件制作安装。工程量计算见 11.2.2 节"要领"。复合材料种类较多,常用复合玻璃纤维板、发泡复合材料板,净化空调风管用双面钢塑铝板复合板等。前两种板材,风管板缝及接口用打胶或热敏铝箔胶带封口,用塑料或橡胶作法兰或密封垫。因板材不同,其施工要求也不同,在立项编码时,应仔细描述特征。

②定额包括风管支架、吊架、加固框制作安装,除锈、刷油等另计。

③其余各项的计算见 11.2.2 节"要领"。

**8)柔性软风管安装**

通风与空调系统风管制作安装　　柔性软风管

| 项目编码 | 项目名称 | 项目特征 | 计量单位 | 工程量计算规则 |
|---|---|---|---|---|
| 030702008 | 柔性软风管 | 名称;材质;规格;风管接头、支架形式、材质 | 1.m<br>2.节 | 1.以米计量,按设计图示中心线以长度计算<br>2.以节计量,按设计图示数量计算 |

【释名】柔性风管(Fiexible Pipe):用比较柔软材料制成的,可以随意弯曲,或伸缩,或局部移动的一种通风管道。柔性风管一般用于随时移动至需要局部通风的场所,或场地太曲折,风管又不能承受较大负荷,用一般板材施工制作又很困难时的场地使用。

■**清单项目工作内容**■ ①风管安装;②风管接头安装;③支吊架制作安装。

■**定额工程量**■ 按"m"计量。

柔性风管用铝箔、软塑料等难燃 B1 级材料制成,要求防腐、不透气、不霉变、不结露。为防止变形需衬钢丝胎圈,风管断面均为圆形(φ150~910 mm)。柔性风管及保温套管或不保温套管,以及风量控制阀等都是配套产品,按设计要求选用,按产品说明安装。

**9)通风与空调工程系统风管附件制作安装工程量**

以下各项定额用通风空调工程,清单按规范附录 G.2 相应编码立项。

①风管检查孔,型号有Ⅰ~Ⅳ号,重 2.04~6.35 kg,制作安装按"kg"计量。

②风管温度、风量测定孔,制作安装按"个"计量。

③风管导流叶片,使矩形风管弯头减少空气阻力与涡流,让气流通道顺畅。其组成有单叶片与双叶片,双叶片有香蕉形和月牙形,如图 11.7 所示。制作安装按展开面积"m²"计量。叶片面积可按表 11.1 选用,用计算式计算如下:

单叶片面积　$F_单 = 0.017\ 453R\theta h + 折边$

双叶片面积　$F_双 = 0.017\ 453h(R_1\theta_1 + R_2\theta_2) + 折边$

导流叶片计算工程量 = 单(双)导流叶片面积 + 每块连接板面积 × 2

导流叶片报价工程量 = 导流叶片计算工程量 × 定额消耗量

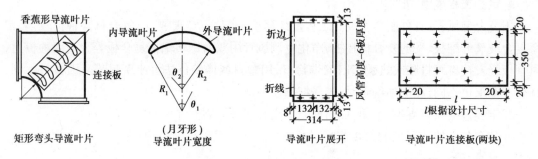

图 11.7　风管导流叶片组成

表 11.1　单导流叶片表面积表

| 风管高/mm | 200 | 250 | 320 | 400 | 500 | 630 | 800 | 1 000 | 1 250 | 1 600 | 2 000 |
|---|---|---|---|---|---|---|---|---|---|---|---|
| 导流叶片表面积/m² | 0.075 | 0.091 | 0.114 | 0.140 | 0.170 | 0.216 | 0.273 | 0.425 | 0.502 | 0.623 | 0.755 |

## ·*11.2.4　通风与空调工程系统风管部件制作安装工程量*·

以下各部件的尺寸及质量请查阅定额附录或标准图;市购部件注意计算价值。

### 1)风阀制作安装

**通风与空调系统风管部件制作安装　　风阀**

| 项目编码 | 项目名称 | 项目特征 | 计量单位 | 工程量计算规则 |
|---|---|---|---|---|
| 030703001 | 碳钢阀门 | 名称;型号;规格;质量;类型;支架形式、材质 | 个 | 按设计图示数量计算 |

**【释名】**风阀(Air Valve):通风空调系统中空气输配管网中的控制、调节机构,其基本功能是截断或开通空气管路,调节和分配空气的流量或启动风机之用。风阀类型规格有很多,按控制和调节功能来分类,仅有控制功能的,如止回阀、排烟阀、防火阀等,其余的风阀都具有控制和调节功能。风阀按启动方式不同分为手动、电动和气动;按结构形式不同分为插板式、蝶式、多叶式;按是否绝热分为保温与不保温等。风阀材质与风管相同,如碳钢、不锈钢、铝合金、塑料、玻璃钢等。

**▎清单项目工作内容▎** ①阀体制作;②阀体安装;③支架制作安装。

**▎定额工程量▎** 安装按"个"计量。

各类风阀一般为市购,故只计安装。不锈钢、铝合金、塑料、玻璃钢及柔性软风管风阀,清单按规范附录 G.3 相应编码立项。

〔**注意**〕

防火阀的限位开关、水银开关、接触器、电铃及管线的安装；VAV的电动调节阀、气动阀等执行器、传感器的安装，在电气安装工程中计算，不要漏项。用电气工程、建筑智能工程及自动化仪表工程定额。

### 2) 风口、散流器、百叶窗制作安装

通风与空调系统风管部件制作安装　　碳钢风口、散流器、百叶窗

| 项目编码 | 项目名称 | 项目特征 | 计量单位 | 工程量计算规则 |
|---|---|---|---|---|
| 030903007 | 碳钢风口、散流器、百叶窗 | 名称；型号；规格；质量；类型；形式 | 个 | 按设计图示数量计算 |

【**释名**】风口（Air Opening）：管路中气体吸入或排出管网的通道口。风口的类型很多，主要是通风和空调两大系统的风口，形式有风口、分布器、散流器及百叶窗等。风口按功能不同分为新、送、排、回等风口；按形状不同分为圆形、矩形；按部位不同分为侧式、顶式、斜式；按气流不同分为散流与不散流；按动力不同分为手动、气动及电动；按调节不同分为可调与不可调；按材质不同分为碳钢、不锈钢、铝及铝合金、玻璃钢等。因碳钢部件易锈蚀，难维修，又影响风的清洁度，现今多用塑料、铝合金或不锈钢等产品，其防腐、防水性能良好。

▌**清单项目工作内容**▌ ①风口制作安装；②散流器制作安装；③百叶窗安装。

▌**定额工程量**▌ 安装按"个"计量。

①各类风口、散流器等安装。以风口周长分挡，按"个"计量。不锈钢风口按"100 kg"计算。

②百叶窗安装。无论用碳钢、不锈钢、铝及铝合金等材质的百叶窗，均按百叶窗框内面积不同按"个"计量。

不锈钢、铝合金、塑料、玻璃钢材质的风口或百叶窗安装，清单按规范附录G.3相应编码立项。

〔**注意**〕

电动风口及风口的执行器、传感器等安装，不要遗漏。

### 3) 风帽制作安装

**通风与空调系统风管部件制作安装　　风帽**

| 项目编码 | 项目名称 | 项目特征 | 计量单位 | 工程量计算规则 |
|---|---|---|---|---|
| 030703012 | 碳钢风帽 | 名称；规格；质量；类型；形式；风帽筝绳、泛水设计要求 | 个 | 按设计图示数量计算 |

【释名】通风帽(Ventilation Cowl)：装在排风系统垂直通风管的末端,利用风力产生的负压,把室内空气吸至室外,同时防止雨雪飘入,加强排风能力的一种自然通风装置。风帽有圆伞形、锥形、筒形三类,有多种规格。

■ **清单项目工作内容** ■ ①风帽制作安装；②筒形风帽滴水盘制作安装；③风帽筝绳制作安装；④风帽泛水制作安装。

■ **定额工程量** ■ 制作安装按"100 kg"计量。

①碳钢风帽、铝板及塑料风帽制作安装,按"100 kg"计量；碳钢风帽另计除锈、刷油。

②玻璃钢风帽按"100 kg"计量,只计算安装,不计算制作与除锈油漆。

③风帽滴水盘、筝绳制作安装,按"100 kg"计量；泛水制作安装,按"m²"计算。除锈、刷油见前述内容。

不锈钢、铝合金、塑料、玻璃钢材质的风帽制作安装,清单按规范附录 G.3 相应编码立项。

### 4) 风罩、柔性接口制作安装

**通风与空调系统风管部件制作安装　　风罩、柔性接口**

| 项目编码 | 项目名称 | 项目特征 | 计量单位 | 工程量计算规则 |
|---|---|---|---|---|
| 030703017 | 碳钢罩类 | 名称；型号；规格；质量；类型；形式 | 个 | 按设计图示数量计算 |
| 030703018 | 塑料罩类 | | | |
| 030703019 | 柔性接口 | 名称；规格；材质；类型；形式 | m² | 按设计图示尺寸以展开面积计算 |

【释名】风罩(Hood)类型很多,主要有排气类和防护类两大类。排气类最多,排气罩主要用于排除工艺过程中或设备产生的含尘气体、余热、余湿、毒气或油烟等,其类型有密闭式、柜式、外部式、接受式、吹吸式等；防护类,如皮带防护罩、电动机防雨罩等。防护类罩和用于焊接或烘炉类的排气罩,因承受大气腐蚀或高热,所以用碳钢制作；用于电镀、酸洗环境的如侧吸罩用塑料或不锈钢制作。

■ **清单项目工作内容** ■ ①罩类制作；②罩类安装。

■ **定额工程量** ■ 制作安装按"100 kg"计量。

（1）罩类制作安装

①防护类：如电动机皮带罩、防雨罩，与电动机的型号及与风机安装的方式相配。

②侧吸罩类：用于酸洗、电镀或表面处理等液槽（一般用塑料制作），排除有害气体用。它可分为上吸式、下吸式；吹风式、吸风式、抽风式；整体式、分组式；一般式、条缝式等。当侧吸罩配置调节阀时，其阀另立项计算。

③焊接工作台排气罩：中小型零件焊接工作台排气罩一般为上吸式。

④烘炉排气罩：作为烘烤、烘炉、手锻炉产生的热气、粉尘排除之用，可分为固定式、升降式、回转式，以及上吸式、下吸式。

（2）柔性接口制作安装

柔性接口也称为帆布接口。它将风管与通风机、空调机、静压箱连接起来，起伸缩、隔振、防止塑料风管受振破裂以及防止噪声传播等作用。柔性接口用帆布、人造革或软聚氯乙烯塑料加工制作，长度一般为150～250 mm，按展开面积"m²"计算。

### 5) 消声器制作安装

**通风与空调系统风管部件制作安装　　消声器**

| 项目编码 | 项目名称 | 项目特征 | 计量单位 | 工程量计算规则 |
|---|---|---|---|---|
| 030703020 | 消声器 | 名称；规格；材质；形式；质量；支架形式、材质 | 个 | 按设计图示数量计算 |

【释名】通风空调系统的噪声源有两种：一是风机、制冷机等传动噪声；二是气流在风管中的流动噪声或震动声。机械震动可用软管接头、防震基础等消除；气流震动的噪声用消声器消除。消声器（Acoustic Filter），即在风管内用吸声材料"型"成吸声结构，或改变管道截面等，以耗损或反射噪声能量，让气流顺利通过以降低噪声的一种装置。它设置在风机出口水平总管上，或各个送风口前的弯头内。类型有阻性、抗性、共振性和宽频带复合式等。消声器按构造不同分为管式、室式、扩张式、共振式（微穿孔板）、声流式、消声弯头等。消声器一般是在工厂加工，现场安装。

▌清单项目工作内容▐　①消声器制作；②消声器安装；③支架制作安装。

▌定额工程量▐　安装按"节"或"个"计量。

消声器大多采用成品，现场较少制作，其安装按消声器断面周长不同以"节"计算，消声弯头按"个"计算。

### 6) 静压箱制作安装

**通风与空调系统风管部件制作安装　　静压箱**

| 项目编码 | 项目名称 | 项目特征 | 计量单位 | 工程量计算规则 |
|---|---|---|---|---|
| 030703021 | 静压箱 | 名称；规格；形式；材质；支架形式、材质 | 1.个<br>2.m² | 1.以个计量，按设计图示数量计算<br>2.以平方米计量，按图示尺寸以展开面积计算 |

**【释名】**静压箱(Plenum Chamber):送风系统中减少动压、增加静压、稳定气流、减少气流振动和均匀分配气流的一种部件。

■ **清单项目工作内容** ■ ①静压箱制作安装;②支架制作安装。

■ **定额工程量** ■ 制作安装按"10 m²"计量。

一般用碳钢板或镀锌钢板制作,消声静压箱箱内需粘贴吸声材料。静压箱按展开面积计算,箱体、支架制作安装、除锈、刷油、防腐,按设计要求计算。成品按"个"计算。

# 11.3 通风与空调工程系统设备安装工程量

## · 11.3.1 通风与空调工程系统设备安装清单和定额项目的选用 ·

①通风空调系统的泵、压缩机、冷水机组、冷却塔、冷凝器、蒸发器等设备安装,清单按规范附录 A.1 立项,用机械设备工程定额。

②为生产、生活服务的通风空调系统的风机设备安装,清单按规范附录 G.1 立项,用通风空调工程定额;用于各类工业、化工、石油化工等新建、扩建及技术改造项目的风机安装,清单按规范附录 A.1 立项,用机械设备工程定额。

③锅炉设备的风机是其附属机械,如锅炉送风机、引风机及排粉风机等安装,清单按规范附录 B.3 立项,用热力设备工程定额。

〔注意〕

①与 BAS 系统中新风机组、空调机组、风口及冷冻站等自动监控装置安装的相互关系,计量时不要漏项。

②新技术带来通风与空调工程的新项目,如改进自然通风降温,用太阳能供热,使用热管、热泵(空气、水源、地源)以及收集建筑余热,应用变风量、变水量等节约能耗的新技术,除掌握相关章节的内容外,请多熟悉《通用定额》和地方定额。

## · 11.3.2 通风与空调工程系统设备及部件制作安装工程量 ·

### 1)通风机安装

通风与空调系统设备安装    通风机

| 项目编码 | 项目名称 | 项目特征 | 计量单位 | 工程量计算规则 |
|---|---|---|---|---|
| 030108001 | 离心式通风机 | 名称;型号;规格;质量;材质;减震底座形式、数量;灌浆配合比;单机试运转要求 | 台 | 按设计图示数量计算 |
| 030108003 | 轴流通风机 | | | |

【释名】通风机(Air Blower),是把气体压力提高后进行输送的机械。通风机按输送气流与风机叶轮轴的关系不同,分为离心式、轴流式、斜流式及贯流式等;按风机进口与出口风压差值不同,分为低压、中压及高压;按用途不同,分为换气、排尘、防腐、排烟、防爆、高温、鼓风、屋顶及隧道的射流风机等;按材质不同,分为碳钢、不锈钢、玻璃钢、耐酸陶瓷及塑料等风机;按电动机传动方式不同,分为 A,B,C,D,E 及 F 型等风机,如图 11.8、图 11.9 所示。

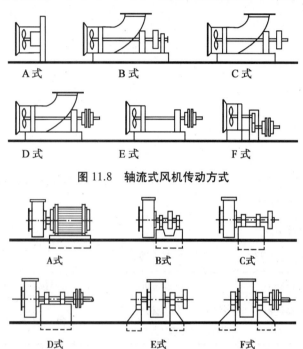

图 11.8 轴流式风机传动方式

图 11.9 离心式风机传动方式

▌**清单项目工作内容**▌ ①本体安装;②拆装检查;③减震台座制作安装;④二次灌浆;⑤单机试运转;⑥补刷(喷)漆。

▌**定额工程量**▌ 安装按"台"计量。

(1)生活服务用通风机安装

①服务用通风机安装:有离心式、轴流式、屋顶式及卫生间通风机等,按风机风量大小以"台"计算。安装包括 A,B,C 及 D 型传动方式的风机、电动机和自带的减震器,底座灌浆。清单立项编码用此项目,用通风空调工程定额。

②服务用通风机安装不包括:

• 减震台座、设备支架、皮带罩及安全防护罩的制作安装,以及除锈、刷油。

• 风机软管接口制作与安装。

• 电动机的抽芯检查、干燥、配线及调试,用电气工程定额。

(2)工业生产用通风机安装

①工业生产用通风机安装:作通(引)风、排尘、防腐、排烟、防爆、高温、鼓风等用途,按风机质量"t"计算。安装包括:A,B,C,D,E 及 F 传动方式风机,电动机和底座,自带的皮带罩、防护罩、减震器等。清单立项编码用此项目,用机械设备工程定额。

②工业生产用通风机安装不包括：

• 设备的拆装检查，按规范规定或久置受潮或运输受震等，需要进行拆装检查，经业主、监理、设计签证同意后，方可计算拆装检查。

• 设备不自带的支架、减震台座等制作安装及除锈、刷油。

• 电动机的抽芯检查、干燥、配线及调试，同上。

• 风机柔性接口制作与安装。

其他类型风机安装，清单按规范附录 A.8 相关项目编码立项。

〔注意〕

不要错漏：

①定额中机械设备工程有关费用的计算与通风空调工程不同，按各自定额的要求计算。

②在 BAS 系统中通风空调的传感器、执行器等的安装，不要遗漏。

### 2) 空气加热器 (冷却器)

**通风与空调系统设备安装　　空气加热(冷却)器**

| 项目编码 | 项目名称 | 项目特征 | 计量单位 | 工程量计算规则 |
|---|---|---|---|---|
| 030701001 | 空气加热器（冷却器） | 名称；型号；规格；质量；安装方式；支架形式、材质 | 台 | 按设计图示数量计算 |

【**释名**】空气加热器(Air Boiler)或冷却器(Air Cooler)统称为换热器，是为了空气达到"四度"要求，对空气进行加热、冷却、烘干及除湿等处理的主要设备。通以热源(热水、蒸汽)的是加热器，通以冷源(空峒冷气、冷水、深井水、冷盐水和乙二醇等)的就是冷却器。

■ **清单项目工作内容** ■①本体安装、调试；②设备支架制作安装；③补刷(喷)漆。

■ **定额工程量** ■ 安装按"台"计量。

(1)加热器安装

①电加热器安装。电加热器一般用不锈钢电热管组合而成，按风管断面积不同，有40多种型号。其外壳加工制作用通风空调工程定额。电阻丝式加热器，因其不安全、寿命短，已淘汰。

②管式、板式加热器和冷却器安装。管式分为光管式、肋(翅)管式、管壳式3种。光管式传热(冷)效率低，用得少；板式分为框架式、波纹板式、螺旋板式等。以质量(kg)不同，按"台"计量。

(2)设备支架制作、安装、除锈、刷油

设备支架制作、安装、除锈、刷油见前述内容。

〔注意〕

空气加热器安装不要漏如下项：

①电加热器的接地、密封温度继电器防超温保护装置的安装；

②与冷、热水管连接的法兰安装等。

3) 除尘设备安装

**通风与空调系统设备安装　　除尘设备**

| 项目编码 | 项目名称 | 项目特征 | 计量单位 | 工程量计算规则 |
|---|---|---|---|---|
| 030701002 | 除尘设备 | 名称；型号；规格；质量；安装形式；支架形式、材质 | 台 | 按设计图示数量计算 |

**【释名】**除尘器(Dust Precipitator)：是在采矿、冶金、建材、机械、铸造、化工及火力发电等生产中，用以捕集、分离与过滤空气中粉尘、烟气等，净化有害气体或回收原料的一种设备。其种类很多，根据除尘机理不同，可分为惯性、离心、过滤、洗涤及静电式等几大类。最常用的是旋风式、湿式及袋式等。

**▌清单项目工作内容▐**①本体安装、调试；②设备支架制作安装；③补刷(喷)漆。

**▌定额工程量▐**安装按"台"计量。

①除尘设备安装。按质量"kg"不同分别计量。施工现场一般不制作除尘器，若制作，按设计要求计算，清单按规范附录 G.1 立项，定额用通风空调工程"金属壳体制作安装"等子目计算。

②除尘设备支架制作、安装、除锈、刷油。除尘器，标准图示质量为 70~2 400 kg，质量较大，要求支架可靠。支架制作与安装按设计图示质量或标准图示质量计算，用通风空调工程定额。

4) 空调器安装

**通风与空调系统设备安装　　空调器**

| 项目编码 | 项目名称 | 项目特征 | 计量单位 | 工程量计算规则 |
|---|---|---|---|---|
| 030701003 | 空调器 | 名称；型号；规格；安装形式；质量；减震垫(器)、支架形式、材料 | 台 | 按设计图示数量计算 |

**【释名】**①空调器(Air-conditioner, AC)：将送风机、电动机、压缩机、蒸发器、冷凝器及过滤器等，集中组装在一个或两个金属箱体内，用于一般空气调节、恒温恒湿、净化和除湿等空气处理的设备。空调器按部件组合情况分为整体式、分离式、分段式；安装分为挂式、落地式、嵌入式、窗式等，如图 11.10、图 11.11 所示。

②变制冷剂流量多联体空调器 VRV(VRF)：简称为多联体空调机，有人称为多联体中央空调机组，俗称为"一拖多"。受控制的一台室外压缩主机，通过管道向室内多台分机(蒸发

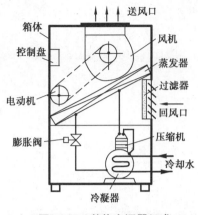

图 11.10 整体空调器组成

器)输送冷剂,满足与室内空气进行冷热交换的空调器系统。现今有改变机组运转频率的变频多联空调机组(VRV)和数码涡旋多联空调机组(VRF)。分机、主机可单控,也可遥控。

■**清单项目工作内容**■①本体安装或组装、调试;②设备支架制作安装;③补刷(喷)漆。

■**定额工程量**■空调器安装按"台",分段式空调按"100 kg"计量。

(1)空调器安装

①空调器本体安装及调试:壁挂、落地、组合式、吊顶式等按"台"计算,包括自带的支架;调试,开机15 min以上,功能正常。

②制冷量和送风量较大的空调器安装:与风管相连接的柔性接头制作安装另计。

(2)分段式空调器安装

当制冷量大时,除制冷机组外的部分,制成各种功能的标准区段,在施工现场按设计要求直接组装而成,称为分段式、组合式或模块式空调器,是一种标准化、模块化的产品,根据场地和环境条件不同分为卧式、立式、重叠式或吊顶式。卧式组成如图 11.11 所示。

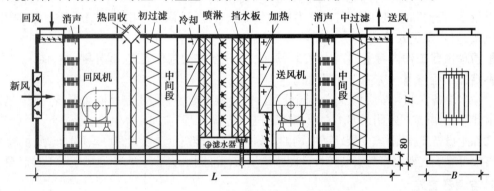

图 11.11 分段式空调器卧式安装组成

(3)VRV(VRF)多联体空调机组安装(清单规范未列项用此编码立项)

①VRV 机组有三大部分:室外压缩主机、冷剂输送管道和室内分机(蒸发器)。

②VRV 安装:室外主机按制冷量不同、室内分机按安装形式不同(用风机盘管子目),均按"台"计算,都用通风空调工程定额;冷剂输送保温紫铜管安装按"m"计量,管道分支头按"个"计量,均用工业管道工程定额。

5)风机盘管安装

**通风与空调系统设备安装    风机盘管**

| 项目编码 | 项目名称 | 项目特征 | 计量单位 | 工程量计算规则 |
| --- | --- | --- | --- | --- |
| 030701004 | 风机盘管 | 名称;型号;规格;安装方式;减震器、支架形式、材质;试运要求 | 台 | 按设计图示数量计算 |

【释名】①风机盘管(Fan Coil Unit):中央空调的末端装置,它属于不带制冷压缩机的非独立形式的空调器,由通风机、盘管、电动机、表冷器、空气过滤器、凝结水盘、送风及回风口和室温控制装置等组成。它的优点就是空气通过盘管机在某个房间内循环,不循环到其他房间,所以用于医院、宾馆等场所,如图 11.12 所示。

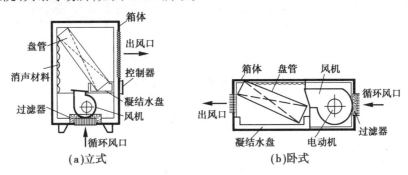

**图 11.12　风机盘管组成**

②VAV 变风量系统末端为一箱体内装可调速风阀,当室内温控器及传感器检测到室温与设定温度有比差时,传出信号,调节末端风阀改变风量,使室温保持在设定范围内,这种 VAV box(箱)称为 VAV 变风量系统末端装置。

■ **清单项目工作内容** ■ ①本体安装;②支架制作安装;③试压;④补刷(喷)漆。

■ **定额工程量** ■ 安装按"台"计量。

(1)风机盘管安装

①无论落地式、吊顶式(卧式)或壁挂式,均包括本体安装、支架及吊架安装。

②安装不包括下列各项:

• 支架制作、除锈及油漆,或镀锌。

• 柔性接头安装。为了减少震动,风机盘管进、出水口安装柔性接头,一般用橡胶软接头或金属波纹管接头,其安装见 9.3 节的叙述。

• 三速风量开关安装。风机盘管可进行高、中、低三档风量调节,是通过自耦变压器调节电压输入电机,改变风机转速而达到调节的。其安装用电气工程定额。

(2)VAV 、VRV(VRF)末端装置安装

VAV 变风量及 VRV(VRF)变冷剂流量系统末端装置,它们与风机盘管同属空调系统末端装置,清单规范未立项,故借此编码立项。相关的配管配线等另行计算。

6)挡水板安装

**通风与空调系统设备安装　　挡水板**

| 项目编码 | 项目名称 | 项目特征 | 计量单位 | 工程量计算规则 |
| --- | --- | --- | --- | --- |
| 030701007 | 挡水板 | 名称;型号;规格;形式;支架形式、材质 | 个 | 按设计图示数量计算 |

【释名】挡水板:喷淋(雾)室组成的部件之一,是防止喷淋(雾)气流中的水珠被带走,同时还使气流湿度均匀分布的一种部件。现今现场不加工,有成品。安装情况如图 11.11 所示,

构造如图 11.13 所示。

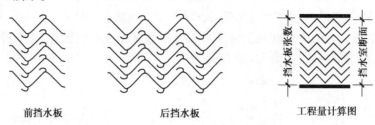

前挡水板　　　　　后挡水板　　　　　工程量计算图

图 11.13　挡水板构造及工程量计算

■ **清单项目工作内容** ■ ①本体制作;②本体安装;③支架制作安装。

■ **定额工程量** ■ 按"$m^2$"计量。

挡水板用镀锌钢板 $\delta = 0.75 \sim 1.0$ mm 或玻璃板制作。现今用 PVC 或 ABS 塑料、玻璃钢、不锈钢、铝合金等材料制作。按作用分前挡水板(三折)和后挡水板(六折)。波折形状多样，常见形状如图 11.13 所示。按下式计算:

挡水板计算工程量 ＝ 空调器挡水室断面积 × 挡水板张数

挡水板制作报价工程量 ＝ 挡水板计算工程量 × 定额消耗量

### 7) 过滤器制作安装

**通风与空调系统设备安装　　　过滤器**

| 项目编码 | 项目名称 | 项目特征 | 计量单位 | 工程量计算规则 |
|---|---|---|---|---|
| 030701010 | 过滤器 | 名称;型号;规格;类型;框架形式、材质 | 1.台<br>2.$m^2$ | 1.以台计量,按设计图示数量计算<br>2.以面积计量,按设计图示尺寸以过滤面积计算 |

【**释名**】空气过滤器(Air Filter):用于除去空气中灰尘以净化空气,达到要求洁净度的部件。过滤器按效率不同分为粗效、中效、高中效、亚高效、高效。滤料决定滤效,其组成如下:

①粗效过滤器:作预过滤。金属或纸板为框,无纺布为滤料。结构形式有板式、折叠式、袋式和卷绕式等。

②中效过滤器:作中间过滤,减少高效过滤器的负担。金属板为框,无纺布为滤料。结构形式有折叠式、袋式和楔形组合式等。

③高中效过滤器:作中间过滤或系统末端过滤。金属板为框,无纺布或丙纶滤布为滤料,多为一次性使用。结构形式多为袋式。

④亚高效过滤器:作中间过滤和低级别净化系统的末端过滤。金属或木材为框,滤料为超细玻璃纤维滤纸和丙纶纤维滤纸,一次性使用。结构形式有折叠式和管式。

⑤高效过滤器:是净化系统的终端过滤设备,也是净化设备的核心,滤料均为超细玻璃纤维滤纸,嵌入或不分格的框中,框料用木材、镀锌钢板、不锈钢板、铝合金等制作。结构形式有隔板式和无隔板式。

■ **清单项目工作内容** ■ ①本体安装;②框架制作安装;③补刷(喷)漆。

■ **定额工程量** ■ 空气过滤器按"台"计量,过滤框按"100 kg"计量。

(1)净化空调系统空气过滤器制作安装

①过滤器框架制作安装:按"100 kg"计算,钢框架除锈、刷油、镀锌、铝合金电化处理,另计。参阅 11.2.3 节净化通风管制作安装的叙述。

②空气过滤器安装:空气过滤器按低效、中效、高效,分别按"台"计量。

(2)一般通风空调系统空气滤尘器制作安装

一般的空气过滤器称为空气滤尘器,常用 LWP 型(金属网格浸油式滤尘器)和 LWZ 型(自动浸油滤尘器)。它们属于粗效或中效型的过滤器,因产生油雾,故不能用于净化系统。工程量计算与立项均用此编码,其框架制作安装、金属网格制作安装,用通风空调工程定额。

空气过滤器、滤尘器,一般工厂制作,现场安装,注意价值的计算。

**8)净化工作台、风淋室、洁净室安装**

**通风与空调系统设备安装 净化工作台 风淋室 洁净室**

| 项目编码 | 项目名称 | 项目特征 | 计量单位 | 工程量计算规则 |
|---|---|---|---|---|
| 030701011 | 净化工作台 | 名称;型号;规格;类型 | 台 | 按设计图示数量计算 |
| 030701012 | 风淋室 | 名称;型号;规格;类型;质量 | | |
| 030701013 | 洁净室 | | | |

【**释名**】在生物制药、食品、光学、电子、科学实验、无菌微生物检验、植物组培接种等部门或场所,用物理、化学、静电、水洗、负离子、紫外线灭菌等净化方式,净化了空气环境。但是,为了提高产品质量和增大成品率,从而提高局部工作台面环境的洁净度,以满足工艺要求,设计和生产出空气净化工作台、洁净室、风淋室等,以及洁净层流罩和空气净化器等净化设备。

■ **清单项目工作内容** ■ ①本体安装;②补刷(喷)漆。

■ **定额工程量** ■ 按"台"或"100 kg"计量。

(1)净化工作台安装工程量

净化工作台可在室内移动使用,分为垂直式、内向式及侧向式,垂直式性能最好。工作台风机从洁净室内吸入空气,经过中效过滤器,少部分气体从顶部排气滤板排出,大量气体通过高效供氧滤板进入操作区,以满足操作工艺要求,如图 11.14 所示。

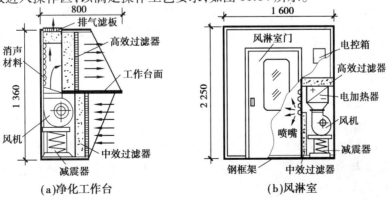

**图 11.14 净化工作台与风淋室组成**

（2）风淋室安装工程量

风淋室又称为浴尘室，进入洁净区的人员或货物，接受高效过滤的洁净强风吹除吸附于人体或物体表面尘埃的一种通用性的局部净化设备。

（3）洁净室安装工程量

洁净室（净化工作室）是将空气中微粒子、有害空气、细菌等排除，并将室内温度、洁净度、空气压力、气流速度与气流分布、噪声振动及照明、静电控制在某一需求范围内，为此而特别设计的一种特殊房间。现今，多用标准净化单元模块在现场组装而成。单元模块有吊顶式的高效过滤系统、地板式的回风系统、保温绝热式的墙板系统和配套的电气元件等系统。用这些单元系统，可组成小型的水平单向流或垂直单向流的洁净室。

安装环境要求：室内装饰工程施工完成并验收后，待安装空间必须清洁、无灰尘，洁净室随安装随清扫随擦净。定额要求按分段组装式空调安装子目使用，按组成的质量（100 kg）计量。

# 11.4 空气调节制冷设备系统安装工程量

【集解】空气调节的冷源。空调、冷藏或工业以及工艺要求低温的场所，需要冷源。其冷源有天然与人工冷源，天然冷源如深井水、洞内冷空气、冬藏的冰块等。人工冷源，是利用冷剂沸点低，由液体蒸发时吸收热量的原理，用机械的方法将冷剂做物态变化而制（致）冷。冷剂也称为制冷工质，有十多种，破坏臭氧层的含氟冷剂已被淘汰。现今，空调用无氟冷剂如R410A、溴化锂，冷库用氨 R717 等。冷能量由冷媒传递，冷媒有气体（空气）、液体（水和盐水）、固体（冰、干冰）等，冷媒通过管道或其他方式传递到需要低温的场所。

· *11.4.1 空气调节制冷设备系统及其组成* ·

### 1）空气调节制冷设备系统组成

制冷设备系统，是通风空调 7 个子系统中最重要的一个系统，它由制冷机及附属装置两大部分组成，其中制冷机是系统的核心。制冷机（Refrigerating Machine）是用机械能通过冷工质转移冷量和热量，使被冷物体获得冷量的机械。它按工作原理不同，分为压缩式、吸收式、蒸汽喷射式及半导体制冷机等类型；附属装置有冷凝器、蒸发器、储液器、油水分离器及相应的阀门如膨胀阀、电磁阀等。

### 2）空气调节制冷设备系统组成形式

对制冷能量的要求不同，制冷设备系统组成的形式也不同。它有 3 种安装形式：一是单体式，冷量和通风量大时，设备个体也大，将它们安装在一个或两个机房内，用于大型集中空调系统，如图 11.15 所示；二是整体式，将压缩机、冷凝器、蒸发器、各种辅助设备以及空气处理部分，全部组装在共用底盘上和一个箱体内，只要接上水管和电源即可投入运转，如空调器，如图 11.10 所示；三是分离式，将制冷设备一部分组装，一部分分装，如空调机组。组成形式不同，其工程量计算和使用定额也不同。

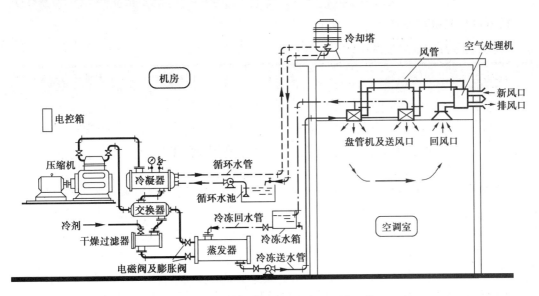

**图 11.15　冷水机组风机盘管机系统组成**

## · *11.4.2　空气调节制冷设备系统设备安装工程量* ·

〔提示〕

　　制冷设备安装注意事项如下：

　　①整体制冷机未经业主、监理和设计签证同意,不作拆装也不计算拆装检查。

　　②制冷机主机各级出入口第一个阀门以外的管道、设备、支架、防护罩、自控系统(BAS)等的制作及安装,另立项计算。主机用机械设备工程定额,其余用电气工程、建筑智能工程、自动化仪表工程及工业管道工程定额。

　　③制冷机制冷介质(冷剂)现场充灌,主机未带循环油现场充灌,按实计算。

　　④制冷机电动机的配线、接线、检查及调试,控制系统(BAS)安装,用电气工程及建筑智能工程定额。

　　⑤防震基础的浇筑,减震设施制作安装,见 9.3 节的叙述。

　　⑥制冷机空负荷试运转消耗的水、电、气、油及燃料等费用,按机械设备工程定额规定计取。

　　⑦制冷机安装定额包括设备螺孔及底座灌浆,若要扣除或增加此工作,用机械设备工程定额。

　　⑧设备底座的安装标高,超过地坪面正或负 10 m 时,按定额册总说明的规定计取超高增加费。

### 1）制冷压缩机组安装

**空调制冷系统制冷设备安装　　活塞式　螺杆式**

| 项目编码 | 项目名称 | 项目特征 | 计量单位 | 工程量计算规则 |
|---|---|---|---|---|
| 030110001 | 活塞式压缩机 | 名称；型号；质量；结构形式；驱动方式；灌浆配合比；单机试运转要求 | 台 | 按设计图示数量计算 |
| 030110002 | 回转式螺杆压缩机 | | | |

【释名】压缩式制冷机（Compression Refrigerator）使用较早，类型很多，按原理不同分为容积型和离心型两大类，制冷一般用容积型；按所用的冷剂不同分为气体型（空气、氮气）、蒸汽型（氨、R410）；按机体组成不同分为 V,W,S 型及扇型以及单级、多级和叠式等。为了提高压缩机效率，减少机体，现今发展为自动控制及变频控制的冷水机组。

压缩制冷过程：压缩冷剂→冷凝→膨胀→蒸发吸热产生冷效应。过程继续，制冷继续。

■ **清单项目工作内容** ■ ①本体安装；②拆装检查；③二次灌浆；④单机试运转；⑤补刷（喷）漆。

■ **定额工程量** ■ 以质量不同，按"台"计量，用机械设备工程定额。

（1）活塞式制冷压缩机组安装

该类机均为单作用、逆流式，汽缸布置形式分为 V,Z,W,S 形，无论整体或解体安装，按机组同一底座上的主机、电动机、附属设备及底座等的总质量不同，按"台"计算，并配合制造厂试车。非同一底座上的设备、仪表柜盘等的安装和调试，配管配线，加注制冷剂，制冷系统调试，另立项计算。

（2）回转式螺杆制冷压缩机组安装

单级或双级回转式螺杆制冷压缩机组为整体安装，安装要求及计算与活塞式相同。

### 2）冷水机组安装

**空调制冷系统制冷设备安装　　冷水机组**

| 项目编码 | 项目名称 | 项目特征 | 计量单位 | 工程量计算规则 |
|---|---|---|---|---|
| 030113001 | 冷水机组 | 名称；型号；质量；制冷（热）形式；制冷（热）量；灌浆配合比；单机试运转要求 | 台 | 按设计图示数量计算 |

【释名】冷水机组（Water Chilling Unit），俗称为冷冻机、制冷机等。冷剂用压缩和吸收的方式将冷能量传递给冷媒——水，空调系统用冷水供冷，所以称为冷水机组。其种类很多，按压缩机不同分为螺杆式、离心式、涡旋式冷水机组；按冷凝器冷却方式不同分为水冷式、风冷式冷水机组。能源有热水、蒸汽、燃料等。机组组成有压缩机、冷凝器、蒸发器、吸收器、水箱及水塔等。热泵冷水机组、溴化锂吸收式制冷机组，组成简单、省电、安装极为方便，但溴化锂腐蚀性大，机体寿命短。

██ **清单项目工作内容** ██ ①本体安装;②拆装检查;③二次灌浆;④单机试运转;⑤补刷(喷)漆。

██ **定额工程量** ██ 以质量不同,按"台"计量,用机械设备工程定额。

螺杆式、离心式、热泵冷水机组及溴化锂吸收式冷水机组的安装,安装要求与前面制冷压缩机安装相同。机组如图 11.16 及图 11.17 所示。

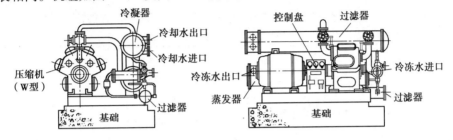

**图 11.16　活塞式压缩机冷水机组组成**

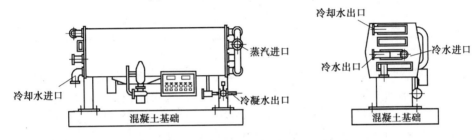

**图 11.17　溴化锂双效吸收式冷水机组组成**

### 3) 冷风机安装

**空调制冷系统制冷设备安装　　冷风机**

| 项目编码 | 项目名称 | 项目特征 | 计量单位 | 工程量计算规则 |
|---|---|---|---|---|
| 030113004 | 冷风机 | 名称;规格;质量;灌浆配合比;单机试运转要求 | 台 | 按设计图示数量计算 |

【释名】冷风机(Air Cooler):是介于风扇和空调之间的一种降温产品。它将室内的空气,强制通过空气冷却器产生热交换,将室内空气进行冷却循环,达到降低室温的目的,一般用于制造业、商品加工业、服务场所、车站、车库及冷藏间等。

██ **清单项目工作内容** ██ ①本体安装;②拆装检查;③二次灌浆;④单机试运转;⑤补刷(喷)漆。

██ **定额工程量** ██ 以冷风机直径与质量不同,按"台"计量,用机械设备工程定额。

安装包括:底座上的冷风机、电动机及冷却器等总质量;可落地、吊顶安装。

### · *11.4.3　空气调节制冷设备系统附属装置安装工程量* ·

【集解】制冷系统设备附属装置,是指依托制冷主机合作运行达到制冷目的的装置。制冷站(库)及通风空调系统的制冷系统中,其制冷设备由压缩机及配套的附属装置组成。附属装置,如冷凝器、蒸发器、储液器、集油器、分离器、过滤器、冷却器、冷却塔、冷风机等。

〔提示〕

> 附属装置,其铭牌一般以冷凝面积或其他计量单位来标明规格和性能,不标注质量。在工程量计算需要质量数据时,可查阅标准图的数值。

### 1)冷凝器、蒸发器安装

空调制冷系统制冷设备附属装置安装　　冷凝器　蒸发器

| 项目编码 | 项目名称 | 项目特征 | 计量单位 | 工程量计算规则 |
|---|---|---|---|---|
| 030113011 | 冷凝器 | 名称;型号;结构;规格 | 台 | 按设计图示数量计算 |
| 030113012 | 蒸发器 | | | |

【释名】①冷凝器(Condenser),实质是一个换热器。通过冷却介质水或空气,将高压冷剂发出的热量迅速交换加速其冷凝液化的一种装置。其冷却的表面积越大冷却越快,冷剂液化越快,制冷效率越高。冷凝器以冷却介质不同分为:用水冷却的水冷式,如管壳式(立式、卧式)、套管式和螺旋板式;用空气冷却的称为空气冷凝器或风冷式冷凝器;空气和水联合冷却的,如淋水式或大气式冷凝器,其用于水质较差或较少的地区。

②蒸发器(Evaporator),实质是一个交换器。制冷剂在减压下通过它从液态变为气态,在蒸发的同时吸收大量的热量,因而将冷媒(水、空气)冷却的一种设备,所以称为蒸发器。蒸发器冷却表面积越大,制冷效率越高。类型有排管式和管壳式;安装方式分立式和卧式。

■ **清单项目工作内容** ■ ①本体安装;②补刷(喷)漆。

■ **定额工程量** ■ 以冷却面积不同,按"台"计量,用机械设备工程定额。

①冷凝器、蒸发器安装包括:本体及联体的配件,如放水阀、放油阀、安全阀、压力表、压力控制器、水位计等安装;单体做一次气密性试验,要求多次连续试验时,每做一次计算一次。

②冷凝器、蒸发器安装不包括:本体第一个法兰以外的管道、附件的制作安装;平台、梯子、栏杆等金属构件的制作安装。另立项计算。

### 2)储液器、分离器、过滤器安装

空调制冷系统制冷设备附属装置安装　　储液器(排液桶)　分离器　过滤器

| 项目编码 | 项目名称 | 项目特征 | 计量单位 | 工程量计算规则 |
|---|---|---|---|---|
| 030113013 | 储液器(排液桶) | 名称;型号;质量;规格 | 台 | 按设计图示数量计算 |
| 030113014 | 分离器 | 名称;介质;规格 | | |
| 030113015 | 过滤器 | | | |

**【释名】**①储(集)液器:在制冷系统中,起调节、稳定溶液循环量并储存冷媒液体的装置。

②分离器:分为油分离器与氨液分离器,使油与液氨分离,降低流速,改变流向,防止液力对压缩机的冲击。

③过滤器:氨气过滤器、氨液过滤器及空气过滤器,安装在节流阀、浮球阀和电磁阀的输液管路上,起过滤固体杂质(铁锈、水垢等)的功能。

▌**清单项目工作内容** ▌①本体安装;②补刷(喷)漆。

▌**定额工程量** ▌以容积、直径和质量不同,按"台"计量,用机械设备工程定额。

储液器按容积和质量不同,分离器、过滤器按直径和质量不同,均以"台"计量。

### 3) 冷却塔安装

空调制冷系统制冷设备附属装置安装　　　冷却塔

| 项目编码 | 项目名称 | 项目特征 | 计量单位 | 工程量计算规则 |
|---|---|---|---|---|
| 030113017 | 冷却塔 | 名称;型号;规格;材质;质量;单机试运转要求 | 台 | 按设计图示数量计算 |

**【释名】**冷却塔(Cooling tower):也称为凉水塔,将循环水在其中喷淋与空气直接接触,通过蒸发和对流把循环水携带的热量散发到大气中的冷却装置,常做成塔形,故名。用钢板、玻璃钢或混凝土做成塔壳,塔内装填能成细小冷却缝隙的填料(如塑料点波片),加上配水管、通风机、空气分配装置、挡水器、集水槽等组成。冷却塔按其通风方式不同,分为自然通风、机械通风、混合通风冷却塔;按水和空气的接触方式不同,分为湿式、干式、干湿式冷却塔;按热水和空气的流动方向不同,分为逆流式、横流式等冷却塔。玻璃钢逆流湿式冷却塔,如图 11.18 所示。

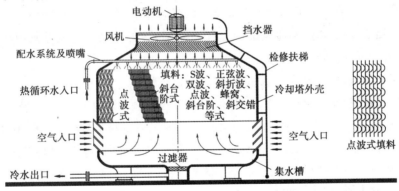

**图 11.18　逆流湿式冷却塔组成**

▌**清单项目工作内容** ▌①本体安装;②补刷(喷)漆。

▌**定额工程量** ▌以冷却面积($m^2$)和处理水量($m^3/h$)不同,按"台"计量,用机械设备工程定额。

①冷却塔安装包括:随塔带来的上下壳体、填料架、通风装置、消声器、进出水管、布水器、溢流水管及检修梯等。

②冷却塔安装不包括:塔体进、出水管法兰盘以外的管道,法兰安装,配管、配线,自动控制系统、防雷接地,混凝土、基础及预埋件等,另立项计算。

# 11.5 通风与空调工程系统检测与试验工程量

**通风工程系统　　检测、试验**

| 项目编码 | 项目名称 | 项目特征 | 计量单位 | 工程量计算规则 |
|---|---|---|---|---|
| 030704001 | 通风空调工程检测、调试 | 风管工程量 | 系统 | 按通风系统计算 |
| 030704002 | 风管漏光试验、漏风试验 | 漏光试验、漏风试验设计要求 | m² | 按设计图纸或规范要求以展开面积计算 |

【释名】通风与空调系统的检测与试验有3个目的:检验单体制造质量及性能;检验安装质量;为了产品工艺,对系统的综合性能进行设定、测试及调整。

（1）施工方负责无负荷联合试运行及检测试验

施工企业主持,监理监督,设计与建设单位参与配合,按设计图纸要求和验收规范《通风与空调工程施工质量验收规范》(GB 50243—2016)规定的6个检测项目进行检测调试,系统连续运行8~24 h无故障、无异常、资料齐全的检测试验工作。

（2）业主方负责负荷联合运行综合效能测定与调整

业主负责,设计、施工配合,监理参与。由业主主持,设计协助,供应商参与,根据产品性质、生产工艺技术等要求,确定综合效能测定与调整的参数,对系统进行调整。

■ **清单项目工作内容** ■ •通风空调工程检测调试:①通风管道风量测定;②风压测定;③温度测定;④各系统风口、阀门调整。

•风管漏光漏风试验:通风管道漏光试验、漏风试验。

■ **定额工程量** ■ 按"系统"计量,用通风空调工程定额。

①施工方调试检测工作。按《通风与空调工程施工质量验收规范》(GB 50243—2016)的规定,进行下列检测试验:在通风空调系统无负荷联合试运行中,对管道风量、风压、温度进行测定;对各系统风口、阀门进行调整;对风管漏光、漏风进行检测。调整费按通风空调系统工程人工费的百分率计取,该取费属综合系数,见通风空调工程定额总说明。调整费用包括人工、测试仪器仪表使用、材料、动力、水气(汽)等费用。

②业主方负责的负荷联合运行综合效能测定与调整费用,见5.4.5节的叙述。

# 11.6 通风与空调工程系统安装的相关内容

①通风与空调工程的电气控制箱、电机检查接线、配管配线等,用电气工程定额。

②通风与空调机房给水和冷冻水管、水泵间管道、冷却塔循环水管道;蒸汽管道、冷凝水管道安装;各种钢板水箱制作安装,用工业管道工程及给排水工程定额。

③除锈、刷油、保温防腐,用刷油工程定额。

④所用仪表、温度计、传感器、执行器等安装,用建筑智能工程与自动化仪表工程定额。

⑤当安装高度超过定额规定时,按机械设备工程或通风空调工程定额的规定,计取超高增加费。

⑥制冷设备和风管安装需要搭设脚手架时,按机械设备工程或通风空调工程定额的规定计取。

⑦设备基础砌筑、浇筑、风道砌筑,用《房建定额》《市政定额》。

⑧正压送风阀、排烟阀、排烟口、防火阀等装置调试,用消防工程定额。请阅读 3.13 节、5.4 节、8.3 节及 8.4 节的叙述。

# 复习思考题 11

11.1 一般风管、净化通风管、铝板风管、塑料风管及不锈钢风管,穿楼板、过墙的孔洞修补,防火处理,防腐蚀处理等工作需不需要计算? 若要,应怎样计算?

11.2 通风空调部件若为市场采购,其规格型号与定额规定不相符时,该如何使用定额?

11.3 通风空调系统竣(交)工验收调整调试,以及综合效能测定与调整怎样计算? 包括哪些调试费用? 怎样计取?

11.4 第一册《机械设备安装工程》与第七册《通风空调工程》均有离心式通风机安装和轴流式通风机安装,为什么不能串用?

11.5 什么是 VAV,VRV? 工程量怎样计算? 用定额哪一册? 本体安装以外还要计算什么内容?

11.6 净化风管施工要求场地相对封闭不起尘,若铺设了橡胶板、塑料板或不产生灰尘的材料时,怎样计算?

11.7 热泵冷水机组安装,用安装定额哪一册进行计算?

11.8 通风空调工程系统调整调试费属综合系数吗? 为什么? 安装工程中有几个系统调整调试费属综合系数? 按定额子目计算的系统调整调试费有哪些?

# 12  通用机械设备安装工程

## 12.1  通用机械设备

机械设备种类很多,分类方法也很多,通常按设备功能不同分为通用机械设备、大型联动生产设备(专用机械设备)和非标准设备;按安装方式不同分为整体安装、解体安装两大类。但是有些机械设备被普遍使用,它们的共同点是适应场合较广,并且是按标准生产的系列产品,所以称为通用机械设备。如金属切削机床、锻压机械、铸造设备、起重设备、电梯、通风机、泵类、压缩机等。本章重点讲述一些常见通用设备安装工程量计算,而大型、非标准、不常见的则不予介绍。

### · *12.1.1  机械设备安装的基本工艺* ·

机械设备安装方法千差万别,但安装工艺却基本相同,通用机械设备安装也不例外,其基本安装工艺为:准备工作→设备搬运→开箱清点→验收基础→画线定位→清洗组装→起吊就位→找平找正→固定灌浆→试转交验。

**1)设备搬运**

①设备搬运:距离设备基础 100 m 范围内的场地称为安装现场,该场内搬运不计搬运费。设备从仓库运至安装现场指定地点的搬运工作,应另行计算。

②设备搬运方法:装卸可用起重机或人力装卸;水平运输可用卷扬机拉运,绞磨拖运,滚扛运,人力滚运、抬运、滑运等;垂直运输可用卷扬机、起重机、绞磨等方法。安装现场内的搬运,无论用何种机械和方法,均不调整。

③因场地狭小,有障碍物、沟、坑等,而引起设备、材料、机具等增加的搬运、装拆工作,必须另行按实计算。

**2)机具和材料的搬运**

①机具和材料的搬运,机械设备场内水平运输为 100 m;材料、成品、半成品场内水平运输 300 m;垂直吊装±10 m。

②起重机具搬运工作,定额包括:桅杆、人字架、三角架、环链手拉葫芦、滑轮组、钢丝绳、地锚等起重机具及其附件的领用、搬运、搭设、埋设、拆除、退库等工作。

③金属桅杆及人字架等一般起重机具,应计算其摊销费。在批准的施工技术方案基础上,按所安装设备净质量(包括底座、辅机等)的百分比计算;或者按金属桅杆、人字架等一般起重机具钢材总用量的百分比计算;或者按各地安装定额规定的方法计取。

**3)设备基础的清洗与验收**

①设备基础的清洗与验收包括:基础铲麻面、清洗、验收、画线定位。

②设备基础的清洗与验收不包括:基础的铲磨、地脚螺栓孔的修改、基础预压以及在木砖地层上安装设备所增加的费用。

**4)设备的安装**

(1)定额包括的内容

①与设备本身联体的平台、梯子、栏杆、支架、屏盘、电机、安全罩以及设备本体第一个法兰以内的成品管道安装。

②一般垫铁的制作与安装。常用垫铁有斜垫铁、平垫铁及开口垫铁等,它们成对组合使用,开口垫铁与开孔垫铁等配合使用,如图 12.1 所示。

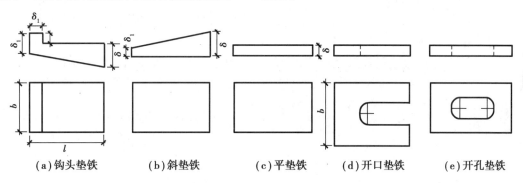

(a)钩头垫铁　　(b)斜垫铁　　(c)平垫铁　　(d)开口垫铁　　(e)开孔垫铁

**图 12.1　设备安装常用垫铁**

(2)定额不包括的内容

①电气系统、仪表系统、通风系统、设备本体第一个法兰以外的管道系统的安装、调试工作,以及不与设备本体联体的附属设备或附件(如平台、梯子、栏杆、支架、容器、屏盘等)的安装、制作、刷漆、防腐、保温等工作。不包括的部分按定额有关册另计算。

②设备、构件、机件、零件、附件、管道及阀门、基础及基础盖板等的修理、修补、修改、检修、加工、制作、煨弯、研磨、防震、防腐、保温、刷漆以及测量、透视、探伤、强度试验等工作,当发生时按实计算。

③专用垫铁、特殊垫铁(钩头垫铁、螺栓调整垫铁、球型垫铁等)的安装和地脚螺栓加工,发生时另行按实计算。

〔注意〕

区别下列内容：

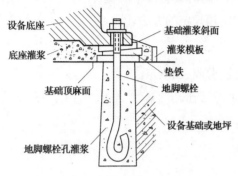

设备底座
底座灌浆
基础顶麻面
地脚螺栓孔灌浆
基础灌浆斜面
灌浆模板
垫铁
地脚螺栓
设备基础或地坪

图 12.2　地脚螺孔及底座灌浆

①特殊技术措施及大型设备安装所需的专用机具等费用,必须另行计算。

②定额中"起重设备安装"及"起重机轨道安装"的脚手架搭拆定额规定了计算方法,其他设备安装均不包括脚手架搭拆。需要搭拆脚手架时,按承发包双方商定的施工方案按实计算,或用《房建定额》进行计算。

③设备安装均不包括地脚螺栓孔灌浆和设备底座与基础间灌浆,如图 12.2 所示。当设计要求灌浆时,按定额相应子目计算灌浆工程量。若用无垫铁坐浆法施工时,只调整灌浆料价差,人工、机械消耗量不变。

### 5)设备调试与试运转

①定额包括:施工及验收规范中规定的设备调整、试验及无负荷试运转,交工验收。

②定额不包括:

a.负荷试运转、联合试运转、生产准备试运转,由业主负责,发生时另行按实计算。

b.设备本体无负荷试运转所用的水、电、气、油料、燃料等费用,按实计取,或按该"台"设备安装费的百分比计取,或者按各地定额规定计取。

〔注意〕

区别下列各项：

①设备的拆装检查(解体拆装)按定额各章的规定进行计算。

②设计变更或超越规范要求所增加的费用,按实计算。

## · *12.1.2　通用机械设备安装工程量计算总要求* ·

机械设备安装以种类、型号、规格不同,按单机质量(t)分挡,以"台"计量。设备质量以铭牌数值为准;无铭牌数值的设备,以机械产品目录、样本或说明书所标注的设备净质量为准。成套设备应以设备本体、联体的平台、梯子、栏杆、支架、屏盘、电机、安全罩和设备本体第一个法兰盘以内的管道等全部质量作为设备安装质量。

# 12.2 通用机械设备安装工程量

## • *12.2.1 切削类设备安装工程量* •

**机械设备安装    切削类设备**

| 项目编码 | 项目名称 | 项目特征 | 计量单位 | 工程量计算规则 |
|---|---|---|---|---|
| 030101002 | 卧式车床 | | | |
| 030101003 | 立式车库 | | | |
| 030101004 | 钻 床 | | | |
| 030101005 | 镗 床 | 名称;型号; | | |
| 030101006 | 磨 床 | 规格;质量; | 台 | 按设计图示数量计算 |
| 030101007 | 铣 床 | 灌浆配合比; | | |
| 030101010 | 刨 床 | 单机试运转要求 | | |
| 030101011 | 插 床 | | | |
| 030101016 | 数控车床 | | | |

【释名】切削类设备:指用切削的方法加工金属工件的设备,也称为金属切削机床。种类繁多,最常用的是车床,它是用刀具加工旋转体表面的一种设备。车床有人工和自动控制两种。如能自动化批量生产的"数控车床",是用数字和字母表达工件形状、尺寸和工艺要求,经过数控装置程序运算,发出指令以控制加工运动的设备。

**█ 清单项目工程内容 █** ①本体安装;②地脚螺栓孔灌浆;③设备底座与基础间灌浆;④单机试运转;⑤补刷(喷)漆。

**█ 定额工程量 █** 以质量不同,按"台"计量。

①切削类设备安装包括:

a.机体安装:底座、立柱、横梁等全套设备部件及润滑装置和润滑管道的安装。

b.清洗、组装并结合精度检查。

②切削类设备安装不包括:

a.设备的润滑、液压系统的管道煨弯及管道附体加工和阀门研磨。

b.润滑、液压管道法兰及阀门连接所用的垫圈(包括紫铜垫)加工。

### · 12.2.2 锻压类设备安装工程量 ·

**机械设备安装　锻压类设备**

| 项目编码 | 项目名称 | 项目特征 | 计量单位 | 工程量计算规则 |
|---|---|---|---|---|
| 030102001 | 机械压力机 | 名称;规格;型号;质量;灌浆配合比;单机试运转要求 | 台 | 按设计图示数量计算 |
| 030102002 | 液压机 | | | |
| 030102003 | 自动锻压机 | | | |
| 030102004 | 锻　锤 | | | |
| 030102005 | 剪切机 | | | |

【释名】锻压类设备:指将加热的金属坯料,用手锤、锻锤或压力机等锤击或加压,使坯料发生塑性变形,成为一定形状和尺寸工件的设备,可用电力、空气、蒸汽、水和油等作为动力。

▍ **清单项目工程内容** ▍ ①本体安装;②随机附件安装;③地脚螺栓孔灌浆;④设备底座与基础间灌浆;⑤单机试运转;⑥补刷(喷)漆。

▍ **定额工程量** ▍ 以质量不同,按"台"计量。

(1)锻压类设备安装包括:

①机械压力机、液压机、水压机拉紧大螺栓及立柱的热装。

②液压机及水压机液压系统钢管的酸洗。

③锻锤砧座周围敷设油毡、沥青、砂子等防腐层以及垫木排找正时表面精修。

(2)锻压类设备安装不包括:

①机械压力机、液压机、水压机拉紧大螺栓及立柱热装时所需的加热材料(如硅碳棒、电阻丝、石棉布、石棉绳等),为加热安装的电源控制闸刀、电线及绝缘材料等。

②除液压机及水压机之外的设备管道酸洗。

③锻锤试运转中,锤头和锤杆的加热以及试冲击所需的枕木。

④设备所需灌注的冷却液、液压油、乳化液等。

⑤锻锤砧坐垫木排的制作、防腐、干燥等。

⑥设备润滑、液压和空气压缩管道系统的管子煨弯、焊接,管路附件加工,阀门研磨。

⑦设备和管路的保温、除锈、刷油漆。

⑧水压机工作缸、高压阀等垫料、填料。

⑨蓄势站安装及水压机与蓄势站的联动试运转。

⑩水压机管道安装中的支架、法兰、紫铜垫圈、密封垫圈等管路附件的制作及管道和焊口的探伤、透视和机械强度试验。

〔注意〕

　　锻压设备安装的脚手架搭拆,应根据工程量大小或批准的施工方案,用《房建定额》计取或按实计算。

## · *12.2.3  铸造类设备安装工程量* ·

**机械设备安装　　铸造类设备**

| 项目编码 | 项目名称 | 项目特征 | 计量单位 | 工程量计算规则 |
|---|---|---|---|---|
| 030103001 | 砂处理设备 | 名称;型号;规格;质量;灌浆配合比;单机试运转要求 | 台 | 按设计图示数量计算 |
| 030103002 | 造型设备 | | | |
| 030103003 | 造芯设备 | | | |
| 030103004 | 落砂设备 | | | |
| 030103005 | 清理设备 | | | |
| 030103006 | 金属型铸造设备 | | | |
| 030103007 | 材料准备设备 | | | |

　　**【释名】**铸造类设备:指将金属熔化后浇注于模具中,形成工件的相应设备。这些设备有造型、制芯、熔化、浇注、落砂、清理和砂处理等设备。其铸造方法有砂型、金属型、压力型、熔模型、离心等铸造,砂型铸造应用最广。

　　■ **清单项目工程内容** ■ ①本体安装、组装;②设备钢梁基础检查、复核调整;③随机附件安装;④设备底座与基础间灌浆;⑤管道酸洗、液压油冲洗;⑥安全防护栏制作安装;⑦轨道安装调整;⑧单机试运转;⑨补刷(喷)漆。

　　■ **定额工程量** ■ 以质量不同,按"台"计量。

　　①铸造类设备安装包括的内容与切削类设备安装相同。

　　②铸造类设备安装不包括:

　　a.铸造设备地轨安装:轨道规格、长度按设计图计算,用定额相应子目。

　　b.垫木排仅包括安装,不包括制作、防腐等工作,用刷油工程定额。

　　c.清理设备,如抛丸清理室的设备基础、电气箱及配管配线,分别用《房建定额》和电气工程定额;配套的除尘器(如旋风除尘器)及与之相连的风管系统、风机等,用通风空调工程定额。

〔注意〕

脚手架搭拆:按施工方案要求,用《房建定额》或按实计算。

## · 12.2.4  起重类设备安装工程量 ·

**机械设备安装    起重类设备**

| 项目编码 | 项目名称 | 项目特征 | 计量单位 | 工程量计算规则 |
|---|---|---|---|---|
| 030104001 | 桥式起重机 | 名称;型号;质量;跨距;起重质量;配线材质、规格、敷设方式;单机试运转要求 | 台 | 按设计图示数量计算 |
| 030104002 | 门式起重机 | | | |
| 030104003 | 梁式起重机 | | | |
| 030104004 | 壁行悬挂式起重机 | | | |
| 030104005 | 悬臂壁式起重机 | | | |
| 030104006 | 悬臂立柱式起重机 | | | |
| 030104007 | 电动葫芦 | | | |
| 030104008 | 单轨小车 | | | |

【释名】起重类设备:俗称吊车,是提升并搬移重物的机械设备,用电力、内燃机及人力驱动,分为桥式、旋转式两大类型。

▌**清单项目工程内容**▌①本体安装;②起重设备电气安装、调试;③单机试运转;④补刷(喷)漆。

▌**定额工程量**▌以起重能力不同,按"台"计量。

(1)起重设备安装包括的内容

①起重设备因工作性质和安全角度要求,单体设备不仅要做空负荷试运转,还要做静负荷、动负荷、超负荷试运转工作,这一点是与其他设备安装的最大不同点。

②解体供货的起重机现场组装。

③端梁必要的铆接工作。

④必要的脚手架搭拆,按定额的规定计算。

(2)起重设备安装不包括的内容

①试运转时所需重物供应以及重物搬运的工程量及费用,按实计算。

②起重设备的电气设备安装、滑触线等安装,用电气工程定额,见本书第3章的叙述。

## · *12.2.5 起重机轨道安装工程量* ·

**机械设备安装　　起重机轨道**

| 项目编码 | 项目名称 | 项目特征 | 计量单位 | 工程量计算规则 |
|---|---|---|---|---|
| 030105001 | 起重机轨道 | 安装部位;固定方式;纵横向孔距;型号;规格;车挡材质 | m | 按设计图示尺寸,以单根轨道长度计算 |

【释名】起重机轨道:由钢轨、轨枕、连接零件等组成,承受起重机传来的荷载并传布于轨枕、行车梁、柱或路基之上的一种结构物。起重机轨道的钢轨用碳素钢或低合金钢制成,型号有 50,43,38 kg/m 型,以及 QU 型(70~120),它们的标准长度为 12.50 m 和 25 m。小重量起重机轨道用工字钢或方条钢等制作安装。

▌**清单项目工程内容**▌①轨道安装;②车挡制作安装。

▌**定额工程量**▌以轨道固定方式、纵横向孔距不同,按"10 m"计量。

(1)起重机轨道安装及车挡制作安装包括的内容

①轨道安装。分为在钢行车梁上与混凝土行车梁上安装,分别使用定额子目。

②车挡制作按"t"计算,安装按"组"(每组 4 个)计算。

(2)起重机轨道安装及车挡制作安装不包括的内容

①吊车梁的检查。单根吊车梁检查:标高、纵向倾斜(水平)度;两根吊车梁检查:相对标高、纵向相对倾斜(水平)度、平行度。上述检查,按实计算。

②轨道枕木干燥、加工、制作、防腐,按实计算。

③"8"字形轨道的加工制作,其轨道立柱、吊架、辅助梁的制作与安装、除锈、刷油,另计算。

④轨道安装脚手架搭拆费,按定额规定计算。

⑤轨道安装操作超高增加费,按定额规定计算。

## · *12.2.6 泵类设备安装工程量* ·

**机械设备安装　　泵类**

| 项目编码 | 项目名称 | 项目特征 | 计量单位 | 工程量计算规则 |
|---|---|---|---|---|
| 030109001 | 离心式泵 | 名称;型号;规格;质量;材质;减震装置形式、数量;灌浆配合比;单机试运转要求 | 台 | 按设计图示数量计算 |
| 030109002 | 漩涡泵 | | | |
| 030109003 | 电动往复泵 | | | |
| 030109007 | 螺杆泵 | | | |
| 030109009 | 真心泵 | | | |
| 030109011 | 潜水泵 | | | |

**【释名】**泵(Pump)：主要用电动机来驱动,用以增加液体压力并使之产生流动的机械。一般输送至位置较高、压力较高或距离较远的地方。其种类很多,按工作原理不同分为往复泵、回转泵、叶片泵和喷射泵等。应用最广的是离心式泵,属于叶片泵类型。

▍**清单项目工程内容** ▍①本体安装;②泵拆装检查;③电动机安装;④二次灌浆;⑤单机试运转;⑥补刷(喷)漆。

▍**定额工程量** ▍以质量不同,按"台"计量。

(1)泵的安装与拆装检查包括的内容

①泵的安装包括:开箱检验、基础处理、设置垫铁、泵体及附件安装、单试车、配合检查验收。

②泵拆装检查包括:设备本体、部件及第一个阀门以内的管道等拆卸、清洗、检查、刮研、换油、找正、组装复原、记录、配合检查验收。

③设备本体与本体相连的附件、管道、滤网、润滑冷却装置的清洗及组装。

(2)泵的安装与拆装检查不包括的内容

①支架、底座、联轴器、键和键槽的加工与制作。

②泵排水管道组对安装。

③电动机的检查、干燥、配线、调试等。

④试运转时所需排水的附加工程(如修筑水沟、接排水管等)按实计算。

# 12.3  通用机械设备安装的相关内容

①通用机械设备安装的电气控制箱、电机检查接线、配管配线等,用电气工程定额。

②通用机械设备第一个阀门以外的给水和冷冻水管、输油管道、输气管道、蒸汽管道、冷凝水管道、循环水等管道安装,用工业管道工程或给排水工程定额。

③设备除锈、刷油、保温防腐,用刷油工程定额。

④设备本身不自带的仪表、传感器、执行器等安装,用自动化仪表工程定额或建筑智能工程定额。

⑤设备基础砌筑、浇筑,用《房建定额》。

其他关系内容,请阅读本书相关章节。

## 复习思考题 12

12.1  机械设备安装工程定额为什么提出"施工现场""安装现场""现场仓库""设备仓库""水平运输""垂直运输""出库搬运""厂内搬运""厂外搬运""场内搬运""场外搬运""指

定堆放点"等概念？这些概念你清楚吗？发包方与承包方在上述概念发生责任时,其产生的费用怎样计算？

12.2　机械设备安装工程定额是以通用单机设备安装为主的,如果安装食品、医药、纺织、电子、汽车等制造联动生产线的设备安装,工程量如何计算？其工程造价怎样编制？

12.3　试列出一台设备从本体安装,到接入电源、水源或气(汽)源等动力后直至试运转全过程安装工程量的计算子目(即立项)。

12.4　机械设备的调整、调试、空负荷试运行、负荷试运行以及试生产运行,发包方、承包方的责任是怎样划分的？工程量该如何计算？

# 13　刷油、防腐蚀、绝热工程

【集解】防腐蚀(Anticorrosion)是防止金属与外界介质相互作用,在表面发生化学或电化学反应所引起的损坏。防护的方法主要有:一是表面覆盖保护层,最简单的是除锈后刷油,或镀,或衬;二是采用抗蚀或耐蚀的合金,如不锈钢;三是电化学防护法,如阴极保护或阳极保护法;四是环境处理法,除去环境中有害成分,在介质中加阻化剂或缓蚀剂,如乌洛托品、亚硝酸二环己胺等。

热损失(热耗散)(Heat Loss):物质系统内的热量转移有热传导、对流和热辐射 3 种方式,一般热力管道在输热运行中热损失在 12%~22%,所以做好绝热和保温对节约能源意义重大。绝热和保温工程,就是利用导热系数小的绝热保温材料来阻止热量转移,防止能量损失。

## 13.1　除锈工程量

【释名】金属除锈工程

为了保护金属管道、设备及结构,首先除去氧化层,再进行保护。金属锈蚀标准分为微锈、轻锈、中锈及重锈。除锈方法有人工(手工)、动力工具、干喷射(喷砂和抛丸)及化学 4 种。

除锈程度根据金属表面预处理质量分为不同的等级。手工及动力工具除锈能力为轻锈、中锈,标准为 St2 和 St3,除锈后金属表面部分有金属光泽;喷射除锈 3 个标准,为 Sa2、Sa2.5 和 Sa3,除锈后金属表面显示均匀的金属光泽;化学除锈等级为 Pi。

### 1)钢管除锈工程量

钢管除锈按管道表面展开面积用下式计算,也可查阅刷油工程定额附录管道刷油量计算表。

$$S = L\pi D$$

式中　　$L$——管道长度;

　　　　$D$——管道内径或外径。

### 2)铸铁管除锈工程量

按下式计算除锈面积:

$$S = L\pi D + 承口展开面积$$

或　　　　$$S = 1.2\,L\pi D$$

3)设备除锈工程量

按设备外表面展开面积计算,见下面"设备刷油工程量"的叙述。

4)金属结构除锈工程量

金属结构一般划分为 3 个类型:一般钢结构、管廊钢结构和大型型钢结构(包括大于 300 mm 以上的型钢)。

①一般钢结构:包括梯子、栏杆、支吊架、平台等。用人工和喷砂除锈时,按质量"100 kg"计量。

②管廊钢结构:在管廊钢结构中除去一般钢结构和大型型钢结构及规格大于 300 mm 以上的各类型钢,余下的钢结构为管廊钢结构。用人工和喷砂除锈时,按"100 kg"计量。

③大型型钢结构:包括各种大型型钢及大于 300 mm 以上各种型钢组成的钢结构。用人工、动力工具和喷砂除锈时,按外表面展开面积计算,按"10 m²"计量。

5)铸铁暖气片除锈工程量

按暖气片散热面积计算除锈工程量,见表 13.1 所示。

表 13.1　铸铁散热片面积

| 铸铁散热片 $S/(m^2 \cdot 片^{-1})$ | | 铸铁散热片 $S/(m^2 \cdot 片^{-1})$ | |
| --- | --- | --- | --- |
| 二柱 813(有足、无足) | 0.24 | 五柱 813(有足、无足) | 0.37 |
| 四柱 813(有足、无足) | 0.28 | M132(584) | 0.24 |

# 13.2　刷油工程量

【释名】刷油工程

油漆(Paint)是金属防腐用得最广的一种涂料,涂于物体表面,经自干或烘干后结成坚韧的保护膜,防止金属氧化腐蚀。油漆品种繁多,主要有天然漆(生漆)和人工漆两大类。施工方法有刷涂、刮涂、浸涂、淋涂和喷涂,最常用的方法是刷涂、喷涂和刮涂。金属一般刷底漆和面漆,其漆的遍数、种类、颜色等根据设计图纸要求施工。

· *13.2.1　管道刷油工程量* ·

1)不保温管道表面刷油工程量

不保温管道刷油,按管道表面积以"m²"计量,与除锈工程量相同。

管道涂刷标志色环等零星刷油量,其定额人工乘以系数 2.0。

2) 管道保温层表面刷油工程量

根据管道保温层厚度形成的表面积计算,如图 13.1 所示,其计算式如下:

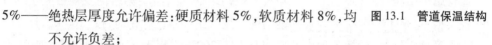

$$S = L\pi(D + 2\delta + 2\delta \times 5\% + 2d_1 + 3d_2)$$

或 $\quad S = L\pi(D + 2.1\delta + 2d_1 + 3d_2)$

式中 $L$——管道长;

$\quad\quad D$——管道外径;

$\quad\quad \delta$——绝热保温层厚度;

$\quad\quad 5\%$——绝热层厚度允许偏差:硬质材料 5%,软质材料 8%,均 不允许负差;

图 13.1 管道保温结构

$\quad\quad d_1$——绑扎绝热层的厚度,金属线网或钢带厚度,取定 16#铅丝 $2d_1 = 0.003\,2$;

$\quad\quad d_2$——防潮层厚度,取定 350 g 油毡纸,$3d_2 = 0.005$。

管道保温层表面积,可查阅刷油工程定额附录资料。保温层表面材料不同,其光洁度也不同,消耗的油漆量也不同,所以用相应的定额子目。

### 13.2.2 设备刷油工程量

1) 设备不保温表面刷油工程量

①平封头设备刷油工程量也是除锈工程量,如图 13.2(a)所示,按下式计算:

$$S_{平} = L\pi D + 2\pi(D/2)^2$$

②圆封头设备刷油工程量也是除锈工程量,如图 13.2(b)所示,按下式计算:

$$S_{圆} = L\pi D + 2\pi(D/2)^2 \times 1.6$$

式中 1.6—— 圆封头展开面积系数。

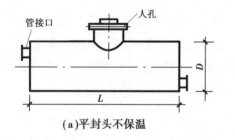
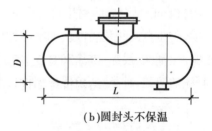

(a)平封头不保温          (b)圆封头不保温

图 13.2 平封头及圆封头不保温表面积

2) 设备保温表面刷油工程量

①平封头设备保温表面刷油工程量,如图 13.3 所示,按下式计算:

$$S_{平} = (L + 2\delta + 2\delta \times 5\%)\pi(D + 2\delta + 2\delta \times 5\%) + 2\pi[(D + 2\delta + 2\delta \times 5\%)/2]^2$$

或 $$S_平 = (L + 2.1\delta)\pi(D + 2.1\delta) + 2\pi[(D + 2.1\delta)/2]^2$$

②圆封头设备保温表面刷油工程量,如图 13.3 所示,按下式计算:

$$S_圆 = (L + 2\delta + 2\delta \times 5\%)\pi(D + 2\delta + 2\delta \times 5\%) + 2\pi[(D + 2\delta + 2\delta \times 5\%)/2]^2 \times 1.6$$

或 $$S_圆 = (L + 2.1\delta)\pi(D + 2.1\delta) + 2\pi[(D + 2.1\delta)/2]^2 \times 1.6$$

或 $$S_圆 = (L + 2.1\delta)\pi(D + 2.1\delta) + 2\pi R(h + \delta + \delta \times 5\%)$$

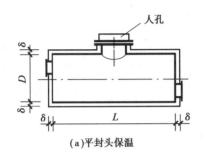
(a)平封头保温

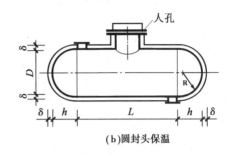
(b)圆封头保温

图 13.3 平封头及圆封头保温结构表面积

③设备人孔及管接口保温表面刷油工程量,如图 13.4 所示,按下式计算:

$$S = (d + 2.1\delta)\pi(h + 1.05\delta)$$

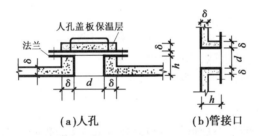

(a)人孔　　　　(b)管接口

图 13.4 人孔及管接口保温结构表面积

## · *13.2.3  金属结构刷油工程量* ·

①一般金属结构刷油,按结构报价工程量,按"100 kg"计量。

②管廊钢结构刷油,按结构报价工程量,按"100 kg"计量。

③大型型钢结构,按结构报价工程量,包括各种大型型钢及大于 300 mm 以上各种型钢组成的钢结构,按"10 m²"计量刷油。

## · *13.2.4  铸铁暖气片刷油工程量* ·

铸铁暖气片刷油量与除锈工程量相同,见表 13.1。

# 13.3 绝热保温工程量

## · 13.3.1 绝热保温结构组成 ·

【释名】绝热与保温工程

绝热(Heat Insulation)与保温(Heat Insulation)是降低能源消耗的一种措施。绝热(保冷)是为了减少冷载体(液氨、液氮、液氯、冷冻盐水、低温水等)的冷效率损失;保温是为了减少热载体(热蒸汽、饱和蒸汽、热水、热烟气等)的热量损失。

保温和绝热结构组成如下:

- 保温结构:防腐层→保温层→保护层→识别层。
- 绝热结构:防腐层→保冷层→防潮层→保护层→识别层。

### 1)防腐层

防腐层是为防止大气、雨水或某些绝热(冷)材料对管道及设备的腐蚀而设置。防腐层的设置方法一般有:

①保温的碳钢管道、设备表面,刷两遍红丹漆或防锈漆。

②保冷的碳钢管道、设备表面,刷两遍沥青漆。

③高温管道和设备表面,刷两遍红丹漆或不刷防腐漆。

### 2)保温和绝热层

保温和绝热层都是用传热系数低的材料制作安装,只是起的作用不同。保温和绝热材料有下列种类:

①纤维类制品:矿棉、岩棉、玻璃棉、超细玻璃棉、泡沫石棉制品、硅酸铝制品等,一般用填充式、喷涂式、胶泥涂抹式等施工。

②泡沫类制品:橡塑管壳制品、橡塑板制品、硬质聚苯乙烯泡沫板等。制品为瓦状、块状预制板,这些制品用胶黏剂粘贴,拼缝用贴缝胶带粘贴而成。

③毡类制品:岩棉毡、矿棉毡、玻璃棉毡制品,一般用包扎式、缠绕式或粘贴式等施工。其中铝箔玻璃棉筒及铝箔玻璃棉毡保温材料,安装极为方便,套在或缠绕在管道及设备上,用胶钉粘上或用铝箔粘合带粘连成整体即成保温层。

④硬质材料类:珍珠岩制品、泡沫玻璃制品、硅酸钙制品等。制品为瓦状、块状预制块,一般用镀锌铅丝、镀锌铅丝网绑扎或胶粘成型,再抹石棉水泥保护壳而成。

根据材料制品的形状不同,其施工安装方法有拼砌式、包扎式、填充式、喷涂式、浇注式及粘贴式等。

### 3)防潮层

当输送冷载体时,管道或设备表面结露,水珠浸入保冷层,使其浸湿降低性能或霉变而损坏,因而要设置防潮层。其施工方法有涂抹法和绑扎法两种,即在保冷层表面涂抹阻燃沥青胶或沥青漆,或绑扎聚乙烯薄膜、玻璃丝布等材料而成。

**4)保护层及识别层**

保护层,是为了防止大气或雨水对保温、保冷、防潮等层的侵蚀或机械碰撞而设置,起延长寿命、增加美观的作用。保护层有两种:金属保护层,如镀锌钢板或铝板扣贴在保温(冷)层或防潮层上;非金属保护层,如复合制品紧贴在保温(冷)层或防潮层上。

识别层:一般在保护层上涂刷色漆,作为对设备或管道输送介质、压力等的标识,也起保护作用。

## · *13.3.2 绝热保温（冷）工程量* ·

**1)管道保温(冷)工程量**

(1)管道保温(冷)工程量

如图 13.5 所示,按"$m^3$"计量。计算时管道长度不扣除法兰、阀门、管件所占长度。按下式计算,也可查阅刷油工程定额附录资料。

$$V_{管} = L\pi(D + \delta + \delta \times 3.3\%) \times (\delta + \delta \times 3.3\%)$$

或　　$$V_{管} = L\pi(D + 1.033\delta) \times 1.033\delta$$

式中　　$D$—— 管道外径;

　　　　$L$—— 管道长度;

　　　　$\delta$—— 保温层厚度;

　　　　3.3%——保温(冷)层偏差。

(2)管道保温瓦块制作工程量

管道保温瓦块制作工作量按下式计算:

$$V_{制} = 瓦块安装工程量 \times 定额消耗量$$

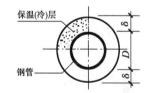

图 13.5　管道保温结构

**2)设备体保温(冷)工程量**

设备体保温(冷)工程量,根据保温材质不同分为加工制作和安装两项计算。

圆形体(立式、卧式)设备保温工程量计算:

①平封头圆筒体(立式、卧式)保温工程量,如图 13.3 所示,其计算式如下:

$$V_{平} = (L + 2\delta + 2\delta \times 3.3\%)\pi(D + \delta + \delta \times 3.3\%)(\delta + \delta \times 3.3\%) + \pi(D / 2)^2(\delta + \delta \times 3.3\%)n$$

即　　$$V_{平} = 筒体保温体积 + 两个平封头保温体积$$

式中　　$n$—— 平封头个数。

②圆封头圆筒体(立式、卧式)保温工程量,如图 13.3 所示,其计算式如下:

$$V_{圆} = L\pi(D + \delta + \delta \times 3.3\%)(\delta + \delta \times 3.3\%) + \pi[(D + \delta + \delta \times 3.3\%)/2]^2 \times 1.6 \times (\delta + \delta \times 3.3\%)n$$

或　　$$V_{圆} = 筒体保温体积 + 2\pi R(h + \delta + \delta \times 3.3\%)(\delta + \delta \times 3.3\%)$$

= 筒体保温体积 + 两个圆封头保温体积

式中　　1.6——封头展开面积系数；

　　　　$n$——封头个数。

③设备的人孔或管接口的保温体积，如图13.4所示，按下式计算：

$$V_孔 = \pi h(d + 1.033\delta) \times 1.033\delta$$

方体设备保温工程量计算，此处不作介绍。

### 3）法兰、阀门保温（冷）工程量

（1）法兰保温工程量

按保温材质不同，用相应子目，如图13.6所示，按下式计算：

$$V_兰 = \pi 1.5D \times 1.05D(\delta + \delta \times 3.3\%)n$$

或 $V_兰 = 1.627\ 4\pi D^2 \delta n$

（2）阀门体保温工程量

如图14.6所示，按下式计算：

$$V_阀 = \pi 2.5D \times 1.05D(\delta + \delta \times 3.3\%)n$$

或　　　　$V_阀 = 2.711\ 6\pi D^2 \delta n$

式中　　$D$——法兰、阀门直径；

　　　　$\delta$——保温层厚度；

　　　　1.5,1.05,2.5——法兰、阀门表面积系数；

　　　　3.3%——绝热层偏差系数；

　　　　$n$——保温法兰及阀门个数。

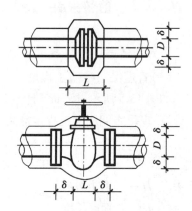

图13.6　法兰保温及阀门保温结构

### 4）保护层制作工程量

保护层工程量以"m²"计量。其计算方法与管道、设备保温后刷油工程量计算方法相同，使用相应定额子目。

### 5）防腐工程量

防腐工程量与刷油工程量相同，只不过设备、管道、支架不是刷普通油漆而是刷防腐涂料，如生漆、聚氨酯漆、环氧和酚醛树脂漆，或聚乙烯漆、无机富锌漆、过氯乙烯漆等。工程量计算与不保温时的设备、管道计算相同。

阀门、法兰防腐工程量，按下式计算：

　　　　阀门　　$S_阀 = \pi D \times 2.5D \times 1.05n$

　　　　法兰　　$S_法 = \pi D \times 1.5D \times 1.05n$

　　　　弯头　　$S_弯 = \pi D \times (1.5D \times 2\pi) / B \times n$

式中　　$D$——管道外径；

　　　　$n$——个数；

　　　　$B$——90°时 $B = 4,45°$ 时 $B = 8$。

混凝土的箱、池、沟、槽防腐面积，按《房建定额》规定方法计算。

# 13.4  通风管道、部件刷油及保温工程量

## · *13.4.1  通风管道除锈、刷油工程量* ·

〔提示〕

计算通风管道除锈、刷油、绝热和保温工程量时,应熟悉通风空调工程定额的说明。

**1)通风管道除锈、刷油工程量**

①通风管道除锈工程量,即风管制作工程量,使用人工除锈定额。

②通风管道刷油工程量,仍用风管制作工程量。按设计要求涂刷漆种和遍数。单面刷漆时,定额消耗量×1.2;内外同时刷时,定额消耗量×1.1。以上计算包括法兰、加固框、吊架、托架、支架。

**2)通风管道部件除锈、刷油工程量**

①部件除锈工程量以"100 kg"计量,使用轻锈子目。

  除锈工程量 = 部件质量 × 1.15

②部件刷油工程量与除锈量相同,使用金属结构刷油子目。

## · *13.4.2  通风管道保温（冷）工程量* ·

**1)通风管道保温（冷）安装方式**

①保温板材绑扎式。

②散材木龙骨胶合板封面式。

③板材木龙骨胶合板封面式。

④聚乙烯泡沫塑料粘卡式。

⑤铝箔玻璃棉筒或棉毡粘(绑)式等。

现今,普遍使用聚乙烯泡沫塑料及铝箔玻璃棉筒或玻璃棉毡作为保温绝热材料。

**2)通风管保温（冷）工程量**

①风管除锈、刷油工程量计算见前述内容。

②风管保温层工程量计算,以保温板材绑扎式为例,如图 13.7 所示。计算式如下:

$$V = 2\delta_1 L(A + B + 2\delta_1)$$

式中  $V$——风管保温(冷)工程量,$m^3$;

$L$——风管长度；

$\delta_1$——保温(冷)层厚度。

③风管保温(冷)层保护壳工程量计算。

a.抹石棉水泥壳时,工程量 $m^2$,计算式如下：

$$F = 2L(A + B + 4\delta_1 + 2\delta_2 + 2\delta_2 \times 3.3\%)$$

石棉水泥损耗取10%。

b.缠玻璃丝布或塑料布时,工程量 $m^2$,计算式如下：

$$F = 2L(A + B + 4\delta_1)$$

缠两层时乘以2,两种布的损耗均为15%。

④保温壳油漆工程量计算。

保温壳油漆工程量计算式如下：

$$F = 2L(A + B + 4\delta_1 + 4\delta_2 + 4\delta_2 \times 3.3\%)$$

高层建筑通风管,多采取聚苯乙烯泡沫板、铝箔玻璃棉毡或橡胶保温板保温,工程量计算方法同上。

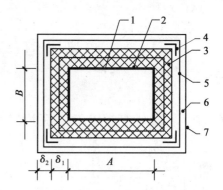

**图 13.7　单风管保温(冷)结构**

1—风管；2—风管防锈漆；3—保温
板材 $\delta_1 = 30 \sim 70$ mm；4—角状铁垫片；
5—铅丝网,用 $d = 1 \sim 2$ mm 铅丝绑扎；
6—保护壳,石棉水泥抹 $\delta_2 = 10 \sim 15$ mm 或
缠玻璃丝布、塑料布；7—保护壳调和漆

# 13.5　刷油、防腐蚀、绝热工程量计算的注意事项

①除锈、刷油、保温及绝热工程施工时,需要搭设喷砂棚、预制棚,或需砌筑酸洗池、蓄水池,或需铺设压空管,空压机、搅拌机的安装以及电气管线等的工程量,按批准的施工组织设计编制的措施项目进行计算和报价。

②保温层厚度 $\delta > 100$ mm,保冷层厚度 $\delta > 75$ mm 时,规范要求分层施工,工程量也分层计算。按分层不同厚度分别使用定额相应子目。

③定额中没有刷第3遍刷油子目,若设计需刷第3遍时,使用第2遍刷油子目。

④关于相关费用的计取,如超高增加费、脚手架搭拆费、安装生产同时进行增加费、有害健康环境施工增加费等,按定额总说明和刷油工程册说明计算。

# 复习思考题 13

13.1　什么是保温？什么是绝热？其结构不同点在哪里？

13.2　当施工图上所要求的油漆涂料和保温材料及衬里材料与定额要求不同时,该怎样使用定额？

13.3　刷油工程定额,其脚手架搭拆费,刷油、防腐工程最低都按人工费的7%计取,而通风空调工程也要刷油,其脚手架搭拆费才按人工费的4%计取,通风空调工程能按人工费的7%计取吗？合理吗？这是为什么？

13.4　试测算一下,定额中刷油每 1 $m^2$ 油漆的消耗量是多少？这个量是怎样得来的？

# 14 建筑安装工程概算

## 14.1 建筑安装工程概算的概念

### 1)建筑安装工程概算

建筑安装工程概算,是在初步设计(或扩大初步设计)阶段,根据建设工程项目情况和市场预测等资料,按照设计图纸、概算定额(或概算指标)、费用定额等编制的,从工程筹建到竣工交付使用全过程应该发生的全部建设费用的技术经济文件。

国家规定,工程初步设计阶段必须编制工程设计总概算,采用三阶段设计时,在技术设计(扩大初步设计)阶段还应编制工程设计修正概算。

设计概算是设计文件的重要组成部分,是控制建设项目总投资的最高限额和主要依据,是拨款、贷款的依据,是安排年度建设计划的依据,是招标编制标底的依据,也是考核设计方案的依据,工程竣工决算的依据。

### 2)建筑安装工程概算分类

(1)按工程特征分

按工程特征可分为建筑工程概算和设备及设备安装工程概算两大类。

①建筑工程概算。建筑工程概算又可分为一般土建工程概算、给排水工程概算、采暖通风工程概算、电气照明工程概算等。

②设备及设备安装工程概算。设备及设备安装工程概算又可分为设备价值费用概算、设备安装(机械设备、电气设备等)工程概算。

(2)按概算编制程序分

按概算编制程序可分为单位工程概算、单项工程综合概算、其他工程和费用概算、总概算。

### 3)建筑安装工程总概算编制的步骤

建筑安装工程概算,首先编制单位工程概算,在此基础上编制单项工程概算及其他工程和费用概算,再在此基础上编制总概算。编制步骤及编制内容如图 14.1 所示。

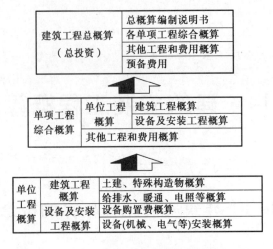

图 14.1 建筑安装工程总概算编制程序及内容

# 14.2 安装单位工程概算书的编制方法

单位工程概算指在初步设计阶段(或扩大初步设计阶段)根据达到设计深度的单位工程设计图纸、概算定额(或概算指标)、有关费用定额和技术资料编制的单位工程建设费用的技术经济文件,也称为单位工程设计概算书。它是编制安装单项工程综合概算的基础。

单位工程概算书的编制方法有概算定额编制法和概算指标编制法两种。

单位工程概算由两部分组成:一部分是土建工程概算部分,另一部分是安装工程概算部分。

### · 14.2.1 安装单位工程概算书的编制方法 ·

建筑安装工程概算土建工程部分,请参阅相关书籍的介绍,本节仅讲述安装单位工程概算的编制方法。

#### 1)根据概算定额编制安装单位工程概算

安装工程全国没有统一概算定额,均由各地区根据国家计委颁发的《电气工程概算定额》《采暖、给排水、燃气工程概算定额》及《通风空调工程概算定额》项目划分和工程量计算规则的规定,编制各地区的概算定额。所以,概算书必须按工程所在地区的概算定额编制,概算定额不能跨地区应用。

概算定额是在预算定额基础之上,以工程主体分部分项为主,进一步综合、扩大、合并相关部分编制而成。故单位安装工程用概算定额为依据编制概算书的方法,与安装单位工程施工图预算书编制方法和步骤基本相同,只是工程量计算规则、相关工程费、子目及综合系数,按当地概算定额规定计算,价差及工程造价计算程序亦按当地规定执行。在编制安装单位工程概算书时,通常不计算措施费、规费、利润、税金及技术经济指标等,而是在编制安装单项工程综合概算或建设项目总概算时,将几个单位安装工程合并后一次性计算,以减少计算工作量。

**2)根据概算指标编制安装单位工程概算**

当初步设计深度不够,图纸或工程数据等资料不齐全时,可利用概算指标编制安装单位工程概算。

概算指标比概算定额更进一步综合、扩大,所以根据概算指标编概算,比根据概算定额编概算更加方便和简单,但准确度较差。

概算指标一般以单位建筑面积直接费表示(元/m²,元/100 m²),或者以单位建筑体积直接费表示(万元/1 000 m³)。概算指标由各地工程造价管理站,随时公布根据本地区具有代表性工程计算的造价指标(数),以指导和控制本地区的工程造价。如果用当时的概算指标来匡算投资极为方便,因时差不大,故调差幅度不大或不考虑调差。

用概算指标编制概算的具体方法是:

①根据图纸计算建筑面积(或体积)。

②将建筑面积(或体积)乘以与设计特征相符的概算指标,汇总后求出安装单位工程概算直接费。

③按计费程序计算费用和概算造价。

④将安装单位工程概算价值除以建筑面积(或体积),得出技术经济指标。

⑤工料分析。

## · 14.2.2　设备购置费及设备安装概算编制方法 ·

设备购置费及设备安装概算,无论是按单位工程编制还是按单项工程编制,其方法均相同。

**1)设备购置费概算**

设备购置费概算,也即是设备概算价值的确定,按下式计算:

$$设备概算价值 = 设备购置费 = \sum (设备原价 + 设备运杂费)$$

(1)设备原价的确定

设备分标准设备和非标准设备。国内标准设备按现行出厂价格计算;非标准设备按制造厂的报价或参照有关类似设备资料进行估算;国外进口设备,按中国进出口公司规定的进口商品价格或国外承制厂订货的价格单确定。

当初步设计列出了设备明细表时,标准设备原价按下式计算:

$$标准设备原价 = 单台设备原价 × 设备台数$$

当初步设计未列出设备明细表时,可由当地主管部门或设计单位或咨询单位,根据设备重量或以设计的生产能力(扩大价格指标,元/t)进行计算,其计算式如下:

$$标准设备原价 = 扩大价格指标 × 设备质量或设计的生产能力$$

非标准设备原价,根据设备类别、性质、质量,按主管部门或地区规定的以及咨询单位提供的设备单位质量估价指标乘以设备质量计算,其表达式如下:

$$非标准设备原价 = 单位质量估价指标 \times 设备质量$$

（2）设备运杂费的确定

设备运杂费，指设备出厂地点或调拨点到达工地仓库所发生的一切费用（如包装费、手续费、运输费、采购费及保管费等）。

由于设备供应渠道、生产厂、运输方式和距离等因素不易分项计算，只能按占设备原价的百分比（运杂费率）来计算，运杂费率由各地有关部门规定或咨询单位提供。其计算式如下：

$$设备运杂费 = 设备原价 \times 运杂费率$$

有的地区规定国内设备运杂费率为6%，偏远地区因交通不便为8%（包括采、保费2%~2.5%）甚至更高。

（3）建设时期设备价差指数

根据物价涨幅由各地造价部门确定或咨询单位提供。

**2）设备安装工程费用概算**

设备安装工程直接费，由人工费、材料费和施工机械使用台班费组成，一般按以下3种方法计算：

①按占设备原价的百分比（设备安装费率）计算：

$$设备安装工程费用 = 设备原价 \times 设备安装费率$$

设备安装费率一般取2%~5%。这种计算方法适用于有明细表的标准设备安装。

②按每吨设备安装费指标计算安装费：每吨设备安装费指标，也称设备安装费概算指标。按下式计算：

$$设备安装工程费用 = 设备安装概算指标 \times 设备总吨数$$

③按每套（组、座）设备安装费指标（概算指标）计算：

$$设备安装工程费用 = \sum 设备安装概算指标（元/套 或元/组、元/座） \times$$
$$设备安装套（组、座）数$$

上述指标由各地主管部门测定公布，或由咨询单位提供。

# 14.3 综合概算书的编制方法

综合概算也称为单项工程概算，它是确定某一单项工程所需全部建设费用的综合性技术经济文件。综合概算是单项工程内各单位工程概算及其他工程和费用概算汇总编制而成。当还要编制总概算时，可不列其他工程和费用两项。

· *14.3.1 综合概算书的内容* ·

**1）编制说明**

编制说明一般包括：编制依据，编制方法，主要材料、设备及用工数量表，有关说明。

### 2)综合概算表

综合概算表是将相关各单位工程概算及其他工程和费用概算等资料汇总后,按统一规定的综合概算表填写编制而成。综合概算表通常包括下列概算费用:

①建筑工程概算费用,包括一般土建工程、给排水工程、采暖通风工程、电气照明等工程概算费用。

②设备及安装工程概算费用。

③其他工程和费用概算(其他工程和费用包括的费用项目,详见14.4节所述)。

④技术经济指标。技术经济指标是综合概算表的一项重要内容,它的意义在于说明该新建工程的单位产品投资额、单位的生产和服务能力以及设计方案的经济合理性。因为该指标具有很大的可比性,因此可与其他建设工程做比较而判断投资效果,对其他建设工程也可以起参考借鉴作用。

· ### 14.3.2 综合概算书编制步骤 ·

①将相关单位工程概算价值,逐一填入综合概算表内。

②计算其他工程和费用,列入综合概算表内(编总概算时,可不列此项)。

③将上述费用相加,求出单项工程综合概算价值。

④按规定计算间接费、计划利润和税金等。

⑤将单项工程综合概算价值与其他间接费、计划利润和税金相加,即为单项工程概算造价。

⑥计算各项技术经济指标。

⑦写编制说明。

## 14.4 其他工程和费用概算的编制方法

· ### 14.4.1 其他工程和费用概算 ·

#### 1)生产准备费

(1)建设用地费

建设用地费工程建设需征用土地,是经过征购、划拨或土地使用权出让等方式,经有关部门批准后,取得土地使用权所支付的土地征购费用,该费用包括土地补偿费、青苗补偿费、农业人口转为非农业人口安置费、新菜地建设基金、超转病残人员安置费等。这项费用,根据初步设计规划的土地面积,按国家、各地规定的费用指标计算。

(2)建设场地障碍物拆迁和处理费

建设规划场地内地上(下)需拆除的房屋、构筑物、树木、坟墓等的拆迁及赔偿费,按各地有关规定费用指标计算。对于动力管线、通信电缆的拆除及迁移,可按有关概算指标或定额计算拆除、迁移费用,并应计算损失赔偿费。

（3）拆迁安置费

工程建设征地范围内的城乡居民住房、单位用房,在搬迁拆除过程中发生的除拆迁赔偿费以外的其他各项开支以及新房屋建设的费用,称为拆迁安置费。此项费用,按各地区规定的房屋拆迁、拆除补助费、补偿费和安置费指标进行计算。

（4）建设场地"五通一平"费

建设场地"五通一平"费是指建设场地竖向土石方平衡、余土外运、修建的临时道路、上下水、供电、通信等费用。按有关工程概算定额编制该项概算费用。

（5）建设单位管理费

建设单位管理费是指建设项目从筹建到正式投产前,筹建单位管理机构的管理费用。这项费用包括:筹建机构人员工资、补贴、辅助工资、差旅费、办公费、职工福利费、水电费以及技术资料费等。该项费用有两种计算方法:

①以投资额为计算基数,根据建设项目投资多少,由主管部门确定计取比例。一般按工程总投资的 1%~2% 计取。

②按筹建机构定员人数和建设期平均开支额计算,其计算方法为:

$$建设单位管理费 = 定员人数 × 建设周期（日） × 平均每人每月开支额（平均工资、补贴、办公费等）$$

（6）生产职工培训费

生产职工培训费是指新建工程所需的工人、技术人员和管理人员,在培训期间所发生的工资补贴、辅助工资、差旅费、福利费、房租水电费、实习费等。该项费用可按主管部门规定的标准计算。

（7）新建单位办公和生活用具购置费

新建工程建成后,组建的新单位为正式生产而必需购置的办公和生活用具等费用,包括办公室、宿舍、食堂、浴室、文化福利教育设施必须的用具和生活家具购置费用。

该项费用按新单位设计定员及工程所在地区规定的费用指标计算。计算方法为:

$$新建单位办公和生活用具购置费 = 定员人数 × 生活用品购置费 +$$
$$需办公用具的人员数 × 办公用具购置费$$

（8）联合试车费

工程全部竣工后移交生产前,整个生产系统设备进行联合试运转所发生的费用,称为联合试车费。由于生产工艺和设计要求不同,该项费用差异较大,按各地规定的标准计算,如有的按建安投资的 0.25% 计算。

（9）工具器具及生产用具购置费

工具器具及生产用具购置费用是指新建设项目开工生产时,各车间、实验室、控制中心等,必须配备的第一套工具、器具、用具和家具的购置费用。

此项费用一般按全部设备总值（包括运杂费）的百分数计取,或按每个生产工人规定指标乘以工人总数计算。扩建工程一般不列此项费用,由生产费用开支。

（10）交通工具购置费

新建工程的新建单位为工程建设生产、生活配备的车辆、船只等交通运输工具购置费，按设计提出的数量，或经主管部门批准的计划数量，根据现行市场价格加运杂费计算该项购置费。

（11）勘察设计费

勘察设计费是指委托勘察设计单位对工程进行勘察和设计所支付的费用，或自行组织勘察与设计所发生的费用。此项费用按国家颁发的工程勘察和设计取费标准进行计算。

（12）研究试验费

为建设项目提供或验证设计资料进行研究和试验所需费用，称为研究试验费。按建设单位提出的研究试验内容和要求具体计算。

（13）工程招标管理费

工程招标管理费是指组织工程招标、开标、评标、决标所发生的费用，以及未中标企业投标书编制补偿等费用。此费用一般为工程造价的 0.3%～0.5%，或中标价的 1%。

（14）招标标底编制费，合同预算审查费

标底编制费一般为中标标价的 0.1%～0.2%，合同预算审查费为审查造价的 0.05%。

（15）工程质量监督费和施工监理费

建设单位委托政府质量监督部门，对工程质量进行监督和对竣工工程进行质量验收所支付的费用。质量监督费一般为工程造价的 0.5%，住房和城乡建设部规定为建安工程量的 0.3%。对于施工监理费，住房和城乡建设部规定，按工程概算造价的多少分档次，在 0.6%～2.5% 计取。

（16）工程总承包费

工程总承包公司对工程从勘察设计、设备询价及订货、材料采购、工程施工、项目管理，直至到交付使用全过程的总承包，承包后再分包给施工单位，这一系列管理工作所需支付的费用称为工程总承包费。此项费用，按工程总造价（概算）的 1%～3% 计算。

（17）工程施工执照费

建设单位向工程所在地主管部门申请施工执照的费用，称为工程施工执照费。此项费用一般按工程总概算的 0.1%～0.3% 计算。

（18）建设场地竣工清理费

工程竣工移交后，清理施工现场的建筑垃圾并外运所支付的费用，称为建设场地竣工清理费。一般按所清理的场地面积计算。

（19）竣工图测试、绘制费

重点建设项目和具有代表性的项目，完工及绘制竣工图，交城市建设档案馆存档等工作所需支付的费用，此项费用一般占建筑安装工程设计费的 6%～10%。

### 2）市政基础设施建设费

在建设项目筹建中，除需上述费用外，筹建机构还直接向有关部门支付市政基础设施建设费，其费用有：

（1）"四源"建设费

"四源"建设费是指自来水厂、煤气厂、供热厂及污水处理厂的建设费用。"四源"建设费，按住宅建设项目和非住宅建设项目分类计取。住宅建设项目缴纳标准以各地规定为准。

上述"四源"建设费,自来水厂和污水处理厂建设费必须缴纳。其余两项,使用哪一项缴哪一项建设费,不用则不缴。

(2)市政给排水支管线分摊费

建设项目所在地区尚无市政支线或支线需改建,需集资建设的费用,称为市政给排水支管线分摊费。此项可作为总概算中独立费用。该费用按城区、郊区分类,按总概算的0.8%~1.6%计算。

(3)电贴费

电贴费指受电电压用户承担35 kV以下10 kV以上电压等级的外部供电工程的建设费用。电贴费按用户用电电压和接装容量缴纳费用。

(4)厂区、场地绿化费

新建单位为了保护环境,按设计要求,工程在交工前,于厂区种植树苗、花草、铺草皮等所需的人工、材料和机械使用费等。此费用按绿化面积,以主管部门规定的费用指标计算。

上述其他工程和费用已列23种,费类繁多,很难确算,根据项目特点和投资地区环境情况:一是按当地主管部门规定;二是借鉴同类工程经验;三是询问有关咨询单位;四是实际调查测算。

## · 14.4.2 预备费 ·

预备费是设计、施工中难以预料的工程费用,有以下几项费用:

(1)不可预见费

在设计、施工中难以避免的变更、洽商投资等产生的费用,一般采取包干系数的办法。民用建筑为概算的3%,工业建筑为4%~5%。实际应考虑在6%~8%为宜。

(2)编制概算或标底时,定额材料价格与市场的价差

此项价差若用预调系数,不足以弥补,应按下式计算:

$$材料价差 = 某主材计算总量 \times (某主材市场价格 - 定额价格)$$

(3)建设期材料、设备等价格的预调系数

国家计委规定国家重点工程的预调系数为年6%,有的专业部规定预调系数为年7%~8%。或按当地计委、造价部门公布的系数,或编制单位测算的系数计取。用预调系数调整价差,按下式计算:

$$主材预调价差 = 工程概算造价 \times 材料差价预调系数$$

## · 14.4.3 固定资产投资方向调节税 ·

该项费用概算按下式计算:

$$固定资产投资方向调节税 = (建筑安装工程费 + 其他费用 + 预备费) \times$$
$$投资方向调节税率$$

调节税不作为其他任何取费基数,单独列项。调节税率按规定税目表查阅税率进行计

算。例如,城乡个人住宅调节税率为0%;一般民用住宅(包括商品住宅)为5%;公费建设超标准独门独院、别墅式住宅为30%。

### • *14.4.4　建设期贷款利息* •

贷款利息按下式计算:

$$贷款利息 = (建筑安装工程费 + 其他费用 + 预备费 + 固定资产投资方向调节税) \times 贷款利率$$

利息不作为其他任何取费基数,单独列项。

建设工程贷款,长期贷款年息为12%~13%;短期贷款年息为15%~16%,可达18%~20%,其利率按中国人民银行规定计取。

# 14.5　总概算书的编制方法

总概算书是确定某一建设项目从筹建到竣工投产全部建成的建设总费用的文件,它是根据各个单项工程综合概算及其他工程和费用概算汇总编制而成的。

### • *14.5.1　总概算书的组成* •

总概算书一般包括:总概算编制说明、总概算表,并附列综合概算表、单位工程概算表、其他工程和费用概算表等。

**1) 总概算编制说明**

总概算编制说明一般包括下述内容:

①工程概况。工程概况说明工程名称、建设地址、建设规模、用途、设计生产能力、公用工程及厂外工程的主要情况等。

②编制依据。编制依据说明编制概算所依据的技术经济文件、各类定额以及费用指标等。

③投资分析。投资分析主要说明各项工程和费用占投资总额的比例以及与类似工程相比较的情况,并分析该工程投资高低原因,评估该工程设计是否经济合理、技术是否先进等。

④主要设备和材料情况。主要设备和材料情况说明主要设备选型、造价情况及主要设备、"三材"、特殊材料、高级装饰材料的数量和解决的途径等。

⑤其他有关说明的问题。说明工程存在的特殊问题,以及需要上级主管部门帮助解决的有关问题。

**2) 总概算表**

总概算表主要由两部分组成:第一部分是工程费用项目,第二部分是其他工程和费用项目。第一部分和第二部分费用合计后才列不可预见费项目和回收金额项目。

（1）第一部分工程费用项目

第一部分工程费用项目原则上是依据各单项工程的不同用途划分项目,以工业建筑为例,划分如下:

①主要生产项目:是指根据建设项目的性质和设计要求,建成后能独立发挥效益的单项工程,如铸造车间、装配车间、锻造车间、金加工车间等。

②辅助生产项目:是指为主要生产设备的维修和为生产服务而建设的单项工程,如机修车间、电修车间、木工车间、化验室等。

③公用设施项目:是指为主要生产项目和辅助生产项目服务配套的有关供电及电信工程、给排水工程、总图运输工程等。

• 给排水工程:全厂各类泵房、水塔、水池、污水处理及外管线工程等。

• 供电及电信工程:全厂变电配电所、广播站、电话系统、输电线和外线等。

• 供暖、煤气工程:全厂锅炉房、供热站及其外线工程等。

• 总图运输工程:全厂码头、铁路专用线、站台、厂区公路及道路、运输车辆、围墙及大门等。

• 厂外工程:厂外取水、输水管道、厂外供电线路等。

④生活福利、文化教育及服务性项目:主要是指为生产与生活服务的工程项目。这类项目有住宅、办公楼、食堂、浴室、卫生所、托儿所、学校、职工俱乐部、厂办公室、消防车库及汽车库等。

（2）第二部分费用项目

第二部分费用项目主要指其他工程和费用,其包括内容见14.4节所述。

第一、第二部分费用合计后,列"不可预见工程费用"项目。在总表末尾,还要列出"回收金额"项目。

民用工程项目总概算表的费用项目与工业工程项目的费用项目基本相同,只不过民用建设没有生产部分。因此,民用工程项目比工业工程项目所列费用项目更为简单。

## • 14.5.2 总概算表的编制方法 •

总概算表采用国家统一规定的表格格式,编制方法如下:

（1）汇总综合概算

在编制各单位工程概算的基础上,采用综合概算表的格式,汇总成单项工程综合概算。

（2）汇总总概算的第一部分费用

将各单项工程综合概算,按总概算的表格形式作各费用项目的分类,汇总为总概算表的第一部分费用。

（3）汇总总概算的第二部分费用

将该工程建设所发生的其他工程和费用,按本地区规定计算后,汇总为总概算的第二部分费用。

（4）计算不可预见费

不可预见费按下式计算：

$$不可预见费 =（第一部分费用 + 第二部分费用）× 规定费率$$

（5）计算回收金额

回收金额是指在施工过程中或在工程竣工后所获得的各种收入。如在建设期间使用的临时房屋、运输工具等，在工程竣工后回收的折旧费以及联动试车的副产品等。回收金额的计算方法，按各地主管部门规定或咨询单位以及贷款银行确定的方法进行计算。

（6）计算总概算造价

建设项目总概算造价，按下式计算：

$$总概算造价 =（第一部分费用 + 第二部分费用）×（1 + 不可预见费率）- 回收金额$$

（7）计算技术经济指标

单项工程的指标按综合概算所列的技术经济指标填写；整个建设项目的技术经济指标，应选择建设项目中最有代表性、最能说明投资效果的指标填列。一般工业建设工程以单位产品投资多少元为计量单位填列；民用建设中的住宅，按建筑面积每平方米多少元投资填列；医院以每个床位、影剧院以每个席位投资多少元填列。

（8）投资分析

编制总概算时，应对投资进行分析，在总概算表中，一般列"占投资额百分比"一栏，按各项工程费用占总投资的百分比进行分析。

# 复习思考题 14

14.1　什么是设计概算？概算就是"概略"的计算或"大概"的计算吗？

14.2　设计分哪些阶段？它该编制哪些概算？

14.3　国际上建设项目在可行性研究时就编制费用估算，它与我国的工程概算是否相同？有哪些差异？有哪些估算方法？我国能用吗？

# 15  工程结算与竣工决算

## 15.1  工程竣工(完工)结算

工程结算,指工程项目施工完工后,承包方按照工程合同及主管部门的有关规定,向业主办理工程价款、物资器材、劳务运输及经济款项等往来财务账目结清的工作,统称为工程结算。这里主要指工程备料款、工程进度款即工程价款的结算,以及每年年终时的工程年终结算和工程完工后的完工结算(习惯称竣工结算)。

### 1)工程价款结算

建安产品具有单件生产性且生产周期很长,造价款额巨大的特点,建安产品不可能马上交货,而且业主也不可能马上交出巨额款项,而是采用特殊形式拨付工程款。施工生产前,业主按合同规定,先预付一定数额的款给承包方作为流动资金,称预付款,此款作为材料、构件、零配件、部件的采购储备和未完工程的流动资金,所以也称工程备料款。开工生产后因工程产品庞大不可能短期内完成,工程价款额也巨大,业主也不可能一次付清,所以采用完成多少工程付给多少价款的原则,这种付款方式称为结算。结算形式有多种,一般采用每个月按工程完成量拨付(结算)一次工程价款,这种在工程施工中结算的形式,称为中间结算。也因为是按工程完成量的多少来拨付的款,所以也称工程进度款。当工程完成到一定程度时,工程进度款须抵还工程预付(备料)款。待工程完工后,结清工程进度款和工程施工中所发生的各种费用,称为竣工(完工)结算。下面就工程备料款和工程进度款的拨付与结算叙述如下:

(1)工程备料款的拨付与收取

国家规定备料款可达工程总造价的35%,但全部周转资金不得超过当年建安工作量的25%,一般按工程承包合同规定的比例,在经办银行开户拨付与收取。备料款达到审定造价的60%时,应陆续抵冲工程款,保持尾款3%~5%,待工程完工验收后结算时拨付。工程备料款的多少,取决于材料、构件、零配件占工程承包合同造价的比重、储备期限和施工工期而定,可按下式计算:

$$工程预付款额 = \frac{年度计划完成合同价款额 \times 主要材料比重}{年施工日历天数} \times 材料储备天数$$

工程预付(备料)款通常以占工程承包合同造价的百分数进行计取,一般情况下按工程承包合同造价的20%左右计取。工程预付款是合同的主要条款之一。

（2）工程备料款的扣还

备料款是按承包工程所需储备的材料量来计算的。当工程完成到一定程度时,材料储备量随之减少,这时备料款应当陆续扣还,在工程完工前必须扣完。备料款的扣还,以未完工程所需主材、构件等的价值与备料款相等时为起扣点。可按下式计算：

$$备料款起扣点（已完工程占总工程量的百分数） = 1 - \frac{预收备料款额}{主材费率}$$

式中　　预收备料款 = （工程承包合同造价 - 已完工程价款）× 主材费率

$$主材费率 = \frac{主要材料费}{工程承包合同造价}$$

通常合同条款中规定为已完工程进度达70%左右,开始扣还备料款。

（3）工程进度款的结算（拨付）

工程进度款的结算分两种情况：一是未达到抵扣预付款时的进度款拨付,二是该扣预付款时的进度款拨付。下面分别叙述：

①不扣预付款时,可按下式计算：

$$应收（付）工程进度款 = \sum 本期已完工程量 × 定额预算单价 + 应收取的其他费用$$

②该扣预付款时,按下式计算：

$$应收（付）工程进度款 = \left[ \sum 本期已完工程量 × 定额预算单价 + 应收取的其他费用 \right] × （1 - 主材费率）$$

③工程价款结算按国家规定,其结算方式有以下4种：

第1种：每月定期结算,即每月末按已完工程进度结算一次,工程完工后办理竣工（完工）结算。其形式有：可以旬末预支、月终结算、竣（完）工后一次结算；也可以月中预支、月终结算、竣（完）工后一次结算。跨年度工程按年终盘点工程完成情况,办理年终结算。

第2种：分段结算,竣（完）工后一次结算。具体方法是：将工程按形象进度划分为不同阶段,承包方在月末按已完工程月报,编制已完工程结算账单经业主代表或监理签字,待每段工程完后转经办银行拨付,与预支账单价款相抵,多者补,少者扣。

第3种：一次结算（略）。

第4种：其他形式结算（略）。

2）年终结算

跨年度工程,业主要核算当年投资使用情况,以备明年未完工程贷款数额、资金筹措及编制年度投资计划等,必须办理年终结算；承包方为了核算企业本年度经营效益及成本考核,也必须结清当年工程价款,以便制订明年经营或施工财务计划。年终结算的方法是：业主代表和承包方有关人员在年终时共同盘点已完和未完工程,按预算造价编制方法计算出已完和未完工程造价,并按此做年终结算。

3）完工结算

完工结算,习惯称竣工结算。承包方待单位工程完工后,经交工验收合格,即可与业主办理完工结算,结清财务手续。

完工结算,是按承包合同规定的承包价或双方审定的施工图预算作为结算依据,将施工过程中发生的工程变更签证、有关经济签证以及该计算的价差调整等产生的费用,做增减调整、结清工程价款财务手续的工作。

工程结算书的形式、组成内容、编制方法均与施工图预算书或清单报价书相同。所不同的是,施工图预算是预先计算的工程造价,工程结算是实际施工后发生的工程造价。

# 15.2 工程竣工决算

工程竣工决算,对承包商而言是单位工程完工后企业内部的工程成本决算,主要是做预算成本与实际成本的核算对比工作,以总结经验教训,提高企业经营管理水平;对业主而言,是建设项目竣工后对工程的全面总结,作为投资效果全面分析的依据,所以工程竣工决算应称为建设项目竣工决算。

### 1)建设项目竣工决算

国家规定:"所有竣工验收的建设项目或单项工程在办理验收手续之前,应认真清理所有财产和物资,编好工程竣工决算,分析预(概)算执行情况,考核投资效果,报上级主管部门审查。"

竣工决算书是以实物数量和货币为计量单位,综合反映竣工验收的建设项目或单项工程的实际造价和投资效益的总结性文件。它是建设项目竣工验收报告的重要组成部分,是单项工程验收和全部验收的依据之一,是建设项目的财务总结,是投资银行对建设项目进行财务监督的依据。只有编好项目的竣工决算,才能了解概、预算实际执行情况,才能正确核定新增固定资产的价值,通过决算与预算的差距对比,才能发现投资使用中的问题,总结节流、节支的经验,作为建设工作借鉴。

### 2)编制竣工决算的要求

①做好竣工验收工作,这是决算的前提。

②做好各项账务、物资、债权、债务的清理工作,要求工完场清、账清。

③编好竣工年度财务决算,是决算的基础。

### 3)建设项目决算书的组成内容

(1)竣工工程概况表

竣工工程概况表包括竣工项目名称、地址,初步设计和概算的批准机关,实际占地面积;开、竣工日期,完成的主要工程量(实物量),建设成本,主材消耗情况,技术经济指标和必要的文字说明。

(2)竣工工程财务决算表

竣工工程财务决算表反映竣工项目全部投资来源及其运用情况。

(3)建设项目交付使用财产总表和交付使用财产明细表

这是决算书的重要内容,它反映出交付投产使用的新增固定资产和流动资产的全部情况,是建设单位向生产单位交接财产的主要依据。

(4)应收、应付款明细表

(5)建设项目竣工决算书文字说明

文字说明部分,主要是对竣工决算报告表进行分析和补充说明。其主要内容有:工程概况,设计勘察概况,设计概算、施工图预算,建设计划的执行情况,各项技术经济指标的完成情况,建设投资使用情况,建设成本和投资效益,结余材料和设备的处理意见,收尾工程的处理意见,工程质量评定和建设经验总结,存在的主要问题和解决的措施等。

竣工决算书由(业主)建设单位汇总编制,报主管部门审查,同时抄送有关部门和送开户投资银行签证认可。

# 复习思考题 15

15.1 什么是竣(完)工结算?什么是竣工决算?它们对投资者和承包者的意义是什么?

15.2 "一五"时期的 1953 年我国就形成了工程造价体系,用"五算一数"(投资控制数、设计概算、施工图预算、施工预算、竣(完)工结算、竣工决算)来控制各阶段的工程造价,以达到控制总投资的目的。但个别出现"概算概不住预算,预算控制不住决算"的局面。选一个工程实际进行调研或借鉴国外经验,从多角度试分析原因何在?

# 16 教学楼电气照明工程工程量清单及定额计量与计价编制实例

## 16.1 教学楼电气照明工程工程量清单及计价

### · 16.1.1 教学楼电气照明工程工程量清单 ·

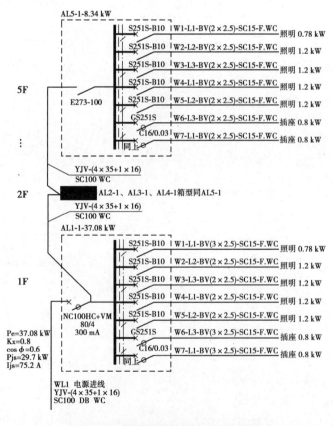

图 16.1 教学楼电气照明工程系统图

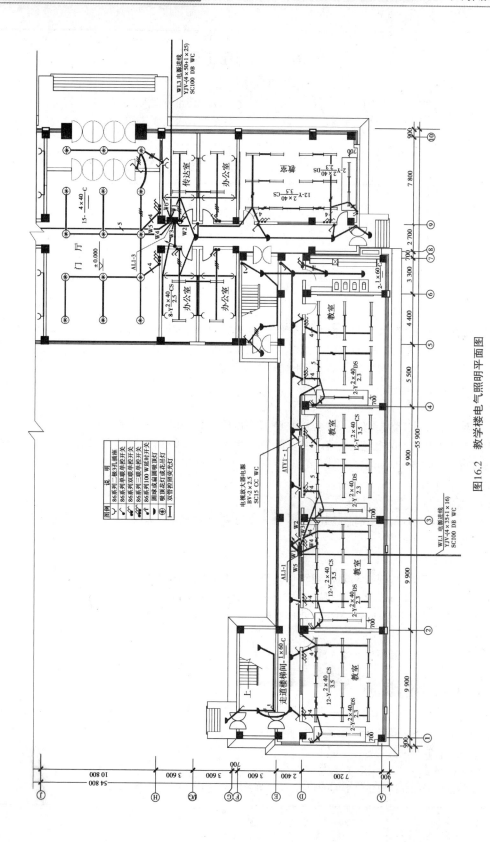

图16.2 教学楼电气照明平面图

## 教学楼电气照明工程
## 工程量清单

招标人:×××　　　　　　　　　　工程造价咨询人:×××

法定代表人或其授权人:×××　　　　法定代表人或其授权人:×××

编制人:×××　　　　　　　　　　复核人:×××

编制时间: 年 月 日　　　　　　　复核时间: 年 月 日

封-1

## 总说明

工程名称:教学楼电气照明工程　　　标段:　　　　　　　第1页 共1页

1　工程批准文号(略)

2　工程特征

2.1　主体结构

教学楼总建筑面积 8 522 m²,平面为 Ⅱ 字形,分为 3 段,每段之间设有沉降缝。室外与室内±0.000 相差 0.90 m。地上共 5 层,第一层设置门厅、传达室、办公室和教室;第二、第三和第四层为教室、实验室及实验仪器室;第五层为教室。主体为钢筋混凝土框架结构,现浇楼板,层高 3.5 m,加气混凝土填充墙,聚乙烯板节能保温墙面。

2.2　供电电源

从学校配电房用三路电缆供电,供电制式 TN-C-S,电压 380/220 V。第一路电源 WL1 与第二路电源 WL2 用 YJV-(4×35+1×16)电缆进线,第三路电源 WL3 用 YJV-(4×50+1×25)电缆进线,均穿 DN100 钢管进户,保护管室外埋深 0.9 m,室内埋墙至第五层,室外部分用电缆沟敷设。电缆在进户处均做重接地,接地电阻不大于 10 Ω。

2.3　线路设置

照明和插座线路均用塑料铜芯线 BV-0.5 kV2.5 穿钢管 DN15 暗敷。水平部分埋设于现浇楼板内,垂直部分暗敷于墙体内。

2.4　设备安装

照明配电箱 XRM5-9,规格 800 mm×750 mm×125 mm 暗装,底边距地 1.8 m;电视放大器箱 ATV1-1,规格300 mm×250 mm×125 mm 暗装,距楼板底 0.5 m;照明开关、插座86 系列暗装,照明开关距地 1.4 m,插座距地 0.3 m。教室照明用单杆吊式荧光灯 JDD-2 型 2×40 W,杆长 1.2 m;黑板专用弯脖斜照式荧光灯 2×40 W,杆长 0.8 m,距楼板底 1 m;门厅吸顶式花灯 φ1 000,垂吊长度 800 mm;走道、楼梯间扁圆吸顶灯 φ450;洗手间、侧道雨篷扁圆吸顶灯 φ300。

3　报价要求

3.1　工程招标范围及标段

本标段为 WL1 电路所控制的①—⑩轴线内 1~5 层房间、走道、楼梯间等的电气照明线路,以及 WL3 电路控制的轴线Ⓐ—Ⓙ之内第一层房间,由 W1、W2、W3、W4 四个回路控制的照明和插座电气线路的报价。W5 回路属另一标段。

3.2　报价要求

由投标方按国家和当地主管部门的现行规定、规范、标准和定额等自主报价。

表-01

## 分部分项工程量清单表

工程名称:教学楼电气照明工程　　　　　标段:　　　　　　　第1页 共1页

| 序号 | 项目编号 | 项目名称 | 项目特征及工作内容 | 计量单位 | 工程数量 |
|---|---|---|---|---|---|
| | | | **D.4　控制设备及低压电器安装** | | |
| 1 | 030404017001 | 配电箱 | WL1 总配电箱 XRM5-9/37.08 kW,800×750×125,暗装 | 台 | 1.00 |
| 2 | 030404017002 | 配电箱 | WL1 层配电箱 XRM5-9/8.34 kW,800×750×125,暗装 | 台 | 4.00 |
| 3 | 030404017003 | 配电箱 | WL3 总配电箱 XRM5-9/45.18 kW,800×750×125,暗装 | 台 | 1.00 |
| 4 | 030404034001 | 照明开关 | 大板翘板单联单控开关 86 型,250 V 4 A,不带调整板,暗装 | 个 | 59.00 |
| 5 | 030404034002 | 照明开关 | 大板翘板双联单控开关 86 型,250 V 4 A,不带调整板,暗装 | 个 | 30.00 |
| 6 | 030404034003 | 照明开关 | 大板翘板三联单控开关 86 型,250 V 4 A,不带调整板,暗装 | 个 | 46.00 |
| 7 | 030404034004 | 照明开关 | 大板翘板两路单控开关 86 型,250 V 4 A,不带调整板,暗装 | 个 | 2.00 |
| 8 | 030404034005 | 照明开关 | 大板翘板单联单控延时开关 86 型,250 V 100 W,不带调整板,暗装 | 个 | 10.00 |
| 9 | 030404035001 | 插座 | 两极三孔多功能插座 86 型,250 V 15 A,不带调整板,暗装 | 个 | 16.00 |
| | | | **D.8　电缆安装** | | |
| 10 | 030408001001 | 电力电缆 | WL1 进户交联聚乙烯电力电缆,穿管敷设,YJV-0.6/1kV-(4×35+1×16) | m | 39.50 |
| 11 | 030408002002 | 电力电缆 | WL3 进户交联聚乙烯电力电缆,穿管敷设,YJV-0.6/1kV-(4×50+1×25) | m | 15.80 |
| 12 | 030408003001 | 电缆保护管 | 钢管 DN100,暗敷 | m | 38.00 |
| 13 | 030408006001 | 电力电缆头 | 交联聚乙烯电力电缆 35 mm² 4 芯干包式终端头 | 个 | 9.00 |
| 14 | 030408006002 | 电力电缆头 | 交联聚乙烯电力电缆 50 mm² 4 芯干包式终端头 | 个 | 1.00 |
| | | | **D.9　防雷及接地装置** | | |
| 15 | 030409001001 | 接地极制安装 | 镀锌角钢∠50×5,长度 2.5 m 打入砂黏土 | 根 | 4.00 |
| 16 | 030409002001 | 接地母线 | ▬ 25×4 镀锌扁钢,WL1,WL3 配电箱接出 | m | 45.60 |
| | | | **D.11　配管配线** | | |
| 17 | 030411001001 | 配管 | SC 钢管 DN15,墙内、混凝土楼板内暗敷 | m | 1 880.00 |
| 18 | 030411004001 | 配线 | 穿照明及插座线,BV-0.5 kV,2.5 | m | 4 500.00 |
| 19 | 030411006001 | 接线盒 | 接线盒、开关盒、插座盒,塑料86型,暗装 | 个 | 420.00 |

续表

| 序号 | 项目编号 | 项目名称 | 项目特征及工作内容 | 计量单位 | 工程数量 |
|---|---|---|---|---|---|
| | | | **D.12　照明灯具安装** | | |
| 20 | 030412001001 | 普通灯 | 具扁圆吸顶灯 60 W $\phi$450 | 套 | 48.00 |
| 21 | 030412001002 | 普通灯 | 具扁圆吸顶灯 50W $\phi$300 | 套 | 33.00 |
| 22 | 030412004001 | 装饰灯 | 串珠圆形吸顶式艺术装饰灯 $\phi$1 000,垂吊长度800 mm,8×50 W | 套 | 15.00 |
| 23 | 030412005001 | 荧光灯 | 单杆吊式带罩双管荧光灯 2×40 W | 套 | 260.00 |
| 24 | 030412005002 | 荧光灯 | 黑板专用斜照式荧光灯 2×40 W | 套 | 42.00 |
| | | | **D.14　电气调整试验** | | |
| 25 | 030414011001 | 接地装置调试 | 每组2根接地极 | 组 | 2.00 |

表-8

## 措施项目清单与计价表(一)

工程名称:教学楼电气照明工程　　　　标段:　　　　　　　　第1页 共1页

| 序号 | 项目编码 | 项目名称 | 项目特征描述 | 计量单位 | 金额/元 | | |
|---|---|---|---|---|---|---|---|
| | | | | | 工程量 | 综合单价 | 合　价 |
| 1 | 031301017001 | 脚手架搭拆 | 按定额规定计取 | 项 | 1.00 | | |
| 2 | | | | | | | |
| 3 | | | | | | | |
| 本页小计 | | | | | | | |
| 合　计 | | | | | | | |

表-10

## 安全文明施工及其他措施项目清单与计价表(二)

工程名称:教学楼电气照明工程　　　　标段:　　　　　　　　第1页 共1页

| 序　号 | 项目编码 | 项目名称 | 计算基础 | 费率/% | 金额/元 |
|---|---|---|---|---|---|
| 1 | 031302001 | 安全文明施工费 | 人工费 | 7.00 | |
| 2 | 031302002 | 夜间施工费 | 人工费 | 8.33 | |
| 3 | 031302004 | 二次搬运费 | 人工费 | 3.00 | |
| 4 | 031302005 | 冬雨季施工费 | 人工费 | 1.00 | |
| 5 | 031301018 | 已完工程及设备保护费 | 人工费 | 4.00 | |
| 合　计 | | | | | |

表-11

## 其他项目清单与计价汇总表

工程名称:教学楼电气照明工程　　　　　标段:　　　　　　　　　　第 1 页 共 1 页

| 序　号 | 项目名称 | 计量单位 | 金额/元 | 备　注 |
|---|---|---|---|---|
| 1 | 暂列金额 | 项 | 10 000.00 | 明细见表-12-1 |
| 2 | 暂估价 | — | — | |
| 2.1 | 材料暂估价 | 项 | | 明细见表-12-2 |
| 2.2 | 专业工程暂估价 | — | — | |
| 3 | 计日工 | 项 | | 明细见表-12-4 |
| 4 | 总承包服务费 | — | — | |
| 合　计 | | | | |

表-12

## 暂列金额明细表

工程名称:教学楼电气照明工程　　　　　标段:　　　　　　　　　　第 1 页 共 1 页

| 序　号 | 项目名称 | 计量单位 | 暂定金额/元 | 备　注 |
|---|---|---|---|---|
| 1 | 政策性调整和材料价格风险 | 项 | 7 500.00 | |
| 2 | 其他 | 项 | 2 500.00 | |
| 合　计 | | | 10 000.00 | |

表-12-1

## 材料及设备暂估单价表

工程名称:教学楼电气照明工程　　　　　标段:　　　　　　　　　　第 1 页 共 1 页

| 序　号 | 材料、设备、规格、名称 | 计量单位 | 单价/元 | 备　注 |
|---|---|---|---|---|
| 1 | 照明配电箱 XRM5-9/37.08 kW | 台 | 513.00 | 共计 1 台 |
| 2 | 照明配电箱 XRM5-9/8.34 kW | 台 | 437.00 | 共计 4 台 |
| 3 | 照明配电箱 XRM5-9/45.18 kW | 台 | 646.00 | 共计 1 台 |
| 4 | 其他 | — | — | — |
| 合　计 | | | | |

表-12-2

## 计日工表

工程名称:教学楼电气照明工程　　　　　　标段:　　　　　　　　　　第 1 页 共 1 页

| 序　号 | 项目名称 | 单位 | 暂定数量 | 综合单价/元 | 合价/元 |
|---|---|---|---|---|---|
| 一 | 人工 | | | | |
| 1 | 高级技工 | 工时 | 10.00 | 57.43 | 574.30 |
| 2 | 技工 | 工时 | 12.00 | 53.16 | 637.92 |
| | 人工小计 | | | | |
| 二 | 材料 | | | | |
| 1 | 电焊条 结 422 | kg | 3.00 | 6.13 | 18.39 |
| 2 | 型材 | kg | 25.00 | 51.12 | 1 278.00 |
| | 材料小计 | | | | |
| 三 | 施工机械 | | | | |
| 1 | 交流电焊机 1 kV·A | 台班 | 2.00 | 4.09 | 8.18 |
| 2 | | | | | |
| | 机械小计 | | | | |
| | 总　　计 | | | | 2 516.79 |

表-12-4

## 规费、税金项目清单与计价表

工程名称:教学楼电气照明工程　　　　　　标段:　　　　　　　　　　第 1 页 共 1 页

| 序　号 | 项目名称 | 计算基础 | 费率/% | 金额/元 |
|---|---|---|---|---|
| 1 | 规费 | 1.1+1.2+1.3 | 25.83 | |
| 1.1 | 工程排污费 | 人工费 | | |
| 1.2 | 社会保险费 | 人工费 | | |
| (1) | 养老保险费 | 人工费 | | |
| (2) | 失业保险费 | 人工费 | | |
| (3) | 医疗保险费 | 人工费 | | |
| (4) | 生育保险费 | 人工费 | | |
| (5) | 工伤保险费 | 人工费 | | |
| 1.3 | 住房公积金 | 人工费 | | |
| 2 | 增值税 | 分部分项工程费+措施项目费+其他项目费+规费 | 11.00 | |
| | 合　　计 | | | |

表-13

# 工程量计算表

工程名称:教学楼电气照明工程　　　　　标段:　　　　　　　　　　第 1 页 共 4 页

| 序号 | 分部分项工程名称 | 计算式及说明 | 单位 | 数量 |
|---|---|---|---|---|
| 1 | WL1 电源进户电缆 | 从电缆保护管外口起计算,室外电缆及电缆沟另立项计算 | | |
| | 电缆保护管 $DN100$ | 进户并至第 5 层配电箱,$1.2+(0.9+0.24+7.2+0.24)+0.9+0.9+(4×3.5-4×0.8+1.8)$ | m | 24.18 |
| | 交联聚乙烯电力电缆 | YJV-4×35+1×16,$(24.18)$+预留 $9×(0.8+0.75)=38.58×(1+2.5\%)$ | m | 39.54 |
| | 电缆头制作安装 | WL1 电源干包式 35 mm$^2$ 4 芯电缆终端头 | 个 | 9.00 |
| 2 | WL1 电源 配电箱 | | | |
| | | WL1 电源总配电箱 XRM5-9/37.08 kW | 台 | 1.00 |
| | | WL1 电源 2~5 层配电箱 XRM5-9/8.34 kW | | 4.00 |
| 3 | WL1 电源进户重复接地 | 室外接地母线暂按 10 m 计算,接地极按 2 根计算,待电阻测试后确定 | | |
| | | 接地母线敷设 镀锌 ▬ 25×4 扁钢 $10+0.9+7.2+0.9+0.9+1.8+0.8$ | m | 22.50 |
| | | 接地极 镀锌角钢 ∠50×5 长度 2.5 m | 根 | 2.00 |
| | | 接地装置调试 接地极 6 根以内 | 组 | 1.00 |
| 4 | WL1 电源 W1 回路 | Ⓓ—Ⓔ走道、Ⓔ—Ⓕ楼梯间、⑥—⑦洗手间 | | |
| | SC 钢管 $DN15$ 暗敷 | $(3.5-0.8-1.8)+(4×9.9+3.3/2-2.4+2.4/2×10)+(7.2/4×3+7.2/4)+[(2.4+3.6)+(3.3+4.4)+2.4/2+3.6/2×4]+[(2.4/2+3.6)+(9.9-2.4+3.6/2×2)]+[(3.5-1.4)×14]+ATV1-1(0.5)=(0.9)+(50.85)+(7.2)+[22.1]+[15.9]+[29.4]+0.5$ | m | 126.85 |
| | 穿照明线 BV-2.5 | $(126.85)×2+(7.2×4)+(3.6/2)+(3.6/2)$+预留 $(0.8+0.75)×2+(0.3+0.25)×2$ | m | 290.80 |
| | 灯头盒、接线盒 86 型 开关盒 86 暗型 | 走道、洗手间、楼梯间,灯头盒 17、接线盒 20 | 个 | 37.00 |
| | | 单联 | | 13.00 |
| | | 双联开关盒 | | 1.00 |
| | 照明开关面板 86 型 | 大板翘板单联单控开关 86 型,250 V 4 A | 个 | 11.00 |
| | | 大板翘板双联单控开关 86 型,250 V 4 A | | 1.00 |
| | | 大板翘板单联单控延时开关 86 型,250 V 100 W | | 2.00 |
| | 照明灯具 | 走道,扁圆吸顶灯 60 W $\phi450$ | 套 | 9.00 |
| | | 洗手间、楼梯间,Ⓒ轴线雨篷,扁圆吸顶灯 50 W $\phi300$　6+2 | | 8.00 |

# 工程量计算表

| 序号 | 分部分项工程名称 | 计算式及说明 | 单位 | 数量 |
|---|---|---|---|---|
| 5 | WL1 电源 W2 回路 | ④—⑥教室照明 | | |
| | SC 钢管 DN15 暗敷 | 走道(3.5−1.8)+(9.9/4+9.9+9.9/4)+室内(7+7.2/3×2+2×7.2/6×5+6×2)+(3.5−1.4)×3(1.7)+(14.85)+室内(35.8)+(6.3) | m | 58.65 |
| | 穿照明线 BV-2.5 | (58.65×2)+(3.5−1.4)×5+(7.2/6×5+7.2/6×2×2)+预留(0.8+0.75)×2 =(117.3)+(10.5)+(10.8)+(3.2) | m | 141.80 |
| | 灯头盒、接线盒 86 型 开关盒 86 型 | 灯头盒 14,接线盒 4 双联 1 三联 2 | 个 | 18.00 1.00 2.00 |
| | 照明开关面板 86 型 | 大板翘板双联单控开关 86 型,250 V 4 A 大板翘板三联单控开关 86 型,250 V 4 A | 个 | 1.00 2.00 |
| | 照明灯具 | 单杆吊式带罩双管荧光灯 2×40 W,12 套 黑板专用斜照式荧光灯 2×40 W,2 套 | 套 | 12.00 2.00 |
| 6 | WL1 电源 W3 回路 | ③—④教室照明 | | |
| | SC 钢管 DN15 暗敷 | 走道(3.5−1.8+9.9/4)+室内(同 W2 回路 42.1)=(4.18)+42.1 | m | 46.28 |
| | 穿照明线 BV-2.5 | (46.28×2)+室内(同 W2 回路 24.5) | m | 117.06 |
| | 灯头盒、开关盒 86 型 | 数量同 W2 回路 | | |
| | 照明开关面板 86 型 | 数量同 W2 回路 | | |
| | 照明灯具 | 数量同 W2 回路 | | |
| 7 | WL1 电源 W4 回路 | ②—③教室照明 | | |
| | SC 钢管 DN15 暗敷 | 走道(3.5−1.8)+室内(同 W2 回路 42.1) | m | 43.80 |
| | 穿照明线 BV-2.5 | (43.8×2)+室内(同 W2 回路 24.5) | m | 112.10 |
| | 灯头盒、开关盒 86 型 | 数量同 W2 回路 | | |
| | 照明开关面板 86 型 | 数量同 W2 回路 | | |
| | 照明灯具 | 数量同 W2 回路 | | |
| 8 | WL1 电源 W5 回路 | ①—②教室照明 | | |
| | SC 钢管 DN15 暗敷 | 走道(3.5−1.8+9.9/4×3)+室内(同 W2 回路 42.1) | m | 49.53 |
| | 穿照明线 BV-2.5 | (49.53×2)+室内(同 W2 回路 24.5) | m | 123.55 |
| | 灯头盒、开关盒 86 型 | 数量同 W2 回路 | | |
| | 照明开关面板 86 型 | 数量同 W2 回路 | | |
| | 照明灯具 | 数量同 W2 回路 | | |

# 工程量计算表

工程名称:教学楼电气照明工程　　　　　标段:　　　　　　　　　　第 3 页 共 4 页

| 序号 | 分部分项工程名称 | 计算式及说明 | 单位 | 数　量 |
|---|---|---|---|---|
| 9 | WL3 电源进户电缆 | 从电缆保护管外口起计算,室外电缆及电缆沟另立项计算 | | |
| | 电缆保护管 DN100 | 至第 1 层总箱,1.2+(0.9+0.24+7.8+0.24)+0.9+0.9+(3.5-1.8) | m | 13.88 |
| | 交联聚乙烯电力电缆 | 至第 1 层总箱,(13.88)+进箱留(0.8+0.75)=15.43×(1+2.5%) YJV-0.6/1 kV(4×50+1×25) | m | 15.82 |
| | 电缆头制作安装 | WL3 电源干包式 50 mm² 4 芯电缆终端头 | 个 | 1.00 |
| 10 | WL3 电源 配电箱 | 总配电箱 XRM5-9/45.18 kW | 台 | 1.00 |
| 11 | WL3 电源重复接地 | 接地母线室外暂定 10 m,接地极 2 根,待接地电阻测试后再调整 | | |
| | 接地母线敷设 | ━ 25×4 镀锌扁钢 10+0.9+7.8+0.9+0.9+1.8+0.8 | m | 23.10 |
| | 接地极 | 镀锌角钢∠50×5 长度 2.5 m | 根 | 2.00 |
| | 接地装置调试 | 接地极 6 根以内 | 组 | 1.00 |
| 12 | WL3 电源 W1 回路 | ⓒ—ⓗ传达室、办公室,⑧—⑨走道 | | |
| | SC 钢管 DN15 暗敷 | (3.5-1.8)+[(3.6/4+7.8/4×3×2+3.6/2×2)+(3.5-1.4)×2]×2+走道(2.7+9.9+3.6×2)+(3.5-1.4)×4 | m | 70.70 |
| | 穿照明线 BV-2.5 | (70.7)×2+7.8/4×4+(3.5-1.4)×4+预留(0.8+0.75)×2 | m | 160.80 |
| | 灯头盒、接线盒 86 暗型 开关盒 86 暗型 | 灯头盒 12、接线盒 4<br>单联 4<br>双联 4 | 个 | 16.00<br>4.00<br>4.00 |
| | 照明开关面板 86 型 | 大板翘板单联单控开关 86 型,250 V 4 A<br>大板翘板双联单控开关 86 型,250 V 4 A | 个 | 4.00<br>4.00 |
| | 照明灯具 | 扁圆吸顶灯 60 W φ450<br>扁圆吸顶灯 50 W φ300<br>单杆吊式带罩双管荧光灯 2×40 W | 套 | 3.00<br>1.00<br>8.00 |
| 13 | WL3 电源 W2 回路 | ⓐ—ⓕ/⑨—⑩教室照明 | | |
| | SC 钢管 DN15 暗敷 | 走道(3.5-1.8)+(3.6/4×3+3.6)+室内(同 WL1W2 回路 42.1) | m | 50.10 |
| | 穿照明线 BV-2.5 | (50.1)×2+室内(同 WL1W2 回路 24.5) | m | 124.70 |
| | 灯头盒、接线盒 86 型 开关盒 86 型 | 灯头盒 14,接线盒 4<br>双联 1<br>三联 | 个 | 218.00<br>1.00<br>2.00 |

# 工程量计算表

| 序号 | 分部分项工程名称 | 计算式及说明 | 单位 | 数 量 |
|---|---|---|---|---|
| 14 | 照明开关面板86型 | 大板翘板双联单控开关86型,250 V 4 A<br>大板翘板三联单控开关86型,250 V 4 A | 个 | 1.00<br>2.00 |
| | 照明灯具 | 单杆吊式带罩双管荧光灯 2×40 W,12套<br>黑板专用斜照式荧光灯 2×40 W,2套 | 套 | 12.00<br>2.00 |
| | WL3 电源 W3 回路 | ⑤—⑦办公室插座回路,埋地敷设 | | |
| | SC 钢管 DN15 暗敷 | (1.8+0.2)+2.7+(4.4+3.3+0.7)/4×3+(4.4+3.3+0.7)/2×2+3.6×2+(0.2+0.3)×8 | m | 30.60 |
| | 穿插座线 BV-2.5 | (30.6)×2+预留(0.8+0.75)×2 | m | 64.40 |
| | 接线盒86型<br>插座盒86型 | 接线盒<br>单插座盒 | 个 | 4.00<br>8.00 |
| | 插座 | 两极三孔多功能插座 260 V 15 A | 个 | 8.00 |
| 15 | WL3 电源 W4 回路 | 门厅艺术灯回路 | | |
| | SC 钢管 DN15 暗敷 | (3.5-1.8)+10.8/6×5×3+10.8/6+(4.4+3.3+0.7)/2×8+5/2+(3.5-1.4)×4 | m | 75.00 |
| | 穿照明线 BV-2.5 | (75)×2+10.8/6×(4+1)+5/2+预留(0.8+0.75)×2 | m | 164.70 |
| | 灯头盒86型<br>开关盒86型 | 灯头盒15<br>单联<br>三联 | 个 | 15.00<br>2.00<br>2.00 |
| | 照明开关面板86型 | 大板翘板两路单控开关86型,250 V 4 A<br>大板翘板三联单控开关86型,250 V 4 A | 个 | 2.00<br>2.00 |
| | 照明灯具 | 串珠圆形吸顶式艺术装饰灯 φ1 000,垂吊长度800 mm 8×50 W | 套 | 15.00 |
| 16 | WL3 电源 W5 回路 | 属另一标段,不计算 | | |
| 17 | WL3 电源 W6 回路 | 传达室、办公室插座回路 | | |
| | SC 钢管 DN15 暗敷 | (1.8+0.2)+(4.4+3.3+0.7)/4×3+(4.4+3.3+0.7)/2×2+3.6×2+(0.2+0.3)×8 | m | 27.90 |
| | 穿插座线 BV-2.5 | (27.9)×2+预留(0.8+0.75)×2 | m | 59.00 |
| | 接线盒、插座盒86型 | 同 W3 回路 | 个 | 4及8 |
| | 插座 | 同 W3 回路 | 个 | 8.00 |

# 工程量汇总表

工程名称:教学楼电气照明工程　　　　　　标段:　　　　　　　　　　第1页 共1页

| 序号 | 分部分项工程名称 | 规格型号 | 单位 | 数 量 |
|---|---|---|---|---|
| 1 | 照明配电箱安装 | WL1 电源总配电箱 XRM5-9/37.08 kW,800×750×125,嵌墙式 | 台 | 1.00 |
| | | WL1 电源 2~5 层配电箱 XRM5-9/8.34 kW,尺寸及安装同总箱 | 台 | 4.00 |
| | | WL3 电源总配电箱 XRM5-9/45.18 kW,800×750×125,嵌墙式 | 台 | 1.00 |
| 2 | WL3 电源重复接地 | 接地母线敷设 ▬ 25×4 镀锌扁钢 | m | 45.60 |
| | | 接地极敷设 镀锌角钢 ∠50×5 长度 2.5 m | 根 | 4.00 |
| | | 接地装置调试 接地极 6 根以内 | 组 | 2.00 |
| 3 | 电缆保护管敷设 | 钢管 DN100 | m | 38.00 |
| 4 | 交联聚乙烯电力电缆穿管敷设 | YJV-0.6/1 kV(4×35+1×16) | m | 39.54 |
| | | YJV-4×-0.6/1 kV(50+1×25) | m | 15.82 |
| 5 | 电缆头制作安装 | 干包式 35 mm² 4 芯电缆终端头 | 个 | 9.00 |
| | | 干包式 50 mm² 4 芯电缆终端头 | 个 | 1.00 |
| 6 | 线管暗敷 | SC 钢管 DN15 | m | 1 880.00 |
| 7 | 穿照明及插座线 | BV-0.5 kV 2.5 | m | 4 500.00 |
| 8 | 照明灯具 | 扁圆吸顶灯 60 W φ450 | 套 | 48.00 |
| | | 扁圆吸顶灯 50 W φ300 | 套 | 33.00 |
| | | 单杆吊式带罩双管荧光灯 2×40 W | 套 | 260.00 |
| | | 黑板专用斜照式荧光灯 2×40 W | 套 | 42.00 |
| | | 串珠圆形吸顶式艺术装饰灯 φ1 000,垂吊长度 800 mm 8×50 W | 套 | 15.00 |
| 9 | 照明开关面板 86 型 | 大板翘板单联单开关 86 型,250 V 4 A | 套 | 59.00 |
| | | 大板翘板双联单控开关 86 型,250 V 4 A | 套 | 30.00 |
| | | 大板翘板三联单控开关 86 型,250 V 4 A | 套 | 46.00 |
| | | 大板翘板两路单控开关 86 型,250 V 4 A | 套 | 2.00 |
| | | 大板翘板单联单控延时开关 86 型,250 V 100 W | 套 | 10.00 |
| 10 | 插座 | 86 型两极三孔多功能插座,260 V 15 A | 个 | 16.00 |
| 11 | 灯头盒、接线盒、开关盒、插座盒 86 型 | 单联 | 个 | 347.00 |
| | | 双联 | 个 | 29.00 |
| | | 三联 | 个 | 44.00 |

## · 16.1.2 教学楼电气照明工程工程量清单计价 ·

**投标总价**

招标人:××房地产开发公司

工程名称:教学楼电气照明工程

投标总价(小写):249 133.34 元

　　　　(大写):贰拾肆万玖仟壹佰叁拾叁元叁角肆分整

投标人:××建设工程公司　　(单位盖章)

法定代表人或其授权人:×××(签字或盖章)

编制人:×××(造价人员签字盖专用章)

编制时间:××××年××月××日

封-3

## 总说明

工程名称:教学楼电气照明工程　　　　　标段:　　　　　　　　第1页 共1页

1　编制依据

1.1　××招标人提供的"江2010电施0012"施工图、《教学楼电气照明工程投标邀请书》、投标须知、《教学楼电气照明工程招标答疑》等一系列文件。

1.2　按招标人要求,以及主管部门对招投标、工程计价的现行有关规定进行报价,材料单价按市建设工程造价管理站××××年第×期发布的材料价格为准,缺单价的材料向市场询价。

2　报价需要说明的问题

2.1　该工程施工无特殊要求,故采用一般施工方法,其施工措施费仅为安全文明施工费7%,已完工程及设备保护费4%,脚手架搭拆费4%。本标段电缆沟及电缆保护管沟的土方开挖按实计算,其费用在计日工费用中支出。

2.2　本公司预测市场近期材料价格波动不大,故在建设工程造价管理站××××年第×期发布的材料价格基础上下浮2%。

3　费用计取

3.1　综合本公司经济现状及竞争能力,企业管理费按调整后的费率69.64%报价,利润按42.73%报价。

3.2　规定费用:工程排污费、社会保险费(养老保险费、失业保险费、医药保险费、生育保险费、工伤保险费)以及住房公积金,费率共计25.83%,增值税按11%计取。

3.3　未计价材料暂估单价见"材料及设备暂估无税单价表"。

4　其他各项(略)

表-01

## 工程项目投标报价汇总表

工程名称:教学楼电气照明工程　　　　标段:　　　　　　　　　第1页 共1页

| 序　号 | 单项工程名称 | 金额/元 | 其　中 | | |
| --- | --- | --- | --- | --- | --- |
| | | | 暂估价/元 | 安全文明<br>施工费/元 | 规费/元 |
| 1 | 教学楼电气照明工程 | 249 133.34 | — | 4 759.73 | 17 563.40 |
| 2 | — | — | — | — | — |
| | | | | | |
| | 合　计 | 249 133.34 | | 4 759.73 | 17 563.40 |

表-02

## 单项工程投标报价汇总表

工程名称:教学楼电气照明工程　　　　标段:　　　　　　　　　第1页 共1页

| 序　号 | 单项工程名称 | 金额/元 | 其　中 | | |
| --- | --- | --- | --- | --- | --- |
| | | | 暂估价/元 | 安全文明<br>施工费/元 | 规费/元 |
| 1 | 教学楼电气照明工程 | 249 133.34 | — | 4 759.73 | 17 563.40 |
| 2 | — | — | — | — | — |
| | | | | | |
| | 合　计 | 249 133.34 | | 4 759.73 | 17 563.40 |

表-03

## 单位工程投标报价汇总表

工程名称:教学楼电气照明工程　　　　标段:　　　　　　　　　第1页 共1页

| 序　号 | 内　容 | 计算方法 | 金额/元 |
| --- | --- | --- | --- |
| 1 | 分部分项工程 | 1+1.2+1.3+1.4+1.5+1.6 | 183 773.58 |
| 1.1 | D.4 控制设备及低压电器安装 | 人+材+机+企业管理费+利润 | 5 992.50 |
| 1.2 | D.8 电缆安装 | 同上 | 7 831.24 |
| 1.3 | D.9 防雷及接地装置 | 同上 | 1 317.71 |
| 1.4 | D.11 配管、配线 | 同上 | 47 193.40 |
| 1.5 | D.12 照明灯具安装 | 同上 | 120 805.32 |
| 1.6 | D.14 电气调整试验 | 同上 | 633.14 |
| 2 | 措施项目 | 表-10、表-11 | 10 590.68 |
| 2.1 | 其中:安全文明施工费 | | 4 759.73 |
| 3 | 其他项目 | 表-12 | 12 516.79 |

续表

| 序号 | 内容 | 计算方法 | 金额/元 |
|---|---|---|---|
| 3.1 | 暂列金额 | | 10 000.00 |
| 3.2 | 计日工 | | 2 516.79 |
| 3.3 | 总承包服务费 | — | |
| 4 | 规费 | 表-13 | 17 563.40 |
| 5 | 税金 | 表-13 | 24 688.89 |
| 投标报价合计 = 1+2+3+4+5 | | | 249 133.34 |

表-04

## 分部分项工程量清单计价表

工程名称:教学楼电气照明工程　　　　标段:　　　　　　　第1页 共1页

| 序号 | 项目编码 | 项目名称 | 项目特征及工作内容 | 计量单位 | 工程量 | 综合单价 | 合价 | 其中:暂估价 |
|---|---|---|---|---|---|---|---|---|
| | | | D.4 控制设备及低压电器安装 | | | | | |
| 1 | 030404017001 | 配电箱 | XRM5-9/37.08 kW 嵌入式 | 台 | 1.00 | 746.10 | 746.10 | 513.00 |
| 2 | 030404017002 | 配电箱 | XRM5-9/8.34 kW 嵌入式 | 台 | 4.00 | 491.91 | 1 967.64 | 437.00 |
| 3 | 030404017003 | 配电箱 | XRM5-9/45.18 kW 嵌入式 | 台 | 1.00 | 700.91 | 700.91 | 646.00 |
| 4 | 030404034001 | 照明开关 | 大板翘板单联单控86型,250 V 4 A | 个 | 59.00 | 14.49 | 854.91 | |
| 5 | 030404034002 | 照明开关 | 大板翘板双联单控86型,250 V 4 A | 个 | 30.00 | 16.26 | 487.80 | |
| 6 | 030404034003 | 照明开关 | 大板翘板三联单控86型,250 V 4 A | 个 | 46.00 | 18.53 | 852.38 | |
| 7 | 030404034004 | 照明开关 | 大板翘板两路单控86型,250 V 4 A | 个 | 2.00 | 12.78 | 25.56 | |
| 8 | 030404034005 | 照明开关 | 大板翘板单联楼梯延时86型,100 W | 个 | 10.00 | 12.92 | 129.20 | |
| 9 | 030404035001 | 插座 | 两极三孔多功能86型,260 V 15 A,暗装 | 个 | 16.00 | 14.25 | 228.00 | |
| 合　计 | | | | | | | 5 992.50 | |

| 序号 | 项目编码 | 项目名称 | 项目特征及工作内容 | 计量单位 | 金额/元 | | | |
|---|---|---|---|---|---|---|---|---|
| | | | | | 工程量 | 综合单价 | 合价 | 其中:暂估价 |
| D.8 电缆安装 | | | | | | | | |
| 10 | 030408001001 | 电力电缆 | WL1 进户交联聚乙烯电力电缆 YJV-0.6 kV-(4×35+1×16)穿管 | m | 39.50 | 77.47 | 3 060.07 | |
| 11 | 030408002002 | 电力电缆 | WL3 进户交联聚乙烯电力电缆 YJV-0.6 kV-(4×50+1×25)穿管 | m | 15.80 | 93.65 | 1 479.67 | |
| 12 | 030408003001 | 电缆保护管 | 钢管 DN100 暗敷 | m | 38.00 | 45.66 | 1 735.08 | |
| 13 | 030408006001 | 电力电缆头 | 35 mm² 4 芯户内干包式电缆终端头 | 个 | 9.00 | 138.11 | 1 242.99 | |
| 14 | 030408006002 | 电力电缆头 | 50 mm² 4 芯户内干包式电缆终端头 | 个 | 1.00 | 313.43 | 313.43 | |
| 合 计 | | | | | | | 7 831.24 | |
| D.9 防雷及接地装置 | | | | | | | | |
| 15 | 030409001001 | 接地极制安 | 镀锌∠50×5 长 2.5 m 打入砂黏土 | 根 | 4.00 | 46.48 | 185.92 | |
| 16 | 030409002001 | 接地母线 | 镀锌 ▬ 25×4 从 WL1、WL3 接出 | m | 45.60 | 24.82 | 1 131.79 | |
| 合 计 | | | | | | | 1 317.71 | |
| D.11 配管配线 | | | | | | | | |
| 17 | 030411001001 | 配管 | 钢管 DN15 暗敷 | m | 1 880.00 | 15.74 | 29 591.20 | |
| 18 | 030411004001 | 配线 | 穿照明及插座线 BV-0.5 kV 2.5 | m | 4 500.00 | 3.15 | 14 175.00 | |
| 19 | 030411006001 | 接线盒 | 接线、开关、插座盒 86 型,暗装 | 个 | 420.00 | 8.16 | 3 427.20 | |
| 合 计 | | | | | | | 47 193.40 | |
| D.12 照明灯具安装 | | | | | | | | |
| 20 | 030412001001 | 普通灯 | 扁圆吸顶灯 50 W φ300 | 套 | 33.00 | 207.58 | 6 850.14 | |
| 21 | 030412001002 | 普通灯 | 扁圆吸顶灯 60 W φ450 | 套 | 48.00 | 289.76 | 13 908.48 | |
| 22 | 030412004001 | 装饰灯 | 串珠圆形吸顶灯 φ1 000 垂吊长度 800 mm 8×50 W | 套 | 15.00 | 998.12 | 14 971.80 | |

续表

| 序号 | 项目编码 | 项目名称 | 项目特征及工作内容 | 计量单位 | 工程量 | 综合单价 | 合价 | 其中:暂估价 |
|------|----------|----------|---------------------|----------|--------|----------|------|-------------|
| 23 | 030412005001 | 荧光灯 | 单杆吊式带罩双管荧光灯 2×40 W | 套 | 260.00 | 284.46 | 73 959.60 | |
| 24 | 030412005002 | 荧光灯 | 黑板专用斜照式荧光灯 2×40 W | 套 | 42.00 | 264.65 | 11 115.30 | |
| | | | 合　计 | | | | 120 805.32 | |
| | | | D.14 电气调整试验 | | | | | |
| 25 | 030414011001 | 接地装置调试 | 每组 2 根接地极 | 组 | 2.00 | 316.57 | 633.14 | |
| | | | 合　计 | | | | 633.14 | |
| | | | 总　计 | | | | 183 773.58 | |

表-08

进行综合单价分析汇总后,电气照明分部分项工程量清单工程费为 183 773.58 元。其中,人工费为 67 996.12 元。

综合单价分析表的编制,仅选择 WL1 总配电箱、进户电缆 YJV-0.6 kV 4×35+1×16 穿管敷设、户内电缆干包终端头制作安装、线管 DN15 敷设、导线 BV-2.5 敷设、单杆吊式带罩双管荧光灯安装、大板翘板单联单控开关安装、室外接地母线敷设及接地装置调试 9 项为例,列于下:

### 工程量清单综合单价分析表

工程名称:教学楼　电气照明工程　　　　　　　标段:　　　　　　　　　　　第 1 页　共 9 页

| 项目编码 | 030404017001 | 项目名称 | 照明配电箱 XRM5-9/37.08 kW 嵌墙式 | | | 计量单位 | | 台 |
|----------|--------------|----------|-----------------------------------|---|---|----------|---|----|

<table>
<thead>
<tr><th colspan="10">综合单价组成明细</th></tr>
<tr><th rowspan="2">定额编号</th><th rowspan="2">定额名称</th><th rowspan="2">定额单位</th><th rowspan="2">工程数量</th><th colspan="4">单价/元</th><th colspan="4" style="display:none"></th></tr>
<tr><th>人工费</th><th>材料费</th><th>机械费</th><th>管理费和利润</th><th>人工费</th><th>材料费</th><th>机械费</th><th>管理费和利润</th></tr>
</thead>
<tbody>
<tr><td>4-2-78</td><td>嵌墙式照明总配电箱半周长 2.5 m 内</td><td>台</td><td>1.00</td><td>84.38</td><td>64.07</td><td>12.08</td><td>72.57</td><td>84.38</td><td>64.07</td><td>12.08</td><td>72.57</td></tr>
</tbody>
</table>

| 人工单价 | | 小　计 | 84.38+64.07+12.08+72.57 |
|----------|---|--------|--------------------------|
| | | | 233.10 |
| 53 元/工日 | | 未计价材料费 | 配电箱 513.00 元/台 |

续表

| 清单项目综合单价 | | | | | 233.10+513＝746.10 元/台 | | |
|---|---|---|---|---|---|---|---|
| 材料明细 | 主要材料名称、规格、型号 | 单位 | 数量 | 单价/元 | 合价/元 | 暂估单价/元 | 暂估合价/元 |
| | 棉纱 | kg | 0.120 | 8.60 | 1.03 | | |
| | 塑料软管（综合） | kg | 0.250 | 63.00 | 15.75 | | |
| | 酚醛调和漆（各色） | kg | 0.050 | 19.91 | 1.00 | | |
| | 松香焊锡丝（综合） | kg | 0.100 | 52.75 | 5.28 | | |
| | 平垫铁（综合） | kg | 0.200 | 4.81 | 0.96 | | |
| | 电力复合酯 | kg | 0.410 | 19.65 | 8.06 | | |
| | 自粘性塑料带 20 mm×20 m | 卷 | 0.200 | 4.96 | 0.99 | | |
| | 硬铜绞线 TJ-2.5～4 mm | m | 8.320 | 2.97 | 24.71 | | |
| | 铜接线端子 DT-6 | 个 | 2.030 | 2.54 | 5.16 | | |
| | 其他材料费 | % | 1.80 | | 0.82 | | |
| | 材料费小计 | | | | 64.07 | | |
| 机械台班 | 交流弧焊机 21 kV·A | 台班 | 0.093 | 129.88 | 12.08 | | |
| | 机械费小计 | | | | 12.08 | | |

表-09

## 工程量清单综合单价分析表

工程名称：教学楼 电气照明工程　　　　标段：　　　　　　第 2 页 共 9 页

| 项目编码 | 030404034001 | 项目名称 | 照明开关 大板翘板单联单控 86 型 250 V 4 A | | 计量单位 | 个 |
|---|---|---|---|---|---|---|

| | | | | 综合单价组成明细 | | | | | |
|---|---|---|---|---|---|---|---|---|---|
| 定额编号 | 定额名称 | 定额单位 | 工程数量 | 单价/元 | | | | 合价/元 | |
| | | | | 人工费 | 材料费 | 机械费 | 管理费和利润 | 人工费 / 材料费 / 机械费 / 管理费和利润 | |
| 4-14-379 | 板式暗开关（单控）单联 | 套 | 59.0 | 2.21 | 1.24 | — | 2.31 | 130.39 / 73.16 / — / 136.29 | |

| 人工单价 | 小 计 | 130.39 / 73.16 / — / 136.29 |
|---|---|---|
| | | 339.84/59＝5.76 |
| 53 元/工日 | 未计价材料费 | 8.56×1.02＝8.73 |
| 清单项目综合单价 | | 14.49 |

续表

| 材料明细 | 主要材料名称、规格、型号 | 单位 | 数量 | 单价/元 | 合价/元 | 暂估单价/元 | 暂估合价/元 |
|---|---|---|---|---|---|---|---|
| | 铜芯塑料绝缘线 BV-2.5 mm² | m | 0.458 | 1.80 | 0.82 | | |
| | 半圆头镀锌螺栓 M2~5×15~50 | 10 个 | 0.208 | 0.110 | 0.23 | | |
| | 其他材料费 | % | 1.80 | | 0.19 | | |
| | 材料费小计 | | | | 1.24 | | |

注:未计价材料费=材料单价×定额材料损耗率,或投标者自报损耗率。后面相同。

表-09

## 工程量清单综合单价分析表

工程名称:教学楼 电气照明工程　　　　标段:　　　　　　　第 3 页 共 9 页

| 项目编码 | 030409002001 | 项目名称 | | 镀锌扁钢━25×4 室外接地母线敷设 | | 计量单位 | | m | |
|---|---|---|---|---|---|---|---|---|---|

综合单价组成明细

| 定额编号 | 定额名称 | 定额单位 | 工程数量 | 单价/元 | | | | 合价/元 | | | |
|---|---|---|---|---|---|---|---|---|---|---|---|
| | | | | 人工费 | 材料费 | 机械费 | 管理费和利润 | 人工费 | 材料费 | 机械费 | 管理费和利润 |
| 4-10-57 | 户外接地母线敷设 | m | 45.6 | 7.93 | 0.37 | 0.91 | 8.28 | 361.61 | 16.87 | 41.50 | 377.57 |
| | 人工单价 | | 小　计 | | | | | 361.61 | 16.87 | 41.50 | 377.57 |
| | | | | | | | | 797.55/45.6 = 17.49 | | | |
| | 53 元/工日 | | 未计价材料费 | | | | | 2.29×3.20 = 7.33 | | | |
| | 清单项目综合单价 | | | | | | | 17.49+7.33 = 24.82 | | | |

| 材料明细 | 主要材料名称、规格、型号 | 单位 | 数量 | 单价/元 | 合价/元 | 暂估单价/元 | 暂估合价/元 |
|---|---|---|---|---|---|---|---|
| | 低碳钢焊条(综合) | kg | 0.030 | 6.30 | 0.19 | | |
| | 钢锯条 | 条 | 0.100 | 1.50 | 0.15 | | |
| | 沥青清漆 | kg | 0.006 | 13.04 | 0.02 | | |
| | 其他材料费 | % | 1.80 | | 0.01 | | |
| | 材料费小计 | | | | 0.37 | | |
| 机械台班 | 交流弧焊机 21 kV·A | 台班 | 0.007 | 129.88 | 0.91 | | |
| | 机械费小计 | | | | 0.91 | | |

表-09

# 工程量清单综合单价分析表

工程名称：教学楼 电气照明工程 　　　　　　标段： 　　　　　　　　第4页 共9页

| 项目编码 | 030408001001 | 项目名称 | WL1 进户交联聚乙烯铜芯电力电缆 YJV-0.6/1 kV-(4×35+1×16) 穿管敷设 | 计量单位 | m |
|---|---|---|---|---|---|

| 综合单价组成明细 | | | | | | | | | | | | |
|---|---|---|---|---|---|---|---|---|---|---|---|---|
| 定额编号 | 定额名称 | 定额单位 | 工程数量 | 单价/元 | | | | | 合价/元 | | | | |
| | | | | 人工费 | 材料费 | 机械费 | 仪表使用费 | 管理费和利润 | 人工费 | 材料费 | 机械费 | 仪表使用费 | 管理费和利润 |
| 4-9-161 | 铜芯电力电缆四芯以上 35 mm² 以下 | 10 m | 3.95 | 19.18 | 34.35 | 8.50 | 1.48 | 20.05 | 75.84 | 135.82 | 33.61 | 5.84 | 79.18 |

| 人工单价 | 小　计 | 75.84 | 135.82 | 33.61 | 5.84 | 79.18 |
|---|---|---|---|---|---|---|
| | | 330.29/39.50 = 8.35 | | | | |
| 53 元/工日 | 未计价材料费 | 68.12×1.015 = 69.14 | | | | |
| 清单项目综合单价 | | 敷设四芯电缆 8.33+69.14 = 77.47 | | | | |

| 主要材料名称、规格、型号 | 单位 | 数量 | 单价/元 | 合价/元 | 暂估单价/元 | 暂估合价/元 |
|---|---|---|---|---|---|---|
| 封铅 含铅 65% 锡 35% | kg | 0.100 | 23.45 | 2.35 | | |
| 橡胶垫 δ2 | m² | 0.010 | 11.20 | 0.11 | | |
| 白布 | kg | 0.050 | 26.30 | 1.32 | | |
| 膨胀螺栓 M10 | 10 套 | 0.160 | 6.93 | 1.11 | | |
| 冲击钻头 φ12 | 个 | 0.010 | 8.15 | 0.08 | | |
| 合金钢钻头 φ10 | 个 | 0.020 | 15.15 | 0.30 | | |
| 沥青绝缘漆 | kg | 0.010 | 13.04 | 0.13 | | |
| 汽油(综合) | kg | 0.080 | 9.95 | 0.80 | | |
| 硬脂酸 | kg | 0.010 | 45.36 | 0.45 | | |
| 镀锌电缆吊挂 3.0×50 | 套 | 0.711 | 34.67 | 24.65 | | |
| 镀锌电缆卡子 2×35 | 套 | 2.342 | 0.50 | 1.17 | | |
| 标志牌 塑料扁形 | 个 | 0.601 | 2.12 | 1.27 | | |
| 其他材料费 | % | 1.80 | | 0.61 | | |
| 材料费小计 | | | | 34.35 | | |
| 汽车起重机 8 t | 台班 | 0.007 | 693.77 | 4.85 | | |
| 载重汽车 5 t | 台班 | 0.007 | 535.41 | 3.75 | | |
| 机械费小计 | | | | 8.50 | | |
| 高压绝缘电阻测试仪 | 台班 | 0.014 | 105.70 | 1.48 | | |
| 仪器使用费小计 | | | | 1.48 | | |

（材料明细 / 机械台班 / 仪表台班）

表-09

## 工程量清单综合单价分析表

| 项目编码 | 项目名称 | 030408006001 | 户内铜缆干包终端头 YJV-0.6/1 kV 4×35+1×16 | | 计量单位 | | 个 |
|---|---|---|---|---|---|---|---|

### 综合单价组成明细

| 定额编号 | 定额名称 | 定额单位 | 工程数量 | 单价/元 | | | | 合价/元 | | | |
|---|---|---|---|---|---|---|---|---|---|---|---|
| | | | | 人工费 | 材料费 | 机械费 | 管理费和利润 | 人工费 | 材料费 | 机械费 | 管理费和利润 |
| 4-9-246 | 铜芯电力电缆干包户内终端头 1 kV 35 mm² 内 | 个 | 9.00 | 22.37 | 92.36 | — | 23.38 | 201.33 | 831.24 | — | 210.42 |

| 人工单价 | 小　计 | 1 242.99 |
|---|---|---|
| | | 1 242.99/9＝138.11 |
| 53 元/工日 | 未计价材料费 | |
| 清单项目综合单价 | | 138.11 元/个 |

| 主要材料名称、规格、型号 | 单位 | 数量 | 单价/元 | 合价/元 | 暂估单价/元 | 暂估合价/元 |
|---|---|---|---|---|---|---|
| 固定卡子 φ90 | 个 | 2.060 | 1.76 | 3.63 | | |
| 电力复合酯 | kg | 0.036 | 19.65 | 0.71 | | |
| 铜接线端子 DT-16 mm² | 个 | 1.020 | 3.50 | 3.57 | | |
| 铜接线端子 DT-25 mm² | 个 | 3.760 | 3.99 | 15.00 | | |
| 镀锡裸铜软绞线 TJRX 16 mm² | m | 0.200 | 27.00 | 5.40 | | |
| 三色塑料带 20 mm×40 m | 卷 | 0.140 | 5.52 | 0.77 | | |
| 电气绝缘胶带 18 mm×10 m× 0.13 mm | 卷 | 0.300 | 5.83 | 1.75 | | |
| 汽油(综合) | kg | 0.360 | 9.95 | 3.58 | | |
| 白布 | kg | 0.360 | 26.30 | 9.47 | | |
| 焊锡膏 | kg | 0.012 | 70.67 | 0.85 | | |
| 焊锡丝(综合) | kg | 0.060 | 40.34 | 2.42 | | |
| 塑料手套 ST 型 | 个 | 1.050 | 41.50 | 43.58 | | |
| 其他材料费 | % | 1.80 | | 1.55 | | |
| 材料费小计 | | | | 92.36 | | |

表-09

# 工程量清单综合单价分析表

工程名称:教学楼 电气照明工程　　　　　　　标段:　　　　　　　第6页 共9页

| 项目编码 | 030411001001 | | 项目名称 | | 配管 镀锌钢管 DN15 暗敷 | | 计量单位 | m |
|---|---|---|---|---|---|---|---|---|

综合单价组成明细

| 定额编号 | 定额名称 | 定额单位 | 工程数量 | 单价/元 | | | | 合价/元 | | | |
|---|---|---|---|---|---|---|---|---|---|---|---|
| | | | | 人工费 | 材料费 | 机械费 | 管理费和利润 | 人工费 | 材料费 | 机械费 | 管理费和利润 |
| 4-12-23 | 钢管 DN15 砖、混凝土结构暗配 | 10 m | 188.0 | 17.55 | 63.29 | — | 18.34 | 3 299.40 | 11 898.52 | — | 3 446.79 |
| 人工单价 | | 小　计 | | | | | | 3 299.40 | 11 898.52 | — | 3 446.79 |
| | | | | | | | | 18 644.71/1 880＝9.92 | | | |
| 53 元/工日 | | 未计价材料费 | | | | | | 5.65×1.03 ＝ 5.82 | | | |
| 清单项目综合单价 | | | | | | | | 9.92+5.82＝15.74 | | | |

| | 主要材料名称、规格、型号 | 单位 | 数量 | 单价/元 | 合价/元 | 暂估单价/元 | 暂估合价/元 |
|---|---|---|---|---|---|---|---|
| 材料明细 | 镀锌钢管接头 DN15×2.75 | 个 | 1.625 | 2.15 | 3.49 | | |
| | 镀锌锁紧螺母 DN15×1.5 | 个 | 4.124 | 0.86 | 13.29 | | |
| | 镀锌钢管卡子 DN15 | 个 | 12.372 | 0.54 | 6.68 | | |
| | 镀锌钢管塑料护口 DN15~20 | 个 | 4.124 | 0.57 | 2.35 | | |
| | 镀锌接地线夹 DN15 | 套 | 6.396 | 1.87 | 11.96 | | |
| | 铜芯塑料绝缘软线 BVR-4 mm² | m | 1.441 | 2.68 | 3.86 | | |
| | 镀锌铁丝 φ1.2~2.2 | kg | 0.080 | 4.91 | 0.39 | | |
| | 塑料胀管 φ6~8 | 个 | 26.426 | 0.56 | 14.80 | | |
| | 冲击钻头 φ6~8 | 个 | 0.170 | 6.54 | 1.11 | | |
| | 木螺钉 d 4×65 | 10 个 | 2.503 | 0.90 | 2.25 | | |
| | 钢锯条 300 | 条 | 0.300 | 1.50 | 0.45 | | |
| | 铅油(厚漆) | kg | 0.060 | 6.44 | 0.39 | | |
| | 油漆溶剂油 | kg | 0.050 | 9.25 | 0.46 | | |
| | 醇酸清漆 | kg | 0.050 | 13.56 | 0.68 | | |
| | 其他材料费 | % | 1.80 | | 1.12 | | |
| | 材料费小计 | | | | 63.29 | | |

表-09

## 工程量清单综合单价分析表

| 项目编码 | 030411004001 | | 项目名称 | | 配线,穿照明及插座线 BV-0.5 kV 2.5 | | | 计量单位 | | | m |
|---|---|---|---|---|---|---|---|---|---|---|---|

综合单价组成明细

| 定额编号 | 定额名称 | 定额单位 | 工程数量 | 单价/元 | | | | 合价/元 | | | |
|---|---|---|---|---|---|---|---|---|---|---|---|
| | | | | 人工费 | 材料费 | 机械费 | 管理费和利润 | 人工费 | 材料费 | 机械费 | 管理费和利润 |
| 4-13-5 | 管内穿照明单铜芯线 2.5 mm² 以内 | 10 m单线 | 450.00 | 4.29 | 1.87 | — | 4.48 | 1 930.50 | 841.50 | — | 2 016.00 |
| 人工单价 | | 小　计 | | | | | | 1 930.50 | 841.50 | — | 2 016.00 |
| | | | | | | | | 4 788/4 500 = 1.06 | | | |
| 53 元/工日 | | 未计价材料费 | | | | | | 1.80×1.16 = 2.09 | | | |
| 清单项目综合单价 | | | | | | | | 1.06+2.09 = 3.15 | | | |

| | 主要材料名称、规格、型号 | | | 单位 | 数量 | 单价/元 | 合价/元 | 暂估单价/元 | 暂估合价/元 |
|---|---|---|---|---|---|---|---|---|---|
| 材料明细 | 棉纱头 | | | kg | 0.020 | 8.60 | 0.12 | | |
| | 锡基钎料 | | | kg | 0.020 | 52.34 | 1.05 | | |
| | 汽油(综合) | | | kg | 0.050 | 9.95 | 0.50 | | |
| | 电气绝缘带 18 mm×10 m×0.13 mm | | | 卷 | 0.030 | 5.83 | 0.17 | | |
| | 其他材料费 | | | % | 1.80 | | 0.03 | | |
| | 材料费小计 | | | | | | 1.87 | | |

表-09

## 工程量清单综合单价分析表

| 项目编码 | 030414011001 | | 项目名称 | | 接地装置调试　每组 2 根接地极 | | | 计量单位 | | 组 |
|---|---|---|---|---|---|---|---|---|---|---|

综合单价组成明细

| 定额编号 | 定额名称 | 定额单位 | 工程数量 | 单价/元 | | | | | 合价/元 | | | | |
|---|---|---|---|---|---|---|---|---|---|---|---|---|---|
| | | | | 人工费 | 材料费 | 机械费 | 仪表使用费 | 管理费和利润 | 人工费 | 材料费 | 机械费 | 仪表使用费 | 管理费和利润 |
| 4-10-78 | 接地装置调试 | 组 | 2.00 | 104.00 | 19.15 | — | 84.77 | 108.65 | 208.00 | 38.30 | — | 169.54 | 217.30 |
| 人工单价 | | 小　计 | | | | | | | 208.00 | 38.30 | — | 169.54 | 217.30 |
| | | | | | | | | | 633.14/2 = 316.57 | | | | |
| 53 元/工日 | | 未计价材料费 | | | | | | | — | | | | |
| 清单项目综合单价 | | | | | | | | | 316.57 | | | | |

续表

| 材料明细 | 主要材料名称、规格、型号 | 单位 | 数量 | 单价/元 | 合价/元 | 暂估单价/元 | 暂估合价/元 |
|---|---|---|---|---|---|---|---|
| | 金属清洗剂 | kg | 0.650 | 8.76 | 5.69 | | |
| | 白布 | kg | 0.280 | 26.30 | 7.36 | | |
| | 铜芯塑料绝缘软线 BV-4mm$^2$ | m | 2.15 | 2.68 | 5.76 | 18.81 | |
| | 其他材料费 | % | 1.80 | | 0.34 | | |
| | 材料费小计 | | | | 19.15 | | |
| 仪表台班 | 接地电阻测试仪 DET-3/2 | 台班 | 1.682 | 50.40 | 84.77 | | |
| | 仪器仪表费小计 | | | | 84.77 | | |

表-09

## 工程量清单综合单价分析表

工程名称:教学楼 电气照明工程　　　　　　标段:　　　　　　　第9页 共9页

| 项目编码 | 030412005001 | 项目名称 | 荧光灯,单杆吊式带罩双管成套荧光灯 2×40 W | | 计量单位 | 套 |
|---|---|---|---|---|---|---|

| | | | | 综合单价组成明细 | | | | | | |

| 定额编号 | 定额名称 | 定额单位 | 工程数量 | 单价/元 | | | | 合价/元 | | | |
| | | | | 人工费 | 材料费 | 机械费 | 管理费和利润 | 人工费 | 材料费 | 机械费 | 管理费和利润 |
|---|---|---|---|---|---|---|---|---|---|---|---|
| 4-14-202 | 吊管式双管成套型荧光灯 | 套 | 260.00 | 7.10 | 19.46 | — | 7.42 | 1 846.00 | 5 059.60 | — | 1 929.20 |
| | 人工单价 | | 小　计 | | | | | 1 846.00 | 5 059.60 | — | 1 929.20 |
| | | | | | | | | 8 834.80/260 = 33.98 | | | |
| | 53 元/工日 | | 未计价材料费 | | | | | 248×1.01 = 250.48 | | | |
| | 清单项目综合单价 | | | | | | | 33.98+250.48 = 284.46 | | | |

| 材料明细 | 主要材料名称、规格、型号 | 单位 | 数量 | 单价/元 | 合价/元 | 暂估单价/元 | 暂估合价/元 |
|---|---|---|---|---|---|---|---|
| | 灯具吊杆 φ15 | 根 | 2.040 | 3.47 | 7.08 | | |
| | 塑料圆台 | 块 | 2.100 | 1.80 | 3.78 | | |
| | 铜芯塑料绝缘电线 BV-2.5 mm$^2$ | m | 4.123 | 1.35 | 5.57 | | |
| | 铜接线端子 20 A | 个 | 1.015 | 0.80 | 0.81 | | |
| | 冲击钻头 φ6~8 | 个 | 0.014 | 6.54 | 0.09 | | |
| | 塑料胀管 φ6~8 | 个 | 2.200 | 0.56 | 1.23 | | |
| | 木螺钉 d2~4×6~65 | 个 | 6.240 | 0.09 | 0.56 | | |
| | 其他材料费 | % | 1.80 | | 0.34 | | |
| | 材料费小计 | | | | 19.46 | | |

表-09

## 专业措施项目清单与计价表(一)

工程名称:教学楼电气照明工程　　　　　标段:　　　　　　　　　　第1页 共1页

| 序号 | 项目编码 | 项目名称 | 项目特征描述 | 单位 | 数量 | 计算基础 | 费率% | 合价/元 |
|------|----------|----------|--------------|------|------|----------|-------|---------|
| 1 | 031301017001 | 脚手架搭拆 | 场内外架料搬运、搭拆脚手架、拆后架料堆放整齐 | 项 | 1.00 | 定额人工费/元 62 222.29 | 定额规定 5.00 | 3 111.11 |
| 2 | | | | — | | | | |
| 合　计 | | | | | | | | 3 111.11 |

注:脚手架搭拆费按定额规定,扣除电气设备调试工程、装饰灯具安装工程的人工费为计算基础。　　　表-10

## 安全文明施工及其他措施项目清单与计价表(二)

工程名称:教学楼电气照明工程　　　　　标段:　　　　　　　　　　第1页 共1页

| 序号 | 项目编码 | 项目名称 | 计算基础 | 费率/% | 金额/元 |
|------|----------|----------|----------|--------|---------|
| 1 | 031302001 | 安全文明施工费 | 人工费(67 996.12 元) | 7.00 | 4 759.73 |
| 2 | 031302002 | 夜间施工费 | 人工费 | — | — |
| 3 | 031302004 | 二次搬运费 | 人工费 | — | — |
| 4 | 031302005 | 冬雨季施工费 | 人工费 | — | — |
| 5 | 031301018 | 已完工程及设备保护费 | 人工费 | 4.00 | 2 719.84 |
| 合　计 | | | | | 7 479.57 |

表-11

## 其他项目清单与计价汇总表

工程名称:教学楼电气照明工程　　　　　标段:　　　　　　　　　　第1页 共1页

| 序　号 | 项目名称 | 计量单位 | 金额/元 | 备　注 |
|--------|----------|----------|---------|--------|
| 1 | 暂列金额 | 项 | 10 000.00 | 明细见表-12-1 |
| 2 | 暂估价 | — | — | |
| 2.1 | 材料暂估价 | 项 | — | 明细见表-12-2 |
| 2.2 | 专业工程暂估价 | — | — | |
| 3 | 计日工 | 项 | 2 516.79 | 明细见表-12-4 |
| 4 | 总承包服务费 | — | — | |
| 5 | | | | |
| 合　计 | | | 12 516.79 | |

表-12

## 暂列金额明细表

工程名称:教学楼电气照明工程　　　　　　标段:　　　　　　　　　第1页 共1页

| 序　号 | 项目名称 | 计量单位 | 暂定金额/元 | 备　注 |
|---|---|---|---|---|
| 1 | 政策性调整和材料价格风险 | 项 | 7 500.00 | |
| 2 | 其他 | 项 | 2 500.00 | |
| 3 | | — | | |
| 合　计 | | | 10 000.00 | |

表-12-1

## 主要材料及设备暂估无税单价表

工程名称:教学楼电气照明工程　　　　　　标段:　　　　　　　　　第1页 共1页

| 序　号 | 材料设备名称、型号、规格 | 单位 | 数量 | 单价/元 | 合价/元 | 备注 |
|---|---|---|---|---|---|---|
| 1 | 照明配电箱 XRM5-9/37.08 kW,800×750×125,暗装 | 台 | 1.00 | 513.00 | | 招标价 |
| 2 | 照明配电箱 XRM5-9/8.34 kW,800×750×125,暗装 | 台 | 4.00 | 437.00 | | 招标价 |
| 3 | 配电箱 XRM5-9/45.18 kW,800×750×125,暗装 | 台 | 1.00 | 646.00 | | 招标价 |
| 4 | 交联聚乙烯铜芯电力电缆 YJV-0. 6/1 kV-(4×35+1×16) | m | 39.54 | 68.12 | | 报价 |
| 5 | 交联聚乙烯铜芯电力电缆 YJV-0. 6/1 kV-(4×50+1×25) | m | 15.82 | 69.14 | | (下同) |
| 6 | 户内干包式电缆终端头热缩式塑料手套 ST 型 | 个 | 9.00 | 89.93 | | |
| 7 | 塑料铜芯线 BV-0.5 kV2.5 | m | 4 500.00 | 2.09 | | |
| 8 | 钢管 DN15 | m | 1 880.00 | 5.82 | | |
| 9 | 钢管 DN100 | m | 38.06 | 45.66 | | |
| 10 | 塑料罩扁圆吸顶灯 60 W φ450 | 套 | 48.00 | 265.48 | | |
| 11 | 塑料罩扁圆吸顶灯 50 W φ300 | 套 | 33.00 | 186.85 | | |
| 12 | 串珠圆形吸顶式艺术装饰灯 φ1 000,垂长 800,8×50 W | 套 | 15.00 | 989.80 | | |
| 13 | 单杆吊式带罩双管荧光灯 2×40 W 杆长 1 200 mm | 套 | 260.00 | 250.48 | | |
| 14 | 黑板专用弯脖斜照式荧光灯 2×40 W 杆长 1 000 mm | 套 | 42.00 | 242.40 | | |
| 15 | 大板翘板单联单开关86 型,250 V 4 A | 个 | 59.00 | 8.73 | | |
| 16 | 大板翘板双联单控开关86 型,250 V 4 A | 个 | 30.00 | 11.10 | | |
| 17 | 大板翘板三联单控开关86 型,250 V 4 A | 个 | 46.00 | 13.30 | | |

续表

| 序 号 | 材料设备名称、型号、规格 | 单位 | 数量 | 单价/元 | 合价/元 | 备注 |
|---|---|---|---|---|---|---|
| 18 | 大板翘板两路单控开关86型,250 V 4 A | 个 | 2.00 | 7.60 | | |
| 19 | 大板翘板单联楼梯间延时开关86型,250 V 100 W | 个 | 10.00 | 7.70 | | |
| 20 | 插座86型两极三孔多功能插座,260 V 15 A | 个 | 16.00 | 9.10 | | |
| 21 | 镀锌扁钢━25×4 | m | 45.60 | 2.29 | | |
| 22 | 镀锌角钢∠50×5 | m | 10.00 | 10.93 | | |

表12-2-2

## 计日工表

工程名称:教学楼电气照明工程　　　　标段:　　　　　　　　　　第1页 共1页

| 序 号 | 项目名称 | 单位 | 暂定数量 | 综合单价/元 | 合价/元 |
|---|---|---|---|---|---|
| 一 | 人工 | | | | |
| 1 | 高级技工 | 工时 | 10.00 | 57.43 | 574.30 |
| 2 | 技工 | 工时 | 12.00 | 53.16 | 637.92 |
| | 人工小计 | | | | |
| 二 | 材料 | | | | |
| 1 | 电焊条 结422 | kg | 3.00 | 6.13 | 18.39 |
| 2 | 型材 | kg | 25.00 | 51.12 | 1 278.00 |
| | 材料小计 | | | | |
| 三 | 施工机械 | | | | |
| 1 | 交流电焊机1 kV·A | 台班 | 2.00 | 4.09 | 8.18 |
| 2 | — | | | | |
| | 机械小计 | | | | |
| | 总 计 | | | | 2 516.79 |

表-12-4

## 规费、税金项目清单与计价表

工程名称:教学楼电气照明工程　　　　标段:　　　　　　　　　　第1页 共1页

| 序 号 | 项目名称 | 计算基础 | 费率/% | 金额/元 |
|---|---|---|---|---|
| 1 | 规费 | 1.1+1.2+1.3 | 25.83 | 17 563.40 |
| 1.1 | 工程排污费 | 人工费(67 996.12元) | | |
| 1.2 | 社会保险费 | 人工费 | | |
| (1) | 养老保险费 | 人工费 | | |
| (2) | 失业保险费 | 人工费 | | |

续表

| 序　号 | 项目名称 | 计算基础 | 费率/% | 金额/元 |
|---|---|---|---|---|
| （3） | 医疗保险费 | 人工费 | | |
| （4） | 生育保险费 | 人工费 | | |
| （5） | 工伤保险费 | 人工费 | | |
| 1.3 | 住房公积金 | 人工费 | | |
| 2 | 增值税 | 分部分项工程费+措施项目费+<br>其他项目费+规费 | 11.00 | 24 688.89 |
| 合　计 | | | | 42 252.29 |

表-13

# 16.2　教学楼电气照明工程定额计量及计价

说明：

①施工图纸、工程概况、施工条件和报价要求与工程量清单实例要求相同。

②工程量按定额规则计算损耗量与预留量。

③定额使用,按工程当地行政主管部门按照《通用安装工程消耗量定额》(TY-02-31—2015)的要求编制的不含税地方计价定额规定计算,定额未列的材料用当地免税指导价计取。

④分部分项工程,按《通用安装工程工程量计算规范》(GB 50856—2013)的要求进行划分。

⑤工程相关费用的计取与清单模式相同。

a.组织措费:安全文明施工费7%,已完工程及设备保护费4%,共计11%。

b.规定费用:按主管部门规定费率计取,共计25.83%。

c.管理费按调整后的费率市区二类工程65.44%、利润按42.73%、增值税按11%计取。

⑥费用计取与清单模式归类不同的有定额系数费用:按定额各册规定计取,如《电气工程设备安装工程》的脚手架搭拆费按5%计取。请阅读2.1.2节的叙述。

**1)教学楼电气照明安装工程工程费用计算表**

## 施工企业工程投标报价计价程序

工程名称:教学楼电气照明安装工程　　　　标段:　　　　　　第1页 共1页

| 序　号 | 内　容 | 计算方法 | 金额/元 |
|---|---|---|---|
| 1 | 分部分项工程费用 | 1.1+1.2+1.3+1.4+1.5+1.6+1.7 | 192 233.94 |
| 1.1 | 控制设备及低压电器安装 | 人+材+机+未计价材料费 | 6 202.87 |
| 1.2 | 电力电缆敷设 | 同上 | 9 610.15 |
| 1.3 | 防雷及接地装置 | 同上 | 767.46 |

续表

| 序　号 | 内　容 | 计算方法 | 金额/元 |
|---|---|---|---|
| 1.4 | 配管配线 | 同上 | 42 250.27 |
| 1.5 | 照明灯具安装 | 同上 | 132 478.45 |
| 1.6 | 电气调整试验 | 同上 | 415.84 |
| 1.7 | 定额系数费用,脚手架搭拆费 | 分析表 | 508.90 |
| 2 | 措施项目费 | 人工费 14 129.97×11% | 1 554.30 |
| 2.1 | 其中:安全文明施工费 | 人工费 14 129.97×7% | 989.10 |
| 3 | 其他项目费 | | 12 516.79 |
| 3.1 | 其中:暂列金额 | | 10 000.00 |
| 3.2 | 其中:专业工程暂估价 | — | |
| 3.3 | 其中:计日工 | | 2 516.79 |
| 3.4 | 其中:总承包服务费 | — | |
| 4 | 规费 | 人工费 14 129.97×25.83% | 3 649.77 |
| 5 | 企业管理费 | 人工费 14 129.97×65.44% | 9 246.65 |
| 6 | 利润 | 人工费 14 129.97×42.73% | 6 037.74 |
| 7 | 增值税(扣除不应列入计税范围内的工程设备金额) | (1+2+3+4+5+6)×增值税率11% | 24 776.31 |
| 投标报价合计 = 1+2+3+4+5+6+7 | | | 250 015.50 |

## 2) 教学楼电气照明安装工程报价分析表

# 安装工程预算报价分析表

工程名称:教学楼 电气照明安装工程　　　　标段:

| 序号 | 定额编号 | 工程或费用名称 | 工程量 | | 安装费/元 | | 其中 | | | | | | | | 未计价材料 | | | | | |
|---|---|---|---|---|---|---|---|---|---|---|---|---|---|---|---|---|---|---|---|---|
| | | | 单位 | 数量 | 单价 | 合价 | 人工费/元 | | 材料费/元 | | 机械费/元 | | 仪表费/元 | | 材料名称 | 单位 | 定额量 | 计算量 | 单价/元 | 合价/元 |
| | | | | | | | 单价 | 合价 | 单价 | 合价 | 单价 | 合价 | 单价 | 合价 | | | | | | |
| D.4　控制设备及低压电器安装 | | | | | | | | | | | | | | | | | | | | |
| 1 | 4-2-78 | 嵌入式照明箱 XRM5-9/37.08 kW | 台 | 1.00 | 160.53 | 160.53 | 84.38 | 84.38 | 64.07 | 64.07 | 12.08 | 12.08 | | | XRM5-9/37.08 kW | 台 | 1.00 | 1.00 | 513.00 | 513.00 |
| 2 | 4-2-78 | 嵌入式照明箱 XRM5-9/8.34 kW | 台 | 4.00 | 31.55 | 126.20 | 22.36 | 89.44 | 4.45 | 17.80 | 4.74 | 18.96 | | | XRM5-9/8.34 kW | 台 | 4.00 | 4.00 | 437.00 | 1 748.00 |
| 3 | 4-2-78 | 嵌入式照明箱 XRM5-9/45.18 kW | 台 | 1.00 | 31.55 | 31.55 | 22.36 | 22.36 | 4.45 | 4.45 | 4.74 | 4.74 | | | XRM5-9/45.18 kW | 台 | 1.00 | 1.00 | 646.00 | 646.00 |
| 4 | 4-14-379 | 翘板开关单联单控 86 型 250 V 4 A | 套 | 59.00 | 3.45 | 203.55 | 2.21 | 130.39 | 1.24 | 73.16 | | | | | R86K11Y106(荧光) | 套 | 10.20 | 60.18 | 8.73 | 525.37 |
| 5 | 4-14-379 | 翘板开关双联单控 86 型 250 V 4 A | 套 | 30.00 | 9.82 | 294.60 | 2.32 | 69.60 | 7.50 | 225.00 | | | | | R86K11Y106(荧光) | 套 | 10.20 | 30.60 | 11.10 | 339.66 |
| 6 | 4-14-379 | 翘板开关三联单控 86 型 250 V 4 A | 套 | 46.00 | 11.13 | 511.98 | 2.43 | 111.78 | 8.70 | 400.20 | | | | | R86K11Y106(荧光) | 套 | 10.20 | 46.92 | 13.30 | 624.04 |
| 7 | 4-14-381 | 翘板两路单控 86 型 250 V 4 A | 套 | 2.00 | 6.61 | 13.22 | 1.88 | 3.76 | 4.73 | 9.46 | | | | | R86K11Y106(荧光) | 套 | 10.20 | 2.04 | 7.60 | 15.50 |
| 8 | 4-14-388 | 翘板延时开关 86 型 250 V 100 W | 套 | 10.00 | 8.58 | 85.80 | 2.40 | 24.00 | 6.18 | 61.80 | | | | | R86K11Y106(荧光) | 套 | 10.20 | 10.20 | 7.70 | 78.54 |
| 9 | 4-14-393 | 暗插座两极三孔多功能 86 型 15 A | 套 | 16.00 | 8.55 | 136.80 | 2.91 | 46.56 | 5.64 | 90.24 | | | | | R86KSG10(多功能) | 套 | 10.20 | 16.32 | 9.10 | 148.51 |
| | | 小计 | | | | 1 564.23 | | 582.27 | | 946.18 | | 35.78 | | | | | | | | 4 638.62 |
| D.8　电力电缆敷设 | | | | | | | | | | | | | | | | | | | | |
| 10 | 4-9-161 | 铜线电力电缆敷设 35 mm² 以下 | 10 m | 3.95 | 63.51 | 250.86 | 19.18 | 75.76 | 34.35 | 135.68 | 8.50 | 33.58 | 1.48 | 5.85 | YJV-4×35+1×16 | m | 101.5 | 40.13 | 68.12 | 2 733.66 |
| 11 | 4-9-164 | 铜线电力电缆敷设 120 mm² 以下 | 10 m | 1.58 | 75.53 | 1 19.34 | 29.98 | 47.37 | 35.15 | 55.54 | 8.92 | 14.09 | 1.48 | 2.34 | YJV-4×50+1×25 | m | 101.5 | 16.06 | 86.42 | 1 387.91 |
| 12 | 4-9-60 | 电缆保护管 DN100 以下 | 根 | 13.00 | 85.34 | 1 109.42 | 15.68 | 203.84 | 61.34 | 797.42 | 8.32 | 108.17 | | | 焊接钢管 DN100 | m | 10.00 | 38.06 | 45.66 | 1 737.82 |
| 13 | 4-9-246 | 铜芯户内干包电缆终端头 1 kV 35 mm² | 个 | 9.00 | 133.35 | 1 209.15 | 58.24 | 524.16 | 73.38 | 660.42 | 2.73 | 24.57 | | | 热缩塑料手套 ST 型 | 个 | 1.05 | 9.45 | 85.65 | 809.39 |
| 14 | 4-9-247 | 铜芯户内干包电缆终端头 1 kV 50 mm² | 个 | 1.00 | 162.65 | 162.65 | 85.80 | 85.80 | 73.72 | 73.72 | 3.13 | 3.13 | | | 热缩塑料手套 ST 型 | 个 | 1.05 | 1.05 | 85.65 | 89.93 |
| | | 小计 | | | | 2 851.44 | | 936.93 | | 1 722.78 | | 183.49 | | 8.19 | | | | | | 6 758.71 |
| D.9　防雷及接地装置 | | | | | | | | | | | | | | | | | | | | |
| 15 | 4-10-50 | 角钢接地极普通土 | 根 | 4.00 | 33.44 | 133.76 | 12.48 | 49.92 | 3.91 | 15.64 | 17.05 | 68.20 | | | 镀锌角钢 50×5 | m | 4×2.5 | 10.00 | 10.93 | 109.30 |
| 16 | 4-10-57 | 户外接地母线敷设 200 mm² 以内 | m | 45.60 | 9.21 | 419.98 | 7.93 | 361.61 | 0.37 | 16.87 | 0.91 | 41.50 | | | 镀锌扁钢 ━ 25×4 | m | 10.00 | 45.60 | 2.29 | 104.42 |
| | | 小计 | | | | 553.74 | | 411.53 | | 32.51 | | 109.70 | | | | | | | | 213.72 |
| D.11　配管、配线 | | | | | | | | | | | | | | | | | | | | |
| 17 | 4-12-34 | 钢管 DN15 砖、混凝土结构内暗配 | 10 m | 188.00 | 80.84 | 15 197.92 | 17.55 | 3 299.40 | 63.29 | 11 898.52 | | | | | 镀锌钢管 DN15 | m | 103.00 | 1 936.40 | 5.65 | 10 940.66 |
| 18 | 4-13-5 | 管内穿铜芯线 BV-0.5 kV 2.5 | 10 m | 450.00 | 6.16 | 2 772.00 | 4.29 | 1 930.50 | 1.87 | 841.50 | | | | | BV-0.5 kV 2.5 | m | 116.00 | 5 220.00 | 2.09 | 10 909.80 |
| 19 | 4-13-179 | 暗装接线盒 86 型 | 个 | 347.00 | 3.44 | 1 193.68 | 1.17 | 405.99 | 2.27 | 787.69 | | | | | 塑料接线盒 86 型 | 个 | 10.20 | 353.94 | 2.35 | 831.76 |
| 20 | 4-13-178 | 暗装开关盒、插座盒 86 型 | 个 | 73.00 | 2.30 | 167.90 | 1.24 | 90.52 | 1.06 | 77.38 | | | | | 塑料开关盒、插座盒 | 个 | 10.20 | 74.47 | 3.15 | 234.55 |
| | | 小计 | | | | 19 333.50 | | 5 726.41 | | 13 607.28 | | | | | | | | | | 22 916.77 |
| | | 本页合计 | | | | 24 302.93 | | 7 657.14 | | 16 308.75 | | 329.02 | | 8.19 | | | | | | 34 527.82 |

# 安装工程预算报价分析表

工程名称：教学楼　电气照明安装工程　　　　标段：

| 序号 | 定额编号 | 工程或费用名称 | 工程量 单位 | 工程量 数量 | 安装费/元 单价 | 安装费/元 合价 | 其中 人工费/元 单价 | 人工费/元 合价 | 材料费/元 单价 | 材料费/元 合价 | 机械费/元 单价 | 机械费/元 合价 | 仪表费/元 单价 | 仪表费/元 合价 | 未计价材料 材料名称 | 单位 | 定额量 | 计算量 | 单价/元 | 合价/元 |
|---|---|---|---|---|---|---|---|---|---|---|---|---|---|---|---|---|---|---|---|---|
| | | | | | | | | | | D.12　照明灯具安装 | | | | | | | | | | |
| 21 | 4-14-2 | 扁圆吸顶灯 50 W φ300 | 套 | 33.00 | 21.71 | 716.43 | 5.61 | 185.13 | 16.10 | 531.30 | | | | | 扁圆吸顶灯 φ300 | 套 | 10.10 | 33.33 | 185.00 | 6 166.05 |
| 22 | 4-14-3 | 扁圆吸顶灯 60 W φ450 | 套 | 48.00 | 23.89 | 1 146.72 | 5.61 | 269.28 | 18.28 | 877.44 | | | | | 扁圆吸顶灯 φ450 | 套 | 10.10 | 48.48 | 265.00 | 12 847.20 |
| 23 | 4-14-202 | 黑板专用斜照式荧光灯 2×40 W | 套 | 42.00 | 18.16 | 762.72 | 5.25 | 220.50 | 12.91 | 542.22 | | | | | 黑板专用斜照荧光灯 | 套 | 10.10 | 42.42 | 240.00 | 10 180.80 |
| 24 | 4-14-25 | 串珠圆形装饰吸顶灯 φ1 000 吊长 800 | 套 | 15.00 | 332.85 | 4 992.75 | 237.72 | 3 565.80 | 95.13 | 1 426.95 | | | | | 串珠圆形吸顶灯 φ1 m | 套 | 10.10 | 15.15 | 980.00 | 14 847.00 |
| 25 | 4-14-202 | 单杆吊式带罩双管荧光灯 2×40 W | 套 | 260.00 | 26.56 | 6 905.60 | 7.10 | 1 846.00 | 19.46 | 5 059.60 | | | | | 单杆吊双管荧光灯 | 套 | 10.10 | 282.60 | 250.00 | 65 650.00 |
| | | 节能灯泡 U 形 三基色 5 W | 10 个 | 12.30 | | | | | | | | | | | YPZ 220-5 W E27 | 个 | 10.30 | 126.69 | 12.30 | 1 558.29 |
| | | 节能灯泡 U 形 三基色 7 W | 10 个 | 4.80 | | | | | | | | | | | YPZ 220-7 W E27 | 个 | 10.30 | 49.44 | 12.30 | 608.11 |
| | | 荧光灯管 直管 日光型 40 W | 10 支 | 60.40 | | | | | | | | | | | YZ 40W RR G13 | 支 | 10.30 | 622.12 | 9.80 | 6 096.78 |
| | | 小计 | | | | 14 524.22 | | 6 086.71 | | 8 437.51 | | | | | | | | | | 117 954.23 |
| | | | | | | | | | | D.14　电气调整试验 | | | | | | | | | | |
| 26 | 4-10-78 | 接地系统测试 接地极 6 根以内 | 组 | 2.00 | 207.92 | 415.84 | 104.00 | 208.00 | 19.15 | 38.30 | | | 84.77 | 169.54 | | | | | | |
| | | 小计 | | | | 415.84 | | 208.00 | | 38.30 | | | | 169.54 | | | | | | |
| | | 1~26 项工程费 合计 | | | | 39 242.99 | | 13 951.85 | | 24 784.56 | | 329.02 | | 177.73 | | | | | | |
| | | | | | | | | | | 定额系数费用 | | | | | | | | | | |
| 27 | 册说明 | 脚手架搭拆费，工程人工费 5% | 项 | 1.00 | 10 178.05 ×5% | 508.90 | 人工 35% | 178.12 | 材料 65% | 330.79 | | | | | | | | | | |
| | | 小计 | | | | 508.90 | | 178.12 | | 330.79 | | | | | | | | | | |
| | | 本页合计 | | | | 39 751.89 | | 14 129.97 | | 25 115.35 | | 329.02 | | 177.73 | | | | | | 117 954.23 |
| | | 总计 | | | | 39 751.89 | | 14 129.97 | | 25 115.35 | | 329.02 | | 177.73 | | | | | | 152 482.05 |

注：脚手架搭拆费，定额规定：不包括电气设备调试工程、装饰灯具安装工程的人工费为计算基础，13 951.85-3 773.80=10 178.05 元。

# 17 某厂住宅楼给水排水工程工程量清单与定额计量及计价编制实例

## 17.1 某厂住宅楼给水排水工程工程量清单及计价

- 本实例,重点是用"实物计价法"编制工程造价,并对高层建筑增加费计算进行示例。
- 本实例仅计算1户的工程造价。

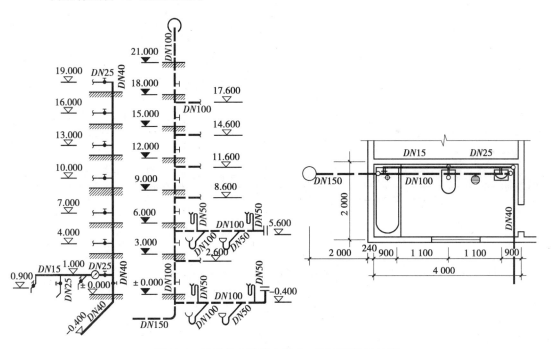

图 17.1 某厂住宅楼给水排水工程平面及系统图

## • *17.1.1 某厂住宅楼给水排水工程工程量清单* •

### 某厂住宅楼给水排水工程
### 工程量清单

招标人:××房地产开发公司　　　　　　　工程造价咨询人:×××

法定代表人或其授权人:×××　　　　　　法定代表人或其授权人:×××

编制人:×××　　　　　　　　　　　　　复核人:×××

编制时间: 年 月 日　　　　　　　　　　复核时间: 年 月 日

封-1

## 总 说 明

工程名称:某厂住宅楼　给水排水工程　　　　　　　　　　　第1页 共1页

1.工程批准文号(略)

2.工程概况

　　本工程位于某市近郊某机器制造厂生活区内,该建筑为钢筋混凝土框剪结构,现浇钢筋混凝土楼板,共7层,层高3m,屋顶为可上人屋面。给水管道用镀锌钢管丝接,排水用承插塑料管道粘接。挂式13102型陶瓷洗脸盆,配冷热水龙头;1500塑料浴盆,配冷热水混合开关带喷头;蹲式6203型陶瓷大便器,配按压式延时自动关闭冲洗阀;不锈钢地漏及地面扫除口;旋翼湿式螺纹水表组;内螺纹直通式截止阀和闸阀。

3.工程质量要求

　　按《建筑给水排水及采暖工程施工质量验收规范》(GB 50242—2002)要求工程质量合格。

4.报价要求

　　承包方按主管部门现行有关规定、规范、标准及定额要求,以及市场竞争情况自主报价(略)

表-01

## 分部分项工程量清单表

工程名称:某厂住宅楼　给水排水工程　　　　标段:　　　　　　　第1页 共1页

| 序号 | 项目编码 | 项目名称 | 项目特征 | 计量单位 | 工程数量 |
|---|---|---|---|---|---|
| K.1 给排水、采暖、燃气管道 | | | | | |
| 1 | 031001001001 | 镀锌钢管 | 室内给水螺纹连接 DN15,按规范试验,冲洗 | m | 11.13 |
| 2 | 031001001002 | 镀锌钢管 | 室内给水螺纹连接 DN25,按规范试验,冲洗 | m | 13.16 |
| 3 | 031001001003 | 镀锌钢管 | 室内给水螺纹连接 DN40,按规范试验,冲洗 | m | 22.90 |

续表

| 序号 | 项目编码 | 项目名称 | 项目特征 | 计量单位 | 工程数量 |
|------|----------|----------|----------|----------|----------|
| 4 | 031001006001 | 塑料管 | 室内 UPVC 承插排水粘接 DN50,灌水、通球试验 | m | 12.60 |
| 5 | 031001006002 | 塑料管 | 室内 UPVC 承插排水粘接 DN100,灌水、通球试验 | m | 50.76 |
| 6 | 031001006003 | 塑料管 | 室内 UPVC 承插排水粘接 DN150,灌水、通球试验 | m | 3.03 |
| K.2 支架及其他 | | | | | |
| 7 | 031002003001 | 套管 | 镀锌管 DN40 穿墙穿楼板钢套管 | 个 | 8.00 |
| 8 | 031002003002 | 套管 | 塑料管 DN100 穿墙钢套管 | 个 | 7.00 |
| 9 | 031002003003 | 套管 | 塑料管 DN150 穿楼板钢套管 | 个 | 1.00 |
| K.3 管道附件 | | | | | |
| 10 | 031003001001 | 螺纹阀门 | 进户控制阀门 DN40 | 个 | 1.00 |
| 11 | 031003013001 | 水表 | 螺纹旋翼式铸铁水表 DN25,表前铸铁闸阀 DN25 | 组 | 7.00 |
| K.4 卫生器 | | | | | |
| 12 | 031004001001 | 浴盆(缸) | 塑料浴盆、冷热水开关、不锈钢花洒(喷头) | 组 | 7.00 |
| 13 | 031004003001 | 洗面盆 | 陶瓷洗面盆、托架、冷热水开关、不锈钢附件 | 组 | 7.00 |
| 14 | 031004006001 | 大便器 | 陶瓷蹲式、延时冲洗阀门、冲洗管组件 | 组 | 7.00 |
| 15 | 031004014001 | 地漏 | 不锈钢 DN50 | 个 | 7.00 |
| 16 | 031004014002 | 地面扫除口 | 不锈钢 DN100 | 个 | 1.00 |

表-08

## 工程量计算表

工程名称:某厂住宅楼  给水排水工程

第1页 共1页

| 序号 | 分部项工程名称 | 计算式及说明 | 单 位 | 数 量 |
|------|----------------|--------------|-------|-------|
| 1 | 给水管道 | | | |
| | 镀锌管丝接 DN40 | 1.5+2+0.4+19 | m | 22.90 |
| | 镀锌管丝接 DN25 | (0.9−0.12+1.1)×7 | m | 13.16 |
| | 镀锌管丝接 DN15 | [1.1+(0.9−0.12)÷2+(1−0.9)]×7 | m | 11.13 |

续表

| 序号 | 分部项工程名称 | 计算式及说明 | 单位 | 数 量 |
|---|---|---|---|---|
| 2 | 阀门水表 | | | |
| | 螺纹截止阀 DN40 | 1×1 | 个 | 1.00 |
| | 螺纹水表 DN25 | 旋翼式水表 1×7 | 个 | 7.00 |
| | 表前螺纹闸阀 DN25 | 1×7 | 个 | 7.00 |
| | 单孔冷热水面盆龙头 1101 | 1×7 | 套 | 7.00 |
| | 入墙式延时大便冲洗阀 A01 | 1×7 | 套 | 7.00 |
| | 单柄冷热水浴缸淋浴龙头带软管花洒 | 1×7 | 套 | 7.00 |
| 3 | 卫生器具 | | | |
| | 塑料浴盆 | 1×7 附件:S 形面盆下水器 DL-01、不锈钢网软管 | 套 | 7.00 |
| | 瓷蹲式便器 | 1×7 附件:冲洗管及冲水皮碗 | 个 | 7.00 |
| | 塑料浴缸 1500 | 1×7 浴缸排水附件 | 套 | 7.00 |
| 4 | 排水管道 | | | |
| | 承插塑料排水管 DN150 | 2+0.24+(1.2-0.4) | m | 3.03 |
| | 承插塑料排水管 DN100 | 0.4+18+1.8+(4-0.12-0.3)×7+大便器 P 式弯上穿楼板管 0.3×7+清扫口出地面 0.4 | m | 50.76 |
| | 承插塑料排水管 DN50 | 浴缸处(0.3+0.4)×7+地漏处(0.3+0.4)×7+面盆处 0.4×7 | m | 12.60 |
| 5 | 排水附件 | | | |
| | 不锈钢地漏 DN50 | 1×7 | 个 | 7.00 |
| | 地面清扫口 | 1×1 | 个 | 1.00 |
| 6 | 套管 | | | |
| | 给水主管 DN40 穿墙、穿楼板套管 | 焊接钢管 DN65 1×0.24+7×0.2 | m | 1.64 |
| | 排水主管穿墙套管 | 焊接钢管 DN200 1×0.24 穿墙 | m | 0.24 |
| | | 焊接钢管 DN150 7×0.2 穿楼板 | m | 1.40 |
| 7 | 管沟土方 | | | 2.58 |
| | 给水管沟 | 0.3×0.4×(1.5+2) | m³ | 0.42 |
| | 排水管沟 | 0.3×1.2×(2+4) | m³ | 2.16 |

## • *17.1.2　某厂住宅楼给水排水工程工程量清单计价* •

### 投标报价总说明

工程名称:某厂住宅楼给水排水工程　　　标段:　　　　　　　　　　第1页　共1页

1.编制依据:(略)

2.编制说明:

　2.1 由于市场钢材价格上浮,所以管材单价在当期指导价基础上上浮1%。

　2.2 由于我公司取得了 ISO 9000—2001 质量管理体系认证,管理规范,成本措施得当,主材以外的其他
　　　材料在造价部门公布的指导价基础上下浮动3%。

3.各项费率及单价取值:

　3.1 组织措施费:只计取安全文明施工费7%,已完工程及设备保护费4%,脚手架搭拆费、高层建筑增
　　　加费按定额规定计取。管沟土方、给排水管道与小区供水排水主管道碰头的工作,计算在计日工
　　　费用中。

　3.2 规定费用:工程排污费、社会保险费及住房公积金,取费率共计25.83%。

　3.3 人工单价按56元/工日,企业管理费按65.44%、利润按42.73%、增值税按11.00%计取。

　3.4 未计价材料单价见"材料及设备暂估无税单价表"。

4.其他各项(略)

表-01

### 分部分项工程量清单计价表

工程名称:某厂住宅楼给水排水工程　　　标段:　　　　　　　　　　第1页　共1页

| 序号 | 项目编码 | 项目名称 | 项目特征描述 | 计量单位 | 工程量 | 综合单价 | 合价 |
|---|---|---|---|---|---|---|---|
| | | | | | | 金额/元 | |
| \multicolumn{8}{c}{K.1 给排水、采暖、燃气管道} | | | | | | | |
| 1 | 031001001001 | 镀锌钢管 | 室内给水管螺纹连接 DN15,水压试验,冲洗 | m | 11.13 | 24.23 | 269.68 |
| 2 | 031001001002 | 镀锌钢管 | 室内给水管螺纹连接 DN25,水压试验,冲洗 | m | 13.16 | 30.99 | 407.83 |
| 3 | 031001001003 | 镀锌钢管 | 室内给水管螺纹连接 DN40,水压试验,冲洗 | m | 22.90 | 52.12 | 1 193.55 |
| 4 | 031001006001 | 塑料管 | 室内 UPVC 承插管粘接 DN50,灌水、通球试验 | m | 12.60 | 28.80 | 362.88 |
| 5 | 031001006002 | 塑料管 | 室内 UPVC 承插管粘接 DN100,灌水、通球试验 | m | 50.76 | 73.33 | 3 722.23 |
| 6 | 031001006003 | 塑料管 | 室内 UPVC 承插管粘接 DN150,灌水、通球试验 | m | 3.03 | 67.61 | 204.86 |
| \multicolumn{6}{c}{合　计} | | | | | | 6 161.03 | |

续表

| 序号 | 项目编码 | 项目名称 | 项目特征描述 | 计量单位 | 工程量 | 综合单价 | 合 价 |
|---|---|---|---|---|---|---|---|
| | | | K.2 支架及其他 | | | | |
| 7 | 031002003001 | 套管 | 钢套管制作安装 DN40 | 个 | 8.00 | 12.13 | 97.04 |
| 8 | 031002003002 | 套管 | 钢套管制作安装 DN100 | 个 | 8.00 | 51.79 | 414.32 |
| 9 | 031002003003 | 套管 | 钢套管制作安装 DN150,除锈,刷红丹漆两遍 | 个 | 1.00 | 84.22 | 84.22 |
| | | | 合 计 | | | | 595.58 |
| | | | K.3 管道附件 | | | | |
| 10 | 031003001001 | 螺纹阀门 | 进户螺纹闸阀 Z15W-16T DN40 | 个 | 1.00 | 120.58 | 120.58 |
| 11 | 031003013001 | 水表 | 铸铁螺纹旋翼湿式水表,表前闸阀 DN25 | 组 | 7.00 | 105.90 | 741.30 |
| | | | 合 计 | | | | 861.88 |
| | | | K.4 卫生器具 | | | | |
| 12 | 031004001001 | 浴缸 | 塑料 1500,不锈钢冷热水开关,喷头,排水附件 | 组 | 7.00 | 1 988.95 | 13 922.65 |
| 13 | 031004003001 | 洗脸盆 | 成套陶瓷挂式,冷热水单口龙头 | 组 | 7.00 | 287.34 | 2 011.38 |
| 14 | 031004006001 | 大便器 | 陶瓷蹲式大便器,延时自闭式冲洗阀 | 组 | 7.00 | 351.86 | 2 463.02 |
| 15 | 031004014001 | 排水附件 | 不锈钢地漏 DN50 | 个 | 7.00 | 26.14 | 182.98 |
| 16 | 031004014002 | 排水附件 | 不锈钢地面扫除口 DN100 | 组 | 1.00 | 32.47 | 32.47 |
| | | | 合 计 | | | | 18 612.50 |
| | | | N.1 专业措施项目及其他措施项目 | | | | |
| 17 | 031301017001 | 脚手架搭拆费 | 人工费的 5%,其中人工占 35% | 项 | 1.00 | 271.30 | 271.30 |
| 18 | 031302007001 | 高层施工增加费 | 人工费的 2%,其中人工占 65% | 项 | 1.00 | 108.52 | 108.52 |
| | | | 合 计 | | | | 379.82 |
| | | | 总 计 | | | | 26 610.81 |

表-08

按定额规定,本工程在 6 层或 20 m 以上应计取高层施工增加费,还应计取脚手架搭拆费,此两项费用可用措施项目费表格计算。

## 工程量清单综合单价分析表

工程名称：某厂住宅楼 给水排水工程　　　　　标段：　　　　　　　第1页 共2页

| 项目编码 | 031001001001 | 项目名称 | 镀锌钢管,室内给水管螺纹连接DN40 | 计量单位 | m |
|---|---|---|---|---|---|

| 综合单价组成明细 ||||||||||
|---|---|---|---|---|---|---|---|---|---|
| 定额编号 | 定额名称 | 定额单位 | 工程数量 | 单价/元 ||||合价/元 |||| 
| | | | | 人工费 | 材料费 | 机械费 | 管理费和利润 | 人工费 | 材料费 | 机械费 | 管理费和利润 |
| 10-1-16 | 室内镀锌管丝接DN40 | 10 m | 2.29 | 122.38 | 41.89 | 17.25 | 127.85 | 280.25 | 95.93 | 39.50 | 292.78 |
| 人工单价 | | 小　计 | | | | | | 280.25 | 95.93 | 39.50 | 292.78 |
| | | | | | | | | 708.44/22.9＝30.94 ||||
| 53元/工日 | | 未计价材料费 | | | | | | 镀锌管 20.76×1.02＝21.18元/m ||||
| 清单项目综合单价 | | | | | | | | 30.94＋21.18＝52.12 元/m ||||

| | 主要材料名称、规格、型号 | 单位 | 数量 | 单价/元 | 合价/元 | 暂估单价/元 | 暂估合价/元 |
|---|---|---|---|---|---|---|---|
| 材料明细 | 室内镀锌钢管螺纹管件 | 个 | 7.860 | 3.67 | 28.85 | | |
| | 钢锯条(各种规格) | 根 | 0.834 | 1.00 | 0.83 | | |
| | 尼龙砂轮片 φ400 | 片 | 0.120 | 48.00 | 5.76 | | |
| | 机油 | kg | 0.209 | 6.50 | 1.36 | | |
| | 聚四氟乙烯生料带 宽20 | m | 16.190 | 0.10 | 1.62 | | |
| | 镀锌铁丝 φ4.0~2.8 | kg | 0.079 | 6.50 | 0.51 | | |
| | 破布 | kg | 0.187 | 6.79 | 1.27 | | |
| | 热轧厚钢板 δ8.0~15 | kg | 0.039 | 4.80 | 0.19 | | |
| | 氧气 | m³ | 0.006 | 6.43 | 0.04 | | |
| | 乙炔气 | m³ | 0.002 | 21.05 | 0.04 | | |
| | 低碳钢焊条 J421φ3.2 | kg | 0.002 | 6.67 | 0.01 | | |
| | 水 | m³ | 0.053 | 3.50 | 0.19 | | |
| | 橡胶板 δ1~3 | kg | 0.010 | 4.63 | 0.05 | | |
| | 六角螺栓 | kg | 0.005 | 9.81 | 0.05 | | |
| | 螺纹阀门 DN20 | 个 | 0.005 | 17.77 | 0.09 | | |
| | 焊接钢管 DN20 | m | 0.016 | 4.99 | 0.08 | | |
| | 橡胶软管 DN20 | m | 0.007 | 15.64 | 0.11 | | |
| | 弹簧压力表 Y-100 0~1.6 MPa | 块 | 0.002 | 46.98 | 0.09 | | |
| | 压力表弯管 DN15 | 个 | 0.002 | 7.52 | 0.02 | | |
| | 其他材料费 | % | 2.000 | | 0.82 | | |
| | 材料费小计 | | | | 41.89 | | |

续表

| 机械台班 | 吊装机械(综合) | 台班 | 0.005 | 144.55 | 0.72 | | |
| | 砂轮切割机 φ400 | 台班 | 0.028 | 58.98 | 1.65 | | |
| | 管子切断套丝机 159 mm | 台班 | 0.284 | 50.57 | 14.36 | | |
| | 电焊机(综合) | 台班 | 0.002 | 129.88 | 0.26 | | |
| | 试压泵 3 MPa | 台班 | 0.002 | 29.00 | 0.062 | | |
| | 电动单级离心清水泵 100 mm | 台班 | 0.001 | 98.71 | 0.10 | | |
| | 机械费小计 | | | | 17.25 | | |

表-09

## 工程量清单综合单价分析表

工程名称：某厂住宅楼　给水排水工程　　　　标段：　　　　　　第 2 页 共 2 页

| 项目编码 | 031004006001 | 项目名称 | 蹲式陶瓷大便器,入墙延时冲洗阀 DN25 | | | | 计量单位 | | 套 |
|---|---|---|---|---|---|---|---|---|---|

<table>
<tr><td colspan="11" align="center">综合单价组成明细</td></tr>
<tr>
<td rowspan="2">定额编号</td>
<td rowspan="2">定额名称</td>
<td rowspan="2">定额单位</td>
<td rowspan="2">工程数量</td>
<td colspan="4">单价/元</td>
<td colspan="4">合价/元</td>
</tr>
<tr>
<td>人工费</td><td>材料费</td><td>机械费</td><td>管理费和利润</td>
<td>人工费</td><td>材料费</td><td>机械费</td><td>管理费和利润</td>
</tr>
<tr>
<td>10-6-35</td>
<td>蹲式大便器自闭式冲洗 DN25 以内</td>
<td>10 套</td>
<td>0.70</td>
<td>159.20</td><td>334.55</td><td>—</td><td>166.36</td>
<td>111.44</td><td>234.19</td><td>—</td><td>116.45</td>
</tr>
<tr>
<td colspan="4" align="center">人工单价</td>
<td colspan="4" align="center">小　计</td>
<td>111.44</td><td>234.19</td><td>—</td><td>116.45</td>
</tr>
<tr>
<td colspan="4" rowspan="2" align="center">53 元/工日</td>
<td colspan="4" align="center"></td>
<td colspan="4" align="center">462.08/7 = 66.01</td>
</tr>
<tr>
<td colspan="4" align="center">未计价材料费</td>
<td colspan="4" align="center">283×1.01 = 285.85</td>
</tr>
<tr>
<td colspan="8" align="center">清单项目综合单价</td>
<td colspan="4" align="center">66.01+285.85 = 351.86</td>
</tr>
</table>

<table>
<tr>
<td rowspan="14">材料明细</td>
<td colspan="3" align="center">主要材料名称、规格、型号</td>
<td align="center">单位</td>
<td align="center">数量</td>
<td align="center">单价/元</td>
<td align="center">合价/元</td>
<td align="center">暂估单价/元</td>
<td align="center">暂估合价/元</td>
</tr>
<tr><td colspan="3">除污器 DN32</td><td>个</td><td>10.000</td><td>5.45</td><td>54.50</td><td></td><td></td></tr>
<tr><td colspan="3">冲洗管 DN32</td><td>根</td><td>10.100</td><td>5.12</td><td>61.91</td><td></td><td></td></tr>
<tr><td colspan="3">UPVC 大便器存水弯 DN100</td><td>个</td><td>10.100</td><td>5.62</td><td>56.76</td><td></td><td></td></tr>
<tr><td colspan="3">大便器胶皮碗(配喉箍)</td><td>套</td><td>10.500</td><td>6.25</td><td>56.63</td><td></td><td></td></tr>
<tr><td colspan="3">大便器排水接头</td><td>个</td><td>10.000</td><td>1.59</td><td>15.90</td><td></td><td></td></tr>
<tr><td colspan="3">烧结粉煤灰红砖 240 mm×115 mm×53 mm</td><td>千块</td><td>0.160</td><td>380</td><td>60.80</td><td></td><td></td></tr>
<tr><td colspan="3">石灰膏</td><td>m³</td><td>0.185</td><td>20.10</td><td>3.72</td><td></td><td></td></tr>
<tr><td colspan="3">沙子</td><td>m³</td><td>0.090</td><td>12.30</td><td>1.11</td><td></td><td></td></tr>
<tr><td colspan="3">聚四氟乙烯生料带 宽 20</td><td>m</td><td>16.000</td><td>0.09</td><td>1.44</td><td></td><td></td></tr>
<tr><td colspan="3">钢锯条(各种规格)</td><td>根</td><td>1.500</td><td>0.85</td><td>1.28</td><td></td><td></td></tr>
<tr><td colspan="3">防水密封胶</td><td>支</td><td>5.000</td><td>1.92</td><td>9.60</td><td></td><td></td></tr>
<tr><td colspan="3">水</td><td>m³</td><td>0.120</td><td>3.50</td><td>0.42</td><td></td><td></td></tr>
<tr><td colspan="3">其他材料费</td><td>%</td><td>3.00</td><td></td><td>9.68</td><td></td><td></td></tr>
<tr><td colspan="4" align="center">材料费小计</td><td></td><td></td><td>334.55</td><td></td><td></td></tr>
</table>

表-09

## 材料及设备暂估无税单价表

工程名称:某厂住宅楼给水排水工程　　　　　　　标段:　　　　　　　　　第1页 共1页

| 序　号 | 材料名称、型号、规格 | 计量单位 | 单价/元 | 备　注 |
|---|---|---|---|---|
| 1 | 热镀锌钢管 DN15 | m | 5.86 | |
| 2 | 热镀锌钢管 DN25 | m | 11.25 | |
| 3 | 热镀锌钢管 DN40 | m | 20.76 | |
| 4 | UPVC 排水管 50×2.050 A | m | 6.75 | |
| 5 | UPVC 排水管 110×4.011 0 AM | m | 30.67 | |
| 6 | UPVC 排水管 160×4.016 0 A | m | 48.29 | |
| 7 | 内螺纹铸铁闸阀 Z15W-16T DN40 | 只 | 39.64 | |
| 8 | 螺纹铸铁旋翼式数字水表 DN25 | 只 | 53.50 | |
| 9 | 内螺纹铸铁闸阀 Z15T-10K DN25 | 只 | 32.14 | 表前闸阀 |
| 10 | 塑料浴缸 1500 及排水附件 | 个 | 1 200.00 | |
| 11 | 浴盆冷热水开关及喷头(花洒) | 套 | 636.30 | |
| 12 | 陶瓷洗脸盆及托架、附件 | 套 | 581.31 | |
| 13 | 洗脸盆单孔冷热水开关 | 个 | 80.00 | |
| 14 | 陶瓷蹲式大便器(前落水) | 个 | 285.85 | |
| 15 | 大便器 暗装自闭延时冲洗阀 DN25 | 套 | 105.00 | |
| 16 | 不锈钢地漏 DN50 | 个 | 25.36 | |
| 17 | 不锈钢扫除口 DN100 | 个 | 98.56 | |

表-12-1

# 17.2　某厂住宅楼给水排水工程定额计量与计价

说明:

①相关说明与教学楼实例相同,只是费用计取不同。

②相关费用的计取与清单模式相同的有:

a.措施项目费计取:安全文明施工费7%、已完工程及设备保护费4.00%,共11%。

b.其他项目费:不计取。

c.规费:社会保险费、住房公积金、工程排污等费,共25.83%。

d.企业管理费65.44%、利润42.73%、增值税11%。

③费用计取与清单模式不同的有定额系数费用:按定额第4册《给排水、采暖、燃气工程》规定计取,脚手架搭拆费5%、高层建筑增加费2%。请阅读2.1.2节的叙述。

**1）安装工程报价计算表**

## 工程投标报价计价程序

工程名称： 住宅楼给排水工程　　　　　　标段：

| 序　号 | 内容 | 计算方法 | 金额/元 |
|---|---|---|---|
| 1 | 分部分项工程 | 1.1+1.2+1.3+1.4+1.5+1.6 | 19 515.09 |
| 1.1 | 给排水管道安装 | 人+材+机+未计价材料费 | 3 487.76 |
| 1.2 | 管道附件安装 | 同上 | 944.61 |
| 1.3 | 卫生器具制作安装 | 同上 | 13 873.49 |
| 1.4 | 支架及其他安装 | 同上 | 1 072.51 |
| 1.5 | 定额系数费用,高层建筑增加费 | 分析表 | 33.03 |
| 1.6 | 定额系数费用,脚手架搭拆费 | 分析表 | 83.65 |
| 2 | 措施项目费 | 人工费×费率＝1 702.22×11% | 187.24 |
| 2.1 | 其中:文明安全费 | 人工费×费率＝1 702.22×7% | 119.16 |
| 3 | 其他项目费 | — | |
| | 其中:暂列金额 | — | |
| | 其中:专业工程暂估价 | — | |
| | 其中:计日工 | — | |
| | 其中:总承包服务费 | — | |
| 4 | 规费 | 人工费×费率＝1 702.22×25.83% | 439.68 |
| 5 | 企业管理费 | 人工费×费率＝1 702.22×65.44% | 1 113.93 |
| 6 | 利润 | 人工费×费率＝1 702.22×42.73% | 727.36 |
| 7 | 税金 | (1+2+3+4+5+6)×11% | |
| | 投标报价合计(1+2+3+4+5+6+7)＝ 24 401.46 | | |

**2）安装工程报价计价分析表**

# 安装工程报价计价分析表

建设单位:某开发公司
工程名称:某厂住宅楼　给水排水工程

| 序号 | 定额编号 | 工程名称或费用名称 | 工程量单位 | 工程量数量 | 安装费/元单价 | 安装费/元合价 | 人工费/元单价 | 人工费/元合价 | 材料费/元单价 | 材料费/元合价 | 机械费/元单价 | 机械费/元合价 | 仪表费/元单价 | 仪表费/元合价 | 未计价材料名称 | 单位 | 定额量 | 计算量 | 单价/元 | 合价/元 |
|---|---|---|---|---|---|---|---|---|---|---|---|---|---|---|---|---|---|---|---|---|
| | | | | | | | | | | 1.给排水管道安装 | | | | | | | | | | |
| 1 | 10-1-12 | 室内镀锌管丝接 DN15 | 10 m | 1.113 | 65.68 | 73.10 | 40.41 | 44.98 | 20.96 | 23.33 | 4.31 | 4.80 | | | 镀锌钢管 DN15 | m | 1.02 | 11.35 | 5.86 | 66.53 |
| 2 | 10-1-14 | 室内镀锌管丝接 DN25 | 10 m | 1.316 | 88.04 | 115.86 | 48.58 | 63.93 | 27.38 | 36.03 | 12.08 | 15.90 | | | 镀锌钢管 DN25 | m | 1.02 | 13.42 | 11.25 | 151.01 |
| 3 | 10-1-16 | 室内镀锌管丝接 DN40 | 10 m | 2.290 | 182.03 | 416.85 | 122.89 | 281.42 | 41.89 | 95.93 | 17.25 | 39.50 | | | 镀锌钢管 DN40 | m | 1.02 | 23.36 | 20.76 | 484.91 |
| 4 | 10-1-365 | 室内 UPVC 承插管粘接 DN50 | 10 m | 1.26 | 45.67 | 57.54 | 33.78 | 42.56 | 11.79 | 14.86 | 0.10 | 0.13 | | | UPVC 承插管 DN50 | m | 1.012 | 12.75 | 7.75 | 97.65 |
| 5 | 10-1-367 | 室内 UPVC 承插管粘接 DN110 | 10 m | 5.076 | 74.53 | 378.31 | 51.23 | 260.04 | 23.10 | 117.26 | 0.20 | 1.02 | | | UPVC 承插管 DN110 | m | 0.950 | 48.22 | 30.67 | 1 478.91 |
| 6 | 10-1-368 | 室内 UPVC 承插管粘接 DN160 | 10 m | 0.303 | 92.43 | 28.01 | 72.20 | 21.88 | 19.74 | 5.98 | 0.49 | 0.15 | | | UPVC 承插管 DN160 | m | 0.950 | 2.88 | 48.29 | 139.08 |
| | 小　计 | | | | | 1 069.67 | | 714.81 | | 293.39 | | 61.50 | | | 小　计 | | | | | 2 418.09 |
| | | | | | | | | | 2. 管道附件安装 | | | | | | | | | | | | |
| 7 | 10-5-3 | 室内水表前螺纹闸阀 DN25 | 个 | 7.00 | 16.20 | 113.40 | 3.86 | 27.02 | 11.07 | 77.49 | 1.27 | 8.89 | | | 铸铁螺纹闸阀 DN25 Z15W-16T | 个 | 1.01 | 7.07 | 15.36 | 108.60 |
| 8 | 10-5-5 | 进户螺纹闸阀 DN40 | 个 | 1.00 | 20.34 | 20.34 | 5.52 | 5.52 | 11.28 | 11.28 | 3.54 | 3.54 | | | 全铜螺纹闸阀 Z15W-16T DN40 | 个 | 1.01 | 1.01 | 64.00 | 64.64 |
| 9 | 10-5-289 | 室内普通螺纹水表 DN25 | 个 | 7.00 | 37.59 | 263.13 | 10.60 | 74.20 | 26.82 | 187.74 | 0.17 | 1.19 | | | 铸铁旋翼湿式螺纹水表 DN25 | 个 | 1.00 | 7.00 | 53.50 | 374.50 |
| | 小　计 | | | | | 396.87 | | 106.74 | | 276.51 | | 13.62 | | | 小　计 | | | | | 547.74 |
| | | | | | | | | | 3.卫生器具安装 | | | | | | | | | | | | |
| 10 | 10-6-7 | 塑料浴缸冷热水嘴带喷头 | 10 组 | 0.70 | 1 236.46 | 865.52 | 246.19 | 172.33 | 990.27 | 693.19 | | | | | 塑料浴缸 1500 | 个 | 1.00 | 7.00 | 850.00 | 5 950.00 |
| | | | | | | | | | | | | | | | | 混合水嘴带喷头 | 套 | 1.01 | 7.07 | 456.23 | 3 225.55 |
| 11 | 10-6-17 | 成套塑料洗脸盆挂式冷热水龙头 | 10 组 | 0.70 | 901.62 | 631.13 | 116.58 | 81.61 | 785.04 | 549.53 | | | | | 成套挂式塑料洗脸盆 | 套 | 1.01 | 7.07 | 121.35 | 857.94 |
| | | | | | | | | | | | | | | | | 冷热水龙头（单口） | 个 | 1.01 | 7.07 | 61.61 | 435.58 |
| 12 | 10-6-35 | 陶瓷蹲式大便器自闭式冲洗阀 | 10 套 | 0.70 | 493.75 | 345.63 | 159.20 | 111.44 | 334.55 | 234.19 | | | | | 前落水陶瓷蹲式大便器 | 个 | 1.01 | 7.07 | 85.85 | 606.96 |
| | | | | | | | | | | | | | | | | 延时自闭式冲洗阀 A-01 DN25 | 个 | 1.01 | 7.07 | 56.73 | 401.08 |
| 13 | 10-6-90 | 地漏 DN50 | 10 个 | 0.70 | 55.15 | 38.61 | 35.33 | 24.73 | 19.82 | 13.87 | | | | | 不锈钢地漏 DN50 | 个 | 1.01 | 7.07 | 10.00 | 70.70 |
| 14 | 10-6-96 | 地面扫除口 DN100 | 10 个 | 0.10 | 23.17 | 2.32 | 21.42 | 2.14 | 1.75 | 0.18 | | | | | 不锈钢地面扫除口 DN100 | 个 | 1.01 | 1.01 | 120.00 | 121.20 |
| | 小　计 | | | | | 1 883.21 | | 392.25 | | 1 490.96 | | | | | | 小　计 | | | | | 11 669.01 |

# 安装工程报价计价分析表

建设单位:某开发公司

工程名称:某厂住宅楼　给水排水工程

| 序号 | 定额编号 | 工程名称或费用名称 | 工程量 | | 安装费/元 | | 其　中 | | | | | | | | 未计价材料 | | | | | |
|---|---|---|---|---|---|---|---|---|---|---|---|---|---|---|---|---|---|---|---|---|
| | | | 单位 | 数量 | 单价 | 合价 | 人工费/元 | | 材料费/元 | | 机械费/元 | | 仪表费/元 | | 未计价材料名称 | 单位 | 定额量 | 计算量 | 单价/元 | 合价/元 |
| | | | | | | | 单价 | 合价 | 单价 | 合价 | 单价 | 合价 | 单价 | 合价 | | | | | | |
| | | | | | | | | | 4.管道支架及其他 | | | | | | | | | | | |
| 15 | 10-11-27 | 钢套管制作安装 DN40 | 个 | 8.00 | 14.50 | 116.00 | 9.86 | 78.88 | 2.94 | 23.52 | 1.70 | 13.60 | | | 镀锌钢管 DN80 | m | 0.318 | 2.540 | 34.29 | 87.10 |
| 16 | 10-11-30 | 钢套管制作安装 DN100 | 个 | 7.00 | 37.17 | 260.19 | 30.16 | 211.12 | 4.54 | 31.78 | 2.47 | 17.29 | | | 焊接钢管 DN150 | m | 0.318 | 2.540 | 61.65 | 156.59 |
| 17 | 10-11-32 | 钢套管制作安装 DN150 | 个 | 1.00 | 45.42 | 45.42 | 36.73 | 36.73 | 5.83 | 5.83 | 2.86 | 2.86 | | | 无缝钢管 D219×6 | m | 0.318 | 0.318 | 142.38 | 45.28 |
| 18 | 10-11-114 | 阻火圈 DN100 | 个 | 7.00 | 37.31 | 261.17 | 6.36 | 44.52 | 30.95 | 216.65 | | | | | | | | | | |
| 19 | 10-11-177 | 预留孔 DN40 | 10个 | 0.60 | 43.60 | 26.16 | 27.03 | 16.22 | 15.16 | 9.10 | 1.43 | 0.86 | | | | | | | | |
| 20 | 10-11-180 | 预留孔 DN100 | 10个 | 0.70 | 58.80 | 41.16 | 35.51 | 24.86 | 20.43 | 14.30 | 2.86 | 2.00 | | | | | | | | |
| 21 | 10-11-199 | 堵管洞口 DN40 | 10个 | 0.60 | 25.35 | 15.21 | 14.36 | 8.61 | 9.80 | 5.88 | 1.19 | 0.71 | | | | | | | | |
| 22 | 10-11-202 | 堵管洞口 DN100 | 10个 | 0.70 | 26.04 | 18.23 | 23.90 | 16.73 | 2.14 | 1.50 | | | | | | | | | | |
| | | 小　计 | | | | 783.54 | | 437.67 | | 308.56 | | 37.32 | | | 小　计 | | | | | 288.97 |
| | | 1~22 项人、材、机费用合计 | | | | 4 133.33 | | 1 651.47 | | 2 369.42 | | 112.44 | | | 1~22 项未计价材料费合计 | | | | | 14 923.81 |
| | | | | | | | | | 5.高层建筑及脚手架搭拆费 | | | | | | | | | | | |
| 23 | | 高层增加费人工费的2%,其中人工占65% | 项 | 1.00 | 2% | 33.03 | 65% | 21.47 | | | | 11.56 | | | | | | | | |
| | | 小　计 | | | | 33.03 | | 21.47 | | | | 11.56 | | | 小　计 | | | | | |
| | | 1~23 项人、材、机费用合计 | | | | 4 166.36 | | 1 672.94 | | 2 369.42 | | 124.00 | | | 1~23 项未计价材料费合计 | | | | | 14 923.81 |
| 24 | | 脚手架搭拆费人工费的5%,其中人工占35% | 项 | 1.00 | 5% | 83.65 | 35% | 29.28 | | 54.37 | | | | | | | | | | |
| | | 小　计 | | | | 83.65 | | 29.28 | | 54.37 | | | 小　计 | | | | | | | |
| | | 1~24 项人、材、机费用合计 | | | | 4 250.01 | | 1 702.22 | | 2 423.79 | | 124.00 | | | 1~24 项未计价材料费合计 | | | | | 14 923.81 |

工程直接费总计=人、材、机+脚手架费+高层建筑增加费+未计价材料费=4 133.33+33.03+83.65+14 923.81=19 173.82 元

# 参考文献

[1] 中华人民共和国住房和城乡建设部.GB 50500—2013 建设工程工程量清单计价规范[S].北京:中国计划出版社,2013.

[2] 中华人民共和国住房和城乡建设部.GB 50856—2013 通用安装工程工程量计算规范[S].北京:中国计划出版社,2013.

[3] 中华人民共和国住房和城乡建设部.TY 02-31—2015 通用安装工程消耗量定额[S].北京:中国计划出版社,2015.

[4] 建设部标准定额研究所.全国统一安装工程预算定额解释汇编[M].北京:中国计划出版社,2008.

[5] 中华人民共和国住房和城乡建设部.GB 50300—2013 建筑工程施工质量验收统一标准[S].北京:中国建筑工业出版社,2013.

[6] 中华人民共和国建设部.GB 50242—2002 建筑给水排水及采暖工程施工质量验收规范[S].北京:中国建筑工业出版社,2002.

[7] 中华人民共和国住房和城乡建设部.GB 50243—2016 通风与空调工程施工质量验收规范[S].北京:中国计划出版社,2017.

[8] 中华人民共和国住房和城乡建设部.GB 50303—2015 建筑电气工程施工质量验收规范[S].北京:中国计划出版社,2015.

[9] 中华人民共和国住房和城乡建设部.GB 50339—2013 智能建筑工程质量验收规范[S].北京:中国建筑工业出版社,2013.

[10] 中华人民共和国建设部.GB 50411—2007 建筑节能工程施工质量验收规范[S].北京:中国建筑工业出版社,2007.

[11] 手册编写组.建筑电气设备手册.上、下册[M].北京:中国建筑工业出版社,1998.

[12] 吕光大.建筑电气安装工程图集[M].北京:中国水利水电出版社,1989.

[13] 本书编写委员会.工程造价新技术[M].天津:天津大学出版社,2006.

[14] 宋建锋.综合布线——工程实用设计施工手册[M].北京:中国建筑工业出版社,2000.

[15] 罗国杰.智能建筑系统工程[M].北京:机械工业出版社,2000.

[16] 郝建新.工程造价管理的国际惯例[M].天津:天津大学出版社,2005.

[17] 张海涛,陈金俊,黄志强.综合布线实用指南[M].北京:机械工业出版社,2006.